"十二五"职业教育国家规划教材
经全国职业教育教材审定委员会审定
高等职业教育农业部"十二五"规划教材

作物栽培

ZUOWU ZAIPEI

第三版

李振陆 主编

中国农业出版社
北京

内 容 简 介

　　本教材由栽培基础和栽培项目两个部
分组成。栽培基础部分介绍了作物概述、
作物栽培制度和作物栽培的主要环节等内
容。栽培项目部分介绍了水稻、小麦（大
麦）、玉米、棉花、油菜、大豆、花生、
甘薯等作物的栽培技术。各栽培项目均包
括基本知识、播种育苗（移栽）、田间管
理和收获等模块。教材围绕新品种、新技
术、新模式等，充分体现了科学性、生产
性、实用性和针对性的特点。本教材深浅
适度、理实结合、重点突出、实用性强，
主要作为高职种植类专业学生的教材，也
可供农业科技工作者参考。

第三版编审人员名单

主　编　李振陆

副主编　刘玉凤　陈瑞修

编　者　（以姓名笔画为序）

　　　　刘玉凤　李振陆　束剑华

　　　　陈瑞修　苑爱云　周晓舟

　　　　姚文秋　戴金平

审　稿　李国平　朱建明

第一版编审人员名单

主　编　李振陆

副主编　王汉民　王振华　刘玉凤

编　者　苑爱云　陈瑞修　王绍东

主　审　汤一卒

第二版编审人员名单

主　编　李振陆（江苏农林职业技术学院）

副主编　王汉民（河南农业职业学院）

　　　　刘玉凤（杨凌职业技术学院）

参　编　王振华（潍坊职业学院）

　　　　苑爱云（新疆农业职业技术学院）

　　　　周晓舟（广西农业职业技术学院）

　　　　姚文秋（黑龙江农业职业技术学院）

　　　　戴金平（江苏农林职业技术学院）

主　审　赵亚夫（江苏丘陵地区镇江农业科学研究所）

　　　　朱建明（江苏省句容市农业技术推广中心）

第三版前言

本教材根据教高〔2012〕4号《教育部关于全面提高高等教育质量的若干意见》、教职成〔2012〕9号《教育部关于"十二五"职业教育教材建设的若干意见》等文件精神和作物生产的新品种、新技术、新模式等编写,主要作为高职种植类专业学生的教材。根据教学对象的培养目标,教材力求体现深浅适度、理实结合、重点突出、实用性强的特点,注重理论知识和实践操作的有机融合,突出科学性、生产性、实用性和针对性,以尽可能满足我国农业高等职业院校培养种植类人才的需要。

本教材由栽培基础和栽培项目两个部分组成。栽培基础部分包括概述、作物栽培制度和作物栽培的主要环节等内容。栽培项目部分介绍了水稻、小麦(大麦)、玉米、棉花、油菜、大豆、花生、甘薯等作物的栽培技术。各栽培项目均包括基本知识、播种育苗(移栽)、田间管理和收获等模块。模块以工作任务为主线,每项工作任务包括具体要求、操作步骤、相关知识和注意事项等内容。每个项目后面编有阅读材料、观察与实验、生产实践、信息搜集、练习与思考、总结与交流等栏目,以进一步指导学生动手实践,拓宽学生的知识面。

由于我国幅员辽阔,种植制度、品种、气候条件、栽培条件等差异很大,因此,各院校在使用本教材时,应根据当地实际情况,选择相关内容组织教学,并及时补充当地生产所需的新知识和新技术。

本教材由李振陆(苏州农业职业技术学院)主编,刘玉凤(杨凌职业技术学院)、陈瑞修(保定职业技术学院)任副主编,参加编写的还有周晓舟(广西农业职业技术学院)、姚文秋(黑龙江农业职业技术学院)、苑爱云(新疆农业职业技术学院)、戴金平(江苏农林职业技术学院)、束剑华(苏州农业职业技术学院)。具体编写分工如下:栽培基础部分由李振陆编写,项目一由戴金平编写,项目二由陈瑞修编写,项目三由姚文秋编写,项目四由苑爱云编写,项目五和项目七由刘玉凤编写,项目六由周晓舟编写,项目八由束剑华编写。由江苏省镇江市农业科学院李国平研究员和江苏省句容市农业技术推广中心朱建明研究员负责本教材的审定工作。

　　本教材编写工作得到了苏州农业职业技术学院、江苏农林职业技术学院、杨凌职业技术学院、保定职业技术学院、广西农业职业技术学院、黑龙江农业职业技术学院、新疆农业职业技术学院的大力支持，在此表示感谢。

　　限于编者水平，错误和疏漏之处在所难免，敬请批评指正。

编 者

2014 年 5 月

第一版前言

本教材根据 2000 年《教育部关于加强高职高专教育人才培养工作的意见》精神，在农业部及中国农业出版社的组织下编写。主要供全国高等农业职业技术学院和农业专科学校以及普通中专的五年制高职班种植类专业学生使用。根据教学对象的培养目标，教材力求体现体例新颖、重点突出、深入浅出和实用够用的特点，注重理论知识和实践操作的有效结合，突出科学性、实践性、时效性和针对性，以尽可能满足我国农业高等职业院校培养种植类人才的需要。

本教材分总论和各论两篇。总论部分主要介绍了绪论、种植制度、作物的营养器官、作物的生殖器官、作物产量与品质的形成、环境与作物生长发育、作物栽培的主要环节和作物栽培技术的新发展等具有作物共性的基本理论和技术。各论部分侧重介绍了水稻、小麦（大麦）、玉米、大豆、甘薯、棉花、油菜、花生、烤烟和甜菜等作物实现高产、优质、高效益、低成本的栽培原理和技术措施。实践教学内容均包含在各章节内容之中，部分章节还附了阅读材料，多数章节后面编有本章小结、复习思考、卡片摘录、绘图练习、继续学习和科普习作等，以指导学生进一步学习和动手实践。

由于我国幅员辽阔，种植制度、品种、气候条件、栽培条件等差异很大。因此，各校在使用本教材时，应根据当地实际情况，选择相关内容组织教学，并及时补充当地生产所需的新知识和新技术。

本教材由李振陆担任主编，王汉民、王振华、刘玉凤担任副主编。编写分工如下：第 1、2、14 章由王汉民编写；第 3、18 章由苑爱云编写，第 4、13、16 章由王振华编写，第 5、15、17 章由刘玉凤编写，第 6、7、9 章由李振陆编写，第 8、12 章由王绍东编写，第 10、11 章由陈瑞修编写。南京农业大学汤一卒教授负责了本教材的审定工作。

本教材编写工作得到了全国农业行业职业教育教学指导委员会的指导和江苏农林职业技术学院、河南农业大学农业职业学院、山东潍坊职业学院、杨凌职业技术学院、新疆农业职业技术学院、保定职业技术学院和黑龙江农业职业技术学院的大力支持。在此表示感谢。

限于编者水平，加之编写时间仓促，教材中错误和疏漏之处在所难免，敬请予以指正。

编　者

2001 年 12 月

第二版前言

本教材根据教育部《关于加强高职高专教育人才培养工作的意见》和《关于全面提高高等职业教育教学质量的若干意见》（教高［2006］16 号）等文件精神，在中国农业出版社教材出版中心的组织下编写的。主要作为高职高专种植类专业学生的教材。根据教学对象的培养目标，教材力求体现体例新颖、重点突出、深浅适度和实用够用的特点，注重理论知识和实践操作的有机融合，突出科学性、实践性、时效性和针对性，以尽可能满足我国农业高等职业院校培养种植类人才的需要。

本教材分栽培基础和栽培项目两个部分。栽培基础部分介绍了作物概述、种植制度和作物栽培的主要环节等内容。栽培项目部分介绍了水稻、小麦（大麦）、玉米、棉花、油菜、大豆、花生、甘薯、甘蔗和甜菜等作物的栽培技术。每一项目包括基本知识、播种育苗（移栽）、田间管理和收获等模块。模块以工作任务为主线，每一项工作任务都包括具体要求、操作步骤、相关知识和注意事项等相关内容。每一个项目后面编有阅读材料、观察与实验、思考与讨论、信息搜集与整理、表达与交流等栏目，以进一步指导学生动手实践，拓宽知识面。

我国幅员辽阔，种植制度、品种、气候条件、栽培条件等差异很大。因此，各院校在使用本教材时，应根据当地实际情况，选择相关内容组织教学，并及时补充当地生产所需的新知识和新技术。

本教材由李振陆担任主编，王汉民、刘玉凤担任副主编。编写分工如下：作物概述、种植制度和作物栽培的主要环节由李振陆编写，水稻栽培技术项目由戴金平编写，小麦（大麦）栽培技术项目由王振华编写，玉米栽培技术项目由姚文秋编写，棉花和花生栽培技术项目由王汉民编写，油菜和甘薯栽培技术项目由刘玉凤编写，大豆和甘蔗栽培技术项目由周晓舟编写，甜菜栽培技术项目由苑爱云编写。江苏丘陵地区镇江农业科学研究所原所长、CCTV 2007 年度十大"三农"人物赵亚夫研究员和江苏省句容市农业技术推广中心朱建明研究员负责了本教材的审定工作。

本教材编写工作得到了中国农业出版社教材出版中心和江苏农林职业技术学院、河南农业职业学院、杨凌职业技术学院、潍坊职业学院、新疆农业职业技术学院、广西农业职业技术学院和黑龙江农业职业技术学院的大力支持。赵亚夫研究员能亲自担任本教材的主审，充分表达了他对作物栽培业的一片深情。在此一并表示感谢。

　　本教材在编写体例和内容组织上与传统的作物栽培教材相比有了很大的改变，这仅是一种尝试。限于编者水平，加之编写时间仓促，错误和疏漏之处在所难免，敬请指正。

编　者

2008 年 5 月

目 录

I 栽培基础

II　栽培项目

栽培基础

ZAIPEI JICHU

基础一 概 述

学习目标

了解作物的概念、作物的分类、作物的分布、作物生产概况和发展趋势以及作物栽培课程的性质与任务。

一、作物的概念

广义的作物是指对人类有利用价值、为人类所培育的各种植物，可分为农作物、园艺作物和林木 3 类。狭义的作物是指在大田里栽培面积较大的栽培植物，即农作物，俗称庄稼。如粮、棉、油、麻、糖、烟等。随着种植业内涵的延伸和结构的调整，果、菜、花、饲料作物和药用植物等也进入了大田作物的范畴。

作物是人类改造自然过程中劳动的产物。现在栽培的农作物均起源于自然野生植物，是其经过长期的自然选择和人工培育，才逐渐演变成现在的各种作物种类和品种。作物种类繁多，目前世界上栽培的植物近 1200 种（不包括花卉），其中大田作物有 90 余种，我国常见的农作物有 50 多种。

二、作物的分类

农作物种类繁多，为了便于比较、研究和利用，需要对农作物进行分类。作物的分类方法很多，最常用的是按农作物用途和植物学系统相结合的分类方法，其他还有按作物对温光条件的要求、对光周期的反应和对 CO_2 的同化途径等进行分类的方法。

（一）按产品用途和植物学系统相结合的方法分类

1. 粮食作物

（1）谷类作物（或称为禾谷类作物）。绝大部分属禾本科，主要作物有水稻、小麦、大麦（包括青稞）、燕麦、黑麦、玉米、高粱、黍（包括稷）、薏苡等。荞麦属蓼科，其谷粒可食用，习惯上也将其列入此类。一般将稻、小麦以外的禾谷类作物称为粗粮。

（2）豆类作物（或称为豆菽类作物）。属豆科，常见的作物有大豆、蚕豆、豌豆、绿豆、赤豆、豇豆、菜豆、扁豆等。

（3）薯芋类作物。也称为根茎类作物。植物学上的科属不一，常见的有甘薯、马铃薯、木薯、豆薯、山药（薯蓣）、芋、魔芋、菊芋、蕉藕等。

2. 经济作物（或称为工业原料作物）

（1）纤维作物。其中有种子纤维，如棉花；韧皮纤维，如大麻、亚麻、洋麻、黄麻、苘麻、苎麻等；叶纤维，如龙舌兰麻、蕉麻、菠萝麻等。

（2）油料作物。常见的有花生、油菜、芝麻、向日葵、蓖麻等。大豆种子也是食用油的原料，也可列为油料作物。

（3）糖料作物。南方有甘蔗，北方有甜菜，此外还有甜叶菊等。

（4）嗜好类作物。主要有烟草、茶叶、可可等。

（5）其他作物。主要有桑、薄荷、留兰香、橡胶、席草、芦苇等。

3. 饲料和绿肥作物　豆科中常见的有苜蓿、苕子、紫云英、草木樨、田菁、柽麻、三叶草等；禾本科中常见的有苏丹草、黑麦草等；其他如红萍、水葫芦、水浮莲、水花生等也属此类。这类作物既可作饲料，又可作绿肥。

4. 药用作物　主要有三七、人参、天麻、贝母、黄连、枸杞、白术、白芍、甘草、半夏、红花、百合、五味子、茯苓、何首乌、灵芝等。

上述分类也不是绝对的，有些作物有几种用途，根据需要，既可划到这一类，又可划到另一类。如大豆，既可食用，又可榨油；亚麻既是纤维作物，它的种子又是油料；玉米既可食用，又可作饲料；马铃薯既可作粮食，又可作蔬菜。随着农业产业结构的调整，人们对野生植物的利用会不断增加，因此会有更多的野生植物进入到栽培植物的行列之中。

（二）按作物感温特性分类

1. 喜温作物　如水稻、棉花、玉米、高粱、烟草、甘蔗、花生等。在其全生育期中，所需的日均温和总积温量较高，其生长发育的最低温度为 $10\sim12℃$，温度低，生长发育缓慢，甚至停止。

2. 耐寒作物　如小麦、大麦、黑麦、油菜、蚕豆等。这些作物全生育期要求的日均温和总积温量较低，其生长发育的最低温度为 $1\sim3℃$，温度过高，生长发育缓慢，甚至停止。

（三）按作物对光周期的反应分类

1. 长日照作物　如小麦、大麦、油菜、甜菜等。这类作物在白昼长、黑夜短的条件下，其生长发育速度加快，生育期缩短。

2. 短日照作物　如水稻（中、晚稻）、玉米、棉花、烟草等。这类作物在白昼稍短、黑夜稍长的条件下，其生长发育速度加快，生育期缩短。

3. 中性作物　如早稻、豌豆、荞麦等。这类作物对白昼长短要求不太严格。

4. 定日作物　如甘蔗的某些品种。其要求有一定时间的日长才能完成其生育周期，长于或短于该日长都不能开花。

（四）按作物对 CO_2 的同化途径分类

1. C_3 作物　如水稻、小麦、大麦、棉花、大豆等。这类作物在光合作用过程中，吸收 CO_2 最先形成的中间产物是带 3 个碳原子的磷酸甘油酸。其光合作用的 CO_2 补偿点高，有较强的光呼吸，且光呼吸作用的消耗也高，光合作用能力弱。

2. C_4 作物　如玉米、甘蔗、高粱等。这类作物在光合作用过程中，吸收 CO_2 最先形成的中间产物是带 4 个碳原子的草酰乙酸等双羧酸。其光合作用的 CO_2 补偿点低，光呼吸作用的消耗也低，光合作用能力强，在强光高温下光合作用能力比 C_3 作物可高出一倍以上。

3. CAM（景天酸代谢）作物 这类作物很少。除凤梨科外，仅有龙舌兰、菠萝麻等少数纤维作物，但在花卉植物中却很多。

除以上分类方法外，还可以按作物播种期不同，分为春（夏）播作物和秋（冬）播作物；按成熟、收获期的不同，分为夏熟作物和秋熟作物等。

三、作物的分布

作物的分布与作物的生物学特性、气候条件、地理环境、社会经济条件、生产技术水平和社会需求等有关。

作物的起源地不同，其生长环境也就不一样。一般来说，作物只有在具备与起源地相类似的环境条件下，才能生长良好。如野生稻生长于热带、亚热带的沼泽地带，形成了水稻喜温好光、需水较多的特性，从而适合于在我国南方种植。

纬度、海拔等影响光照、温度、降水的气候条件，直接影响作物的分布。

我国幅员辽阔，各地自然环境和生产条件不尽相同，因而形成了各有特点的农业区。

1. 内蒙古高原区 本地区包括长城以北、大兴安岭以西、贺兰山脉以东的高原地带。本区气候干旱，全年降水量在200～400mm，集中于6～8月份。无霜期在110～150d，初霜期在9月上旬，终霜期在4月下旬至5月上旬，作物只能一年一熟。农作物主要有春小麦、水稻、粟、高粱、马铃薯、燕麦及玉米等粮食作物，还有大豆、甜菜、亚麻、油菜、大麻、蓖麻等工业原料作物。

2. 新疆甘肃灌溉农业区 本地区包括新疆全境和甘肃河西走廊一带。全年降水量300mm以下，地面蒸发量很大，主要依靠高山融化的雪水与地下水进行灌溉。无霜期长短差距很大。农作物以棉花、小麦为主，其次为水稻、玉米、大豆、高粱、蚕豆、豌豆等。大部分地区为一年一熟，少部分地区为一年两熟。

3. 青藏高原区 本地区包括西藏昌都地区及青海省全部，多半都是海拔3000m以上的高原草地，而青海农业区多分布在海拔3000m以下，无霜期90～150d。雨季从南向北或从东向西逐渐延迟或减少，但年度间变异很大，农业生产需要依靠灌溉。农作物以青稞、豌豆为主，饲料作物以苜蓿为主，春小麦、燕麦、荞麦、亚麻、烟草、大麻等也种植不少，本地区基本为一年一熟。

4. 东北地区 本地区包括辽宁、吉林和黑龙江三省。无霜期由北向南100～200d。全年降水量在400～900mm，多数集中在6～8月，且多暴雨，容易发生秋涝。春季4～5月多风干旱，对该地区的西北部威胁很大，土壤风蚀严重，常有毁苗现象。作物种类丰富，大豆驰名中外，粮食作物以玉米、高粱、粟、春小麦为主，另外，这个地区的北部还富产甜菜、马铃薯、亚麻，南部有棉花、烟草、花生、油菜、甘薯等。本地区只要有充足的水源，均可种植水稻。本地区多数为一年一熟。

5. 黄土高原区 本地区包括秦岭以北、太行山以西、长城以南、六盘山以东的晋、陕、甘及宁夏南部的广大地区。海拔1000～1500m，为深厚黄土层覆盖的高原。本地区由于坡地种植，缺乏天然植被，所以水土流失严重，土壤瘠薄。平原各地土坡比较肥沃，全年降水量为250～630mm，集中在7～9月。无霜期110～220d。主要农作物有小麦、高粱、燕麦、马铃薯、豌豆、油菜等。高山旱农作区为一年一熟；平川谷地水、肥条件较好，可一年两熟或两年三熟。

6. 华北地区　本地区包括河北、山东、河南、皖北及陕西渭河、山西汾河等平原地区，是我国重要的粮棉基地之一。本区由北向南无霜期为 170～220d，全年降水量在 400～750mm，集中在 6 月下旬至 9 月上旬，冬春两季多风，气候干旱。农作物种类丰富，有小麦、大麦、燕麦、荞麦、高粱、粟、玉米、水稻、马铃薯、甘薯、棉花、麻类、烟草、花生、油菜、豌豆、大豆、绿豆等。此外还有苜蓿、草木樨、田菁及绿肥作物。有一年一熟、两年三熟、一年两熟等多种种植模式，套种方式很普遍。

7. 长江流域地区　本地区是指淮河以南、五岭以北地区，包括江苏、浙江、安徽、江西、湖南、湖北、四川等省。该地区气候温和，无霜期 240～300d，全年均可生长作物。年降水量在 750～1600mm，沿海一带夏秋两季常遭台风侵袭。冬季作物有大麦、小麦、油菜、蚕豆、豌豆、绿肥，夏季作物以水稻为主，同时还有大豆、玉米、高粱、马铃薯、甘薯、棉花、黄麻、甘蔗等。一年两熟或三熟，复种指数较高。

8. 东南沿海地区　本地区包括福建、台湾、广东、广西等省（自治区）及其所属岛屿，是热带、亚热带气候。大部分地区全年温暖、无霜、无雪。年降水量在 1000～2000mm，一般春夏两季雨水较多，而秋冬两季较少。本地区除盛产水稻、小麦、棉花、麻类、甘薯、花生、烟草、豆类外，还是我国生产甘蔗的基地。许多地区一年三熟。

9. 云贵高原地区　本地区包括云、贵两省。海拔在 1000～2000m。地形复杂，气候差异大。在海拔 2500m 以上的高寒山区以林、牧为主，农作物以荞麦、燕麦、马铃薯为主，一年一熟。平坝地区，气候温暖，水源充足，以栽培水稻为主。旱作物有小麦、油菜、甘薯、马铃薯、玉米、烟草、棉花、花生、蚕豆等，可两年三熟或一年两熟。河谷地区气候炎热，以双季稻为主，一年两熟或三熟。

四、作物生产概况和发展趋势

（一）作物生产概况

1. 世界主要作物生产概况　根据联合国粮农组织（FAO）数据库资料，世界主要作物面积、总产量和每公顷产量情况如表 1-1-1 所示：

表 1-1-1　2009 年世界主要作物播种面积和产量

作　物	作物面积（hm²）	总产量（t）	每公顷产量（kg）
稻谷	153652000	672020000	4374
小麦	216975000	650880000	3000
玉米	161908000	844410000	5215
大豆	29921000	23230000	776
花生	24070000	37640000	1564
油菜籽	31681000	59070000	1865
籽棉	32156000	68300000	2124

我国各类作物面积、总产量和每公顷产量在世界上的位置如下：

稻谷：面积居第二（印度第一）、总产居第一、单产居第七（前三位分别为澳大利亚、埃及、土耳其）。澳大利亚单产为 10842kg/hm²（我国为 6553kg/hm²）。

小麦：面积居世界第三（前二位为印度、俄罗斯）、总产居第一、单产为第八位（前三位分别是荷兰、英国、德国）。荷兰单产为 9291kg/hm² （我国为 4748kg/hm²）。

玉米：面积、总产均居第二（美国居第一），单产为第十九位（前三位分别是以色列、荷兰、新西兰）。以色列单产为 28391kg/hm² （我国为 5454kg/hm²）。

大豆：面积第五（美国第一）、总产均居第四位、单产为第十位（前三位分别为埃及、法国、哈萨克斯坦）。埃及单产为 2690kg/hm² （我国为 1771kg/hm²）。

花生：面积居第二（印度第一）、总产居第一、单产居第四位（前三位分别是尼加拉瓜、美国、土耳其）。尼加拉瓜单产为 5536kg/hm² （我国为 3455kg/hm²）。

油菜：面积和总产均居第一、单产为第十七位（前三位分别是美国、荷兰、韩国）。美国单产为 4000kg/hm² （我国为 1775kg/hm²）。

籽棉：面积居第二（印度第一）、总产居第二、单产为第六位（前三位分别是以色列、澳大利亚、墨西哥）。以色列单产为 4646kg/hm² （我国为 3512kg/hm²）。

2. 我国主要农作物生产概况 根据 FAO 数据库资料，全国主要作物的播种面积和产量如表 1-1-2 所示。

表 1-1-2　2009 年全国主要作物播种面积和产量

作　物	播种面积（hm²）	总产量（t）	每公顷产量（kg）
稻谷	29873000	195760000	6553
小麦	24256000	115180000	4748
玉米	32500000	177240000	5454
大豆	8516000	15080000	1771
花生	4527000	15640000	3455
油菜籽	7370000	13080000	1775
籽棉	4849000	17030000	3512

水稻、小麦、玉米是我国的主要粮食作物，这三大作物各地播种面积和产量差异很大，尚蕴藏着较大的潜力。小宗粮食作物如豆类、高粱、谷子、小杂豆等作物的播种面积有不断扩大的趋势。油料、棉麻、糖料等经济作物具有种类繁多、分布广泛、技术性强、商品率高的特点，各地均在进行结构调整，择优发展，适当集中，建立各种类型、各具特色的经济作物集中产区。茶、桑、果树等多年生经济作物，也存在着产区分散、重量轻质、布局不当等问题，各地也在逐步改造茶园、桑园、果园，扩大面积，改善品质，建立起名优特商品生产基地。

据《中国农业年鉴》2011 年资料：水稻播种面积最大的省份是湖南、江西、黑龙江，单产最高的是新疆（8768kg/hm²）、吉林、宁夏。小麦播种面积最大的是河南、山东、河北，单产最高的是西藏（6553kg/hm²）、河南、山东。玉米播种面积最大的是黑龙江、吉林、河北，单产最高的是青海（8702kg/hm²）、宁夏、上海。大豆播种面积最大的是黑龙江、安徽、内蒙古，单产最高的是西藏（3571kg/hm²）、辽宁、江苏。棉花播种面积最大的是新疆、山东、河北，单产最高的是新疆（4848kg/hm²）、江西、甘肃。油菜播种面积最大的是湖北、湖南、四川，单产最高的是山东（2792kg/hm²）、江苏、西藏。花生播种面积最大的是河南、山东、河北，单产最高的是安徽（4440kg/hm²）、新疆、山东。

从我国大宗农作物（水稻、小麦、玉米、棉花、大豆等）生产与世界各主产国相比较，差距最大的问题是单产偏低，全国各地主要作物的单产之间差距也很大，可见不断提高作物单位面积产量，是作物栽培的研究目标和发展方向。

（二）作物生产发展趋势

围绕作物超高产、优质高效、安全、轻简化、机械化、抗逆稳产、栽培理论与技术，作物生产的主要发展趋势是：

1. 作物超高产栽培理论与技术 主攻水稻每 $667m^2$ 产 1000kg、小麦 800kg、玉米 1100kg 以及其他作物超高产栽培理论与技术，挖掘作物更高产潜力，并转化为作物大面积高产的新途径，为作物高产创建提供强有力的技术支撑。

2. 优质高产协调栽培理论与技术 既要主攻高产，又要改善品质，就要解决高品质和高产的统一，实现专用化栽培、标准化栽培。

3. 作物安全栽培理论与技术 针对当前作物高产过多依赖化学投入品，破解农产品安全和高产的重大难题，提高肥药利用效率，把生产过程、产品的有害物含量控制在对人体健康、环境安全的范围内，在作物无公害、绿色、有机栽培关键技术上会寻求突破。

4. 轻简栽培技术 随着我国农村劳动力的转移，作物要高产、技术要简化，已成为作物生产目标和技术的基本要求。运用作物高产生态生理理论，借助于现代化工、机械、电子等行业的发展，研究轻简栽培原理与技术精确定量化，建立"简少、适时、适量"轻型精准的高产栽培技术体系。

5. 作物机械化高产栽培技术 作物机械化栽培是现代作物生产发展的基本方向。按高产要求研发新型农业机械，研究农艺、农机配套技术，建立作物优质高产高效的全程机械化高产栽培技术体系，大幅度提升生产集约化程度和生产经营规模。

6. 节水和抗旱栽培技术 研究作物高产需水规律与水分胁迫的生长补偿机制，建立减少灌水次数和数量的技术途径和高效节水管理模式，促进水资源的高效利用。

7. 现代生态农业及栽培配套技术 以秸秆还田为核心，研究秸秆还田的农田生态效应。研究机械化为主的秸秆还田简便实用方法，建立秸秆还田与保护性耕作技术（少免耕）及其配套的栽培技术，解决我国复种指数高、用地与养地难以协调的突出矛盾。同时研究种养结合等现代生态农业、循环农业及其配套作物栽培技术，促进农业可持续发展。

8. 化学控制新技术 根据作物高产、优质、抗逆的要求，重点研究开发适应各种定向诱导调控要求的各类新型调控剂与安全使用技术。

9. 覆膜和设施栽培技术 设施栽培是现代农业的重要方向，研究覆膜和设施条件下作物的生育特点、增产机理和相应的配套栽培技术，扩大覆膜和设施栽培的地区和作物领域。

10. 作物信息化栽培技术 重点开发作物实用化栽培管理信息系统、作物设施栽培管理信息系统、远程检测诊断信息技术、作物生长模拟与调控等，研发集信息获取、处方决策、精准变量作业的农业机械，推动我国作物精确栽培与数字农作的发展。

五、作物栽培课程的性质和任务

作物栽培课程是研究作物生长发育、产量和品质形成规律及其与环境条件的关系，并在此基础上采取栽培技术措施以达到作物高产、稳产、优质、高效目的的一门应用课程，即作物栽培是研究作物高产、稳产、优质、高效生产理论和技术措施的科学。

作物是有机体,有机体有其自身生长发育、器官建成、产量和产品形成的规律;作物生长发育离不开外界环境条件——光、热、水、气、肥等,不同的作物、不同的品种甚至不同的生育阶段、不同器官的形成过程,对外界环境条件都有着不同的要求。因此,作物栽培课程是研究作物生育特性、环境条件、栽培技术相互作用的一门综合性很强的农业技术科学。植物学、植物生产环境、生物化学、农业生态、病虫草害防治等均是本课程的理论基础,在对各学科的成果集成组装、灵活运用的基础上,作物栽培过程中又会不断遇到或提出新的问题,各学科新的研究成果,不断丰富各学科的理论,同时促进作物栽培科学的进展。由于作物栽培课程内容涉及"天—作物—地",从而决定了作物栽培具有严格的地域性、明显的季节性、技术的适用性、生产的连续性和系统的复杂性等特点。在学习和将来的知识技能运用过程中,必须采用生物观察法、生长分析法、生长发育研究法等方法,以作出准确的判断,提高从事或指导作物栽培实际工作的能力。

　　学习作物栽培,必须认真学习党对发展农业生产的方针、政策;要以辩证唯物主义的观点和方法作指导,要有科学的态度和理论联系实际、实事求是的学风。要到生产实践中去,亲自动手参加生产实践活动,通过动手实践,增强才干,提高能力。

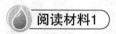

作 物 的 起 源

　　中国位于欧亚大陆的东部,具有多种气候条件,生态环境差异大,是一个地域辽阔而农作物种类及品种资源十分丰富的国家。世界上栽培植物(不包括花卉)近1200种,其中约有200种起源于中国。在粮食作物方面,稻、粟、稷、荞麦、大豆、小豆、豇豆等均起源于中国。栽培稻中有籼、粳、糯稻,早、中、晚季稻,水、陆稻等多种类型。其中"软米""香米""丝苗""鸡血糯"等名贵品种,是中国的传统出口商品,在国际市场享有盛誉。根据原始谷粒化石考察推断,粟的祖先在中国这块土地上生长,至少已有50000年的历史。在经济作物及果类方面,起源于中国的有茶、桑、麻、柑橘、荔枝、龙眼、枇杷、梨、桃、杏、梅、李、枣、柿子、榛子、板栗、樱桃、海棠、山楂、猕猴桃等。中国果树、花卉品种繁多,被世界誉为"园林之母"。在蔬菜方面,起源于中国的有大白菜、萝卜、丝瓜、黄瓜、茄子、南瓜、茼蒿、葱、蒜、韭菜、辣椒等。除此之外,中国还有一些特产蔬菜,如竹笋、茭白、荸荠、慈姑、百合、金针菜等。其他还有药用植物、食用和饲料用的水生植物也都起源于中国。丰富多彩的农作物品种资源,是中国十分宝贵的财富。

(摘自《当代中国的农作物业》)

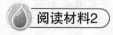

遥 感 估 产

　　传统的作物测产是根据作物生长状况调查、营养诊断进行预测,一般采用目测法、查测法和割测法进行测产。作物测产时，受人为因素干扰，估产精度不高。遥感估产具有客观、经济、简便等优点，可作为估产的主要手段之一。

大面积农作物的遥感估产主要包括三方面内容：农作物的识别与种植面积估算，长势监测和估产模型的建立。

1. 可以根据作物的色调、图形结构等差异最大的物候期（时相）的遥感影像和特定的地理位置等的特征，将其与其他植被区分开来。大面积的农作物除了具备与一般植被相似的光谱特征外，大都分布在地面较为平坦的平原、盆地、河谷内，少量分布在山坡、丘陵的顶部。由于耕作的需要，田块通常具有规则的几何形状（山区零星小块耕地除外）。在农作物估产时，除了使用空间分辨率较低的卫星遥感影像，做出农作物的分布图。还必须应用较高分辨率的影像及高分辨率的遥感影像对农作物分布图进行抽样检验，修正农作物分布图，从而求出农作物的播种面积。

2. 利用高时相分辨率的卫星影像对作物生长的全过程进行动态观测。对作物不同生长阶段的苗情、长势制出分片分级图，并与往年同样苗情的产量进行比较、拟合，并对可能的单产做出预估。在这些阶段中，如发生病虫害或其他灾害，使作物受到损伤，也能及时地从卫星影像上发现，及时地对预估的产量做出修正。

3. 建立农作物估产模型。所谓农作物遥感估产模型方法，就是在农作物遥感估产的最佳时间内，运用遥感技术建立农作物遥感估产模型，以估测农作物的产量，并在作物生长后期，采用与农学、气象等模型进行综合分析的技术方法。但是，农学模型具有明显的物理意义和生物意义，气象模型可对造成产量波动的气象因素有明显的预测效果。因而它们可起辅助作用，即对遥感估产的预报结果进行补充订正。

目前，利用遥感数据估算作物产量的模型有三种：一是光谱估产模型，研究作物光谱特征与作物长势及其产量构成要素之间的联系，确定它们之间的数量关系是遥感估产的基础。这里指的光谱估产模型是在地面选择农作物的最佳生育期，运用光谱仪测定农作物的反射率，找出适宜的光谱变量（植被指数），建立起光谱变量与农作物产量及其农学参数之间的相关模型。二是卫星遥感估产模型，利用农作物与主要背景土壤之间的这一光谱反射特性，把反射数据组合成各种植被指数，以扩大不同长势农作物的差异，来实施农作物遥感估产。卫星遥感估产，由于卫星距离地面很远，太阳光的辐射值经过来回运行受到极大影响。因此，要根据卫星遥感的特点做出特殊处理，尔后才能建立估产模型。三是光谱遥感估产与作物生长模拟估产的符合模型，光谱估产模型和卫星遥感估产模型均属于统计回归模型，其回归系数随着作物生长状况、环境条件和农艺技术的不同而变化。

棉花估产主要对棉花单位面积产量数据与冠层光谱反射率和光谱特征参量进行统计相关分析，找出最佳光谱特征参量或敏感波段，建立棉花估产模型。如建立复合估产模型时，筛选出棉花叶面积指数、单株鲜生物量和鲜叶叶绿素含量为复合光谱估产模型的主要农学参数。棉花叶面积指数、鲜叶叶绿素含量和棉花单株鲜生物量与产量之间均存在着很高的相关性，尤以棉花单株鲜生物量与经济产量的相关性最为密切。

利用地物高光谱遥感估测叶片或植株冠层的水分和营养状况对农业生产有着重要的意义。它可以实地监测作物的长势，分析作物水分和养分状况，实现对作物生产的精确管理，不仅可以提高产量和品质，还可以节约资源，降低成本，减少对环境的污染。前人研究结果已证实了利用光谱变量可估测作物主要栽培生理指标和产量，可以取得比较理想的结果。但要充分挖掘高光谱数据用于估计冠层理化信息的潜力，提高估算模型的精度，减小误差，达到实用化程度。

　　需要指出，高光谱遥感技术是信息获取的重要手段，但不是唯一手段。在遥感中，需要解决选择适宜标识波段的问题。选用最能反映作物生长状态并且信噪比最佳的一个或多个波段，以求数据准、提取方便。总之，开展用高光谱技术快速获取作物生长发育的信息技术是精准农业一个极其重要的研究方向。尽管实现这一目标存在很多困难，但是根据这一思路进行的实践，已经显示出极好的前景，针对困扰着作物生长发育过程中信息提取费工、费时且容易出错这些现象，高光谱遥感技术已显示出其强大的生命力。一旦更多的农学家、计算机专家等投入这一领域的研究和实践，我们相信高光谱技术不仅在作物生长信息的快速准确获取和产量差异的诊断方面大有改进，还会推动我国精准农业的发展和农业现代化的进程。

（引自王荣栋等，2007，《作物高产理论与实践》）

信息搜集

查阅资料，了解当地 3 种主栽作物的种植面积、总产和单产情况，作简要综述。

练习与思考

1. 何谓作物？作物有哪些分类方法？
2. 我国可分为哪九个农业区？
3. 作物生产的发展趋势是什么？
4. 应当如何学好作物栽培课程？

基础二　作物栽培制度

学习目标

掌握作物布局、种植体制、种植模式、立体农业等的概念，了解种植业结构调整的相关内容，能开展种植制度的调查，能拟订作物生产计划。

作物栽培制度（种植制度）是一个地区或生产单位的作物构成、配置、熟制和种植方式的总称，是耕作制度的核心部分，包括作物布局、复种或休闲、轮作、连作、间作、套作等。

一、作物布局

（一）作物布局的概念

作物布局是一个地区或一个生产单位（或农户）作物组成（结构）与配置的总称。作物组成（结构）是指作物种类、品种、面积及占有比例等，配置是指作物在区域或田块上的分布。换言之，作物布局要解决的问题是，在一定的区域或农田上种什么作物，种多少、种在什么地方。这是建立合理种植制度的主要内容和基础。

作物布局既可指作物类型的布局（如粮食作物、经济作物、绿肥饲料作物的布局），也可指具体作物或品种的布局。在多熟制地区，还包括连接下季的熟制布局。可见作物布局所指的范围可大可小，大到一个国家、省、市、县，小到一个自然村甚至一个农户；时间可长可短，长的可以指 5 年、10 年、20 年的作物布局规划，短的可以是一年或一个生长季节作物的安排。

（二）作物布局在生产上的意义

合理的作物布局是将各种作物安排在相对适宜的生态条件和生产条件下，充分发挥农作物的生产力，以取得最大的经济效益、生态效益和社会效益。

1. 作物布局是种植业较佳方案的体现　合理的作物布局是一种体现综合效益的战略方案，能平衡自然资源、社会经济资源以及科学技术等综合因素，根据社会需要与资源可能条件，瞻前顾后，统筹兼顾，充分合理利用土地与其他自然与社会资源，获得最大的经济效益、社会效益和生态效益。

2. 作物布局是农业生产布局的中心环节　农业生产布局是指农（种植业）、林、牧、渔各部门生产的结构和在地域上的分布。作物布局必须在整体的农业生产布局的指导下进行。而且，我国的种植业在农业生产中占有重大比例，作物种植是农业生产的中心环节，作物布局关系到高产稳产、资源合理利用、农村建设、农林牧结合、多种经营、生态环境保护等一系列问题。

3. 作物布局是农业区划的主要依据与组成部分　综合农业区划必须以各种单项区划和专业区划为基础，以作物布局为前提的农作物种植区划是各种单项区划与专业区划的主体。同时，作物布局还是制订农业发展规划、土地利用规划、农田基本建设规划等各种农业规划的重要依据。

4. 作物布局是我国农业融入世界农业体系的需要　在世界贸易组织（WTO）的规则下，我国可以享受多边最惠国待遇，农产品出口环境得到了改善，利于开拓多元化农产品国际市场。根据我国的国情，因地制宜地做好作物布局，利于发挥自身优势，扬长避短，提高农产品科技含量，增加优质农产品数量和比重，增强我国农产品在国际市场上的竞争能力。

（三）决定作物布局的因素

1. 作物的生态适应性　是作物适应一定的生态环境的特性，即作物对温、光、水、气、土壤等因素的适应程度，是作物布局的主要依据。作物在其长期的形成和演化过程中，逐步获得了对周围环境条件的适应能力。因此，作物的生态适应性是系统发育的结果，具有很高的遗传力。

在一个生态环境区内，生产繁殖最好、生产力最高的作物，就应该认为是对该生态环境条件适应最好的作物。

2. 农产品的社会需求及价格因素　农业生产的主要目的是满足社会对农产品的需求，而农产品的社会需求又是农业生产不断发展的源动力。农产品的社会需求可分为三个部分：一是自给性的需求，即生产者本身消费需要，目前，这部分占农业生产产品的一半左右；二是市场对农产品的需求，世界上农业发达的国家农产品主要以商品的形式供应市场，农业的商品率很高；三是国家或地方政府从全局出发提出的农产品需求，有些是商品，有些是行政性的上缴或收购。

3. 社会发展水平　社会发展水平包括经济、交通、信息、科技等多种因素。目前我国经济水平较低，交通、信息等产业落后，"小而全"的作物布局还占相当大的比例。这种布局有利的方面是农民可以保障自给自足；不利的方面是很难进行专业化、规模化生产，同时也影响技术水平的提高，并制约产业化的进程，农产品的商品率低，扩大再生产慢。

除了上述因素外，农业科学技术的发展在较大程度上也会改变作物布局。如随着新品种和地膜覆盖技术等的推广，水稻、玉米的种植区域北移，并能向高寒山区扩种。同时，饮食结构等的变化也会对作物布局产生影响。如啤酒销量的增加，大麦的种植面积就相应扩大等。

（四）作物布局的基本原则

要确定作物的合理布局，自然条件因素只是反映某种作物在地区种植上的可能性，所以还必须考虑地区的各种经济条件因素，以及社会的需求。作物布局的制订应根据国家的需要，考虑国家粮食安全，要把粮食生产放在首位。在此前提下，还应掌握以下基本原则：

1. 统筹兼顾，合理安排　根据国家计划和生产任务，结合本地区、本单位的实际情况，确定各种作物，特别是主要作物的种植面积和比例。要兼顾国家、集体和个人的利益，并充分考虑扩大再生产对种子、肥料等的需要。有条件的话，应建立起某种作物的生产基地，发展满足市场需求的商品生产。

2. 根据作物品种特性，因土因地种植　作物生产要考虑到季节性和地域性的特点。气候和土壤具有地带性，地带性一是表现为平面分布，二是表现为垂直分布。作物和熟制由低海拔到高海拔的垂直分布和由低纬度向高纬度的平面分布规律是相似的。即便在同一气候带，因阳坡、阴坡不同以及地形土壤差异，作物分布也有不同。因此，作物布局需要考虑这些因素。

3. 适应生产条件，缓和资源矛盾 生产条件主要包括水利设施、肥料、农药、劳力和农机具等。水利条件是决定水旱作物比例的重要依据。劳力、肥料等则是决定熟制的依据之一。通过合理布局，使作物和品种巧妙搭配，可以调节忙闲，错开时间，缓和资源利用上的矛盾。

4. 用地养地相结合，实现可持续发展 用地水平高，复种指数就高，肥力消耗大。因此，通过作物布局，采取相应的措施，使养地水平与用地水平相适应，是实现农业可持续发展，保持农业生态平衡的有效手段。

5. 农林牧相结合，实现农业全面发展 应以一业为主，农牧结合、农林结合、种植与加工结合，实现各业配合，组成适合该地区、该单位合理的农业生态系统，以充分发挥资源优势和经济优势，提高农业综合效益。

同时，在作物布局时要尽可能保持一定的行政区界的完整性。

（五）作物布局的步骤与内容

1. 明确对产品的需求 包括作物产品的自给性需求、商品性需求以及国家或地方政府从全局出发提出的农产品需求。一个地区的自给性需求量，可依据历年经验和人口、经济发展等来加以测算，其变化有一定的规律性，可预测性较大；而商品性需求，大部分产品随市场的变化而变化，往往难以预测。因此，要尽可能多地了解国内外市场的需求量、价格、交通、加工、贮藏、农产品质量、安全卫生标准以及农村政策等方面的内容。

2. 查明作物生产的环境条件，确立作物生态适宜区 包括当地的自然条件和社会经济科学技术条件两方面。自然条件主要是指热量条件（如全年≥10℃的积温、最低最高温度出现时间等）、水分条件（如年降水量及分布、其他水资源状况等）、光照条件（如全年日照时数及分布、年辐射量等）、地貌、地理条件、土壤条件（如质地、肥力、酸碱性等）。社会经济科学技术条件主要是指肥料条件（如肥料种类、单位面积施肥水平等）、能源条件、机械（如整地、排灌、播种收获机械）、科技（如农业技术推广体系、病虫害测报与防治能力）、市场、价格、政策、文化水平等。在此基础上，划分作物生态适宜区和不适宜区。

3. 选择确定适宜的作物种类和面积 确立作物种类（即种什么作物），是作物布局的难点和关键。一个地区或一个生产单位，往往可供选择的作物种类很多，这不但要根据产品需求状况和作物生产的其他环境条件来确定，更需要在充分了解作物特点的基础上，尽可能地选择在本地生态适应性表现最好的作物，要对重点作物规划出生产基地和商品基地，以利于推进区域化、专业化生产。商品生产基地的条件是：有较大的生产规模，土地集中连片；生产技术条件较好，生态经济分区上属于最适宜或适宜区；生产水平较高；资源条件好，有较大的发展潜力。

4. 选择适宜的作物品种 作物布局的一项重要内容是确立主导作物不同品种的种植面积比例。为了便于区域化和规模化的商品生产，形成区域特色优势，带动产、加、销、科、工、贸一条龙的产业化经营，当家品种应相对稳定，搭配品种数目和种植面积尽可能少些，以保证商品生产质量的一致性。

5. 可行性鉴定和论证 需要论证的主要内容有：是否能满足各方面的需要；自然资源是否得到了合理利用与保护；经济效益如何；肥料、土壤肥力、水、资金、劳动力等是否平衡；基本条件和设施是否满足，贮藏加工、市场、贸易、交通是否合理可行；科学技术、文化、教育和生产者素质是否适应；是否促进农林牧、农工商综合协调发展等。

二、种植体制

种植业生产是连续使用耕地的过程。因此，在年际或上下季之间，同一块田地上就存在着作物种植的顺序问题。也就是作物之间有一个科学的组配，即与特定条件相适应的作物种植体制。因此，种植体制就是根据作物对地力的影响、作物与作物之间的协调关系，作物对生态环境的适应能力以及有利于病虫草害控制等所制订的能体现作物布局总体要求与种植模式特色的种植顺序的组配。种植体制通常由轮作、连作及其组合方式组成。

（一）轮作换茬

1. 轮作换茬的概念 轮作就是指在同一块田地上不同年之间有顺序地轮换种植不同种类作物或采取不同的复种形式的种植方式。如大豆→小麦→玉米，属于不同种类作物之间的轮作；油菜→水稻→绿肥→水稻→小麦—棉花→蚕豆—棉花属于由不同的复种方式组成的轮作。由不同复种方式组成的轮作称为复种轮作。（"→"表示年间作物接茬种植，"—"表示年内接茬种植，下同。）

生产上把轮作中的前作物（前茬）和后作物（后茬）的轮换，通称为"换茬"或"倒茬"。

一般情况下，轮作应具有周期性和顺序性两个特征。周期性是指一个固定的轮作方式有它的轮作周期。如大豆→小麦→玉米这个轮作方式是以三年为一个周期的轮作。顺序性则是指成熟轮作方式中作物的排列顺序是在考虑了前后作物的协调性关系以及利于地力培养和病虫害防治等多方面因素后而确定的，随意改变就可能会造成茬口的混乱。

2. 轮作的作用 轮作增产是世界各国的共同经验。轮作田地由多种作物构成，较易维持生态平衡。轮作主要有以下作用：

（1）均衡利用土壤养分。不同作物对土壤营养元素的要求和吸收能力有差异，不同作物的根系深浅分布也有差异。因此不同作物实行轮作，可以全面均衡地利用土壤中各种养分，充分发挥土壤的生产潜力。

（2）改善土壤理化性状。作物的残茬落叶和根系是土壤有机质的重要来源，不同作物有机质的数量、种类和质量不同，分解利用的程度不同，对土壤有机质和养分的补充也有不同的作用。有些作物根系分泌物（如大豆、西瓜）对本身的生长发育有毒害作用，轮作就可避开有毒物质的侵害。水田在长年淹水条件下，土壤结构恶化、容重增加、氧化还原电位下降、有毒物质增多，水旱轮作能明显地改善土壤的理化性状。

（3）减轻作物病虫草害。有些病虫害是通过土壤传播感染的，如水稻纹枯病、棉花枯萎病、棉花黄萎病、油菜菌核病、烟草黑胫病、大豆胞囊线虫病、甘薯黑斑病、玉米食根虫等，每种病虫对寄主都有一定的选择性。因此选择抗病虫作物与易感病虫作物进行定期轮作，便可消灭或减少病虫害的发生。特别是水旱轮作，生态条件改变剧烈，更能显著减轻病虫危害。

有些农田杂草的生长发育习性和要求的生态条件，往往与伴生作物或寄生作物相似，实行合理轮作,可有效抑制或消灭杂草。

(4) 合理利用农业资源。根据作物的生理、生态特性,在轮作中前后作物搭配,茬口衔接紧密,既有利于充分利用土地和光、热、水等自然资源,又有利于合理均衡地使用农机具、肥料、农药、水资源以及资金等社会资源,还能错开农时季节。

大田轮作是我国采用最广泛的一类。但随着农业结构的不断调整,农产品商品率的提高,养殖业的发展,粮菜轮作、粮饲轮作、饲饲轮作等方式会不断增加。在安排轮作时,应遵循"高产高效、用地养地、协调发展和互为有利"的原则,在提高土地利用效率的同时,充分发挥轮作的养地作用,以获得较高的经济效益、社会效益和生态效益。

(二) 连作

1. 连作的概念 与轮作相反,连作是在同一块地上连年种植相同作物或采用相同的复种方式的种植方式,也称为"重茬"。在同一田地上采用同一种复种方式连年种植的称为复种连作。

2. 连作受害的原因 不适当的连作会导致产量锐减、品质下降。导致作物连作受害的原因主要有以下3个方面:

(1) 生物因素。伴生性和寄生性杂草危害加重,某些专一性病虫害蔓延加剧,如小麦根腐病、西瓜枯萎病等,土壤微生物的种群数量和土壤酶活性的强烈变化等。

(2) 化学因素。指连作造成土壤化学性质发生改变而对作物生长不利。主要包括营养物质的偏耗和有毒物质的积累。年年种植同一作物,势必造成土壤中某一元素的缺乏,造成土壤养分比例的失调。同样,年年种植同一作物,也会使某些有毒物质积累量加大,而对作物生长产生阻碍作用。

(3) 物理因素。某些作物连作或复种连作,会导致土壤物理性状显著恶化,不利于同种作物的继续生长。

3. 不同作物对连作的反应 不同作物、不同品种,甚至是同一作物同一品种,在不同的气候、土壤及栽培条件下,对连作的反应是不同的。大致可分为以下3类:

(1) 不耐连作的作物。最不耐连作的作物是马铃薯、烟草、甜菜等。它们忌连作的主要原因是一些特殊病害和根系分泌物对作物有害。如甜菜忌连作是根结线虫病所致。其次不能连作的是豌豆、大豆、蚕豆、菜豆、向日葵、辣椒等。这些作物的连作障碍多为病害。

(2) 耐短期连作的作物。甘薯、油菜、花生等作物,对连作反应的敏感性属于中等类型。生产上常根据需要对这些作物实行短期连作。

(3) 较耐长期连作的作物。包括水稻、麦类、玉米、棉花等作物。这些作物在采取适当的农业技术措施的前提下耐连作程度较高。其中又以水稻、棉花的耐连作程度最高。

三、种植模式

种植模式是指一个地区在特定自然资源和社会经济条件下,为了实现农业资源持续利用和农田作物高产高效,在一年内于同一田块上采用的特定作物结构和时空配置的规范化种植方式。

种植模式由作物结构与种植熟制两部分组成。作物结构是指田间作物种群组成与空间配置,包括单一作物结构(单作)和由多种作物组成的复合作物结构(多作)。种植熟制指一年内种植作物的季数，包括一熟制和多熟制。不同作物结构和种植熟制组合形成种植模式的4种类型：即单作一熟型、单作多熟型、多作一熟型和多作多熟型。

我国人多，耕地面积少，普遍采用多熟种植方式。多熟种植方式是指在同一田地上同一年内种植两种或两种以上作物的种植方式，包括复种、间（混）套作等。

（一）复种

复种是指在同一年内于同一块田地上顺序接茬种植两季或两季以上作物的种植方式。即上茬收后再种下茬的栽培方式，也称为多熟制。

复种在农业生产上具有特殊意义。一是有利于扩大播种面积和单位面积年产量，二是有利于缓和粮、经、饲、果、菜、药等作物争地的矛盾，三是有利于稳产。

根据一定时间内在同一块田地上种植作物的季数不同，将复种分为以下3种：一年种植两季作物称为一年两熟，如小麦—水稻；一年种植三季作物称为一年三熟，如油菜—早稻—晚稻；两年内种植三季作物，称为两年三熟，如春玉米—冬小麦—夏甘薯。

在不同田块上一年可种多次作物，而大面积耕地复种程度的高低通常用复种指数来表示，即全年总收获面积占耕地面积的百分比。

$$耕地复种指数=\frac{全年作物总收获面积}{耕地面积}\times100\%$$

需要注意的是：套作是复种的一种方式，计入复种指数，而间作、混作则不计入。

与复种作用相反的农作方式是休闲和撂荒。

休闲是指耕地在可种作物的季节只耕不种或不耕不种的土地利用方式。休闲的主要目的是使耕地短暂休息，减少水分、养分的消耗，蓄积雨水，消灭杂草，促进土壤潜在养分的转化，为后茬作物的生长创造良好的土壤条件。

撂荒是指荒地开垦种植几年后，较长时期弃而不耕，等地力恢复时再行种植的一种土地利用方式。实践中，一般当休闲时间在两年以上并占到整个轮作周期2/3以上时，就称为撂荒。

（二）间、混、套作

1. 间、混、套作的概念 在各种种植方式中，间、混、套作是指两种或两种以上作物复合种植在同一田地上的方式。与这种种植方式有关的还有单作等。

（1）单作。也称为清种、纯种、净种。指在同一块田地上只种植一种作物的种植方式。特点是便于统一种植、管理和机械化作业。机械化程度高的国家和地区大多采用这种方式。

（2）间作。指在一个生长季节内，在同一块田地上分行或分带间隔种植两种或两种以上作物的种植方式。如四行棉花间作四行甘薯、二行玉米间作三行大豆等。特点是因为成行或成带种植，可以分别管理；但群体结构复杂，个体之间既有种内关系，又有种间关系，所以对种、管、收要求较高。

农作物与多年生木本植物相间种植，也属于间作；采用以农作物为主的间作，称为农林间作；以林（果）业为主的间作，称为林（果）农间作。

（3）混作。也称为混种。指在同一块田地上，同期混合种植两种或两种以上作物的种植方式。如小麦与豌豆混种、芝麻与绿豆或大豆或甘薯混种等。特点是能充分利用空间，但不便于管理，更不便于收获，是一种较为原始的种植方式，不宜提倡。

（4）套作。也称为套种、串种。指在前季作物生长后期在其行间播种或移栽后季作物的种植方式。如小麦生长后期每隔3~4行小麦种一行玉米。

套作和间作都存在两种作物的共生期，套作共生期只占全生育期的小部分，间作却占全生育期的大部分或几乎全部。套作选用生长季节不同的作物，一前一后结合在一起，两者互补；和单作相比，套作不仅能阶段性地充分利用空间，更重要的是能延长后作物对生长季节的利用，使田间始终保持一定的叶面积指数，充分利用了光能、时间和空间，可提高全年总产量。它属于一种集约利用时间的种植方式。

2. 间、套作的技术要点

（1）选择适宜的作物和品种。首先，要求它们对大范围环境条件的适应性在共生期间大体相同。如水稻与花生、甘薯等对水分条件的要求不同，向日葵、田菁与茶、烟等对土壤酸碱度的要求不同，它们之间就不能实行间、套作。其次，要求作物形态特征和生育特性相互适应，以利于互补地利用资源。如高度上要高低搭配，株型上要紧凑松散对应，叶子要大小互补，根系要深浅疏密结合，生育期要长短前后交错，喜光与耐阴结合。农民形象地总结为"一高一矮、一胖一瘦、一圆一尖、一深一浅、一长一短、一早一晚"。最后，要求作物搭配形成的组合具有高于单作的经济效益。

（2）建立合理的田间配置。合理的田间配置有利于解决作物之间及种内的各种矛盾。田间配置主要包括密度、行比、幅宽、间距、行向等。第一，密度是合理田间配置的核心问题。间、套作的种植密度一般要求高于任一作物单作的密度，或高于单位面积内各作物分别单作时的密度之和；套作时，各种作物的密度与单作时相同，当上下茬作物有主次之分时，要保证主要作物的密度与单作时相同，或占有足够的播种面积。第二，安排好行比和幅宽，发挥边行优势。间作作物的行数，要根据计划产量和边际效应来确定。一般高位作物不可多于、矮位作物不可少于边际效应所影响行数的两倍。高矮秆作物间、套作，其高秆作物的行数要少，幅宽要窄，而矮秆作物则要多而宽。第三，间距是相邻作物之间的距离。各种组合的间距，在生产上一般都容易过小。在充分利用土地的前提下，主要应照顾矮位作物，以不过多影响其生长发育为原则。具体确定间距时，一般可根据两种作物行距的一半之和进行调整，在肥水和光照条件好时，可适当窄些，反之则可适当宽些。

（3）生长发育调控。在间、套作情况下，虽然合理安排了田间结构，但它们之间仍然有争光、争肥、争水的矛盾。为了使间、套作达到高产高效，在栽培技术上应做到：适时播种，保证全苗，促苗早发；适当增施肥料，合理施肥，在共生期间要早间苗、早补苗、早追肥、早除草、早治虫；施用生长调节剂，控制高层作物生长，促进低层作物生长，协调各作物正常生长发育；及时综合防治病虫；适时收获。

四、立体农业

（一）立体农业的概念

立体农业是在传统的间作套种和多种经营的基础上发展起来的具有中国特色的新型农业生产方式，是着重于开发利用垂直空间资源的一种农业生产方式。

立体农业的概念是：在单位面积土地（水域）上或一定的区域范围进行立体种植或立体养殖或立体复合种养，并巧妙地借助人工加工而建立的多物种共栖、多层次配制、多时序交替、多级质能转化的农业模式。

立体种植的概念是：在同一块田地上，两种或两种以上的作物（包括木本植物），从平面上、时间上多层次利用空间的种植方式，实际上立体种植是间、混、套作的总称。它也包括山地、丘陵、河谷地带不同作物垂直高度形成的梯度分层带状组合。

立体养殖的概念是：在同一块田地上，作物与食用微生物、农业动物或鱼类等分层利用空间种植和养殖的结构；或在同一水体内，高经济价值的水生植物与鱼类、贝类相间混养、分层混养的结构。

（二）立体农业的内容

立体农业的主要内容有：根据不同生物物种的特性进行垂直空间的多层配置；自然资源的深度利用；主产品的多级、深度加工和副产品的循环利用；技术形态的多元复合等。立体农业分异基面和同基面两种类型。异基面立体农业指不同海拔、地形、地貌条件下呈现出的农业布局差异。如云贵高原在河谷地带和低山区水田以冬作物—水稻一年两熟为主，旱地以一年三熟或两熟为主，还可种植热带、亚热带瓜果；半山区以一年一熟水稻或一年二熟旱作物为主；高山区只种玉米、马铃薯、荞麦等一年一熟旱粮；桑基鱼塘、果基鱼塘等属微观异基面立体农业。同基面立体农业指同一块田地上的间、混、套作及兼养动物、微生物的立体种养系统。如林粮或粮菜间作、稻田养鱼、农田栽培食用菌等。合理的立体农业能多项目、多层次、高效地利用各种自然资源，提高土地的综合生产力，并且有利于生态平衡。

五、种植业结构的调整

（一）我国农业发展已经进入了一个新的阶段

农业发展新阶段的特征是：农业的综合生产力已经基本上满足了现阶段人们对农产品的需求，主要农产品由长期供不应求转变为阶段性供过于求；农业发展由受资源的约束变为资源与市场双重约束；农业由解决温饱的需要转向适应进入 WTO 和人民生活小康的需要，主要农产品出现了结构性过剩，人们对农产品的品种和质量有了新的需求。

（二）种植业结构调整的指导思想、重点和原则

1. 种植业结构调整的指导思想　以市场为导向，以提高质量、优化品种结构为重点，以提高效益为中心，以稳定增加农民收入为目的，以资源为基础，以科技为依托，全面提高农业的整体素质和效益，推动农业和农村经济持续健康稳定发展。简言之，种植业结构调整的目的就是要把品种调适，质量调优，规模调大，结构调佳，效益调高。

2. 种植业结构调整的重点　以提高质量、发展优质产品为重点，调整、优化种植业结构；以发展绿肥、饲料生产为重点，扩展种植业结构内涵；选准主导产品，实行规模经营，发展主导产业，优化种植区域格局，促进农村二、三产业和农副产品加工业的快速发展。

3. 种植业结构调整的原则　一要坚持以市场为导向。立足本地市场、面向全国、考虑国际、适应内外贸发展的需要，满足社会需求。二是要坚持实事求是、因地制宜。充分发挥区域比较优势，确定和发展有竞争力的优势产品，防止一哄而起、盲目调整、结构雷同。三是要坚持提高农业综合生产能力，严格保护耕地、林地、草地和水资源，保护生态环境，实行可持续发展。四是要坚持农民自愿。即充分尊重农民在结构调整中的经营自主权。五是坚持执行党的农村政策。包括稳定土地承包政策等，要通过实行优质优价政策，引导农民调整品种、品质结构，确保农民通过调整得到实惠。

（三）种植业结构调整应注意的问题

1. 调整种植业结构应和推行农业产业化经营结合起来 种植业结构调整中最突出的问题是如何引导农民根据市场需求确定调整方向。而通过推行"公司＋基地＋农户"等模式，实行产业化经营，则可以把市场信息、技术服务、销售渠道等更直接、更快捷、更有效地带给农民，从而有效避免和解决农民所面临的诸多难题。实践证明，产业化经营不仅是推动种植业结构调整的有效途径和重要措施，还有利于在一个地方形成特色产业和支柱产业，提高农业的标准化和契约化程度，提高农业的综合效益。

2. 调整种植业结构应和保护农业生产能力，确保粮食安全结合起来 巩固农业的基础地位，保护和提高粮食综合生产能力，是结构调整的基础。在粮食总量存在地域性供过于求的形势下，绝不能忽视和放松粮食生产。因而，要正确地处理"调"和"稳"的关系。坚持"稳"中有"调"，"调"中有"稳"。所谓"调"，主要是调减那些质次、滞销、效益差的粮食作物种植面积，扩大适销对路的优质粮食和效益好的经济作物种植面积。所谓"稳"，就是稳定保持粮食综合生产能力，确保粮食生产能力不被破坏。总之，既不因强调结构调整而忽视粮食生产，也不因强调粮食安全而忽视不同地区之间比较优势的充分发挥。只有较好地处理"调"和"稳"的关系，才能保持粮食生产能力，同时一些效益高的经济作物的种植面积也得到大幅度增加，农业的综合效益也会显著提高。

3. 调整种植业结构应和加强农产品市场建设结合起来 结构调整与农产品市场建设密切相关，结构调整的方向依赖于市场引导。因此，必须加强农产品市场建设，充分发挥市场对结构调整的带动作用。包括加强产地批发市场建设、农产品市场信息网络建设、质量标准体系建设，以及完善农民经纪人队伍和各种形式的民间流通组织等。

4. 调整种植业结构应和政府搞好服务结合起来 农民是种植业结构调整的主体，调什么、怎么调的最终决定权应当掌握在他们手中，由他们自己做主。但这并不等于说政府部门可以无所作为、甩手不管了。相反，政府部门应主动做好服务工作，包括信息服务、政策服务、技术服务等。

　　社会调查

种植制度调查

（一）调查目的

通过实习，能掌握种植制度的调查方法；通过与农村、农民的接触，要学到群众工作方法，提高对农业、农村、农民的认识；通过对调查材料的总结，锻炼查阅、收集信息和写作的能力。

（二）方法步骤

主要进行社会调查，调查内容如下：

1. 自然条件 光、热、水资源、无霜期、主要自然灾害发生频率；土壤类型、比例、分布、利用特点；地貌地形特点；田间杂草主要类型、发生特点、防除方法。

2. 生产条件 耕地面积（不同肥力的比例）、劳动力、农用机械、役畜、水利设施、肥源等。

3. 技术及生产水平 栽培技术、施肥水平、病虫草害防治技术、主要粮食、经济作物产量水平、经济效益等。

4. 作物布局 作物种类、品种、面积、比例、分布、主要作物种植现状与计划。

5. 主要种植方式 复种、轮作、间、套作等的方式、面积、比例、优缺点。

6. 其他 种植方式、栽培技术、用地养地等方面存在的问题与改革意见、经验与教训等。

（三）调查要求

（1）选有代表性的乡、村或农场进行调查。

（2）听取有关报告、进行调查访问、查阅当地资料、开展田间调查。

（四）工作任务

根据调查结果，写一份调查报告。

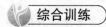 综合训练

作物生产计划的拟订

（一）训练目的

了解制订作物生产计划的原则；掌握作物生产计划制订的内容；能够制订年度作物生产计划。

（二）训练场所、用具及材料

1. 训练场所 教室、实训室、实训基地等。

2. 用具及材料 纸、笔、可以用来参考的作物生产计划等。

（三）训练内容

1. 作物名称和种植制度 种植种类，种植面积，前、后茬之间的衔接等。

2. 所需农业生产资料 作物生产过程中需要大量农业生产资料，在计划中要体现出来以便做好充分准备。常用的农业生产资料包括种子、农药、肥料、农业工具（手工工具、农业机械等）、农膜等，根据当年作物生产需要具体标明。

3. 田间管理方案的制订 田间管理方案包括作物从种到收的全过程。主要有以下内容。

（1）整地。整地时间、质量要求、工作顺序、机械名称、配带农具规格等。

（2）播种。作物的播种时间、播种量、播种机械、株行距、生产资料的准备时间、完成时间等。

（3）肥水管理。管理时期、化肥名称、化肥用量、施用方法、浇水时间、浇水方法、浇水量等。

（4）病、虫、草害防治。防治对象、时期，用药名称、用药量、药品的制剂、施药方法、稀释倍数、用盆，所用机器名称、规格。

（5）中耕管理。包括中耕除草、中耕施肥、中耕培土等作业时间、次数。

（6）收获。收获对象、收获田块、收获时间、使用机械、每天收获面积。

（四）训练步骤和方法

1. 分析实际生产计划案例 教师找出一份比较完善的某单位的实际生产计划作为案例，和学生一起分析，了解计划的形式、内容和优缺点等。

2. 设定生产项目 根据当地农业生产情况拟订一个作物生产项目，如 2014 年高产水稻生产计划。

3. 制订生产计划 以个人或者小组为单位制订作物生产计划。

（五）作业

制订一份小麦年度生产计划。

附：生产计划格式

一般生产计划由三部分组成，即标题、正文和结尾。

1. 标题 标题要一目了然，将计划的名称、内容、单位和执行计划的有效期体现出来，如"句容市后白良种场 2014 年水稻生产计划"。

2. 正文 正文由前言、主体和末尾三部分组成。

（1）前言。它是置于计划的开头部分，写明生产计划的依据和总的目标任务（开展什么工作、解决什么问题、达到什么效果等）。

（2）主体。这是计划的核心部分，着重写明计划期内应完成的具体任务和达到的具体目标。具体写法多采用分条列项式，即把计划任务先分若干项，用序码和小标题标明层次，再分层写出具体任务和目标。

（3）末尾。着重写明完成任务、实现目标的措施。一般要讲清楚完成任务需要做的具体工作，以及如何去做，分为几个步骤，时期要求及分工等。

3. 结尾 结尾要写明计划的单位（个人）和日期。

信息搜集

查阅资料或开展调查研究，了解当地种植业结构调整的典型或经验，写一篇简单的综述材料。

练习与思考

1. 何谓作物布局？作物布局的原则是什么？
2. 试述轮作的概念和作用。
3. 何谓复种？何谓复种指数？
4. 进行种植业结构调整应注意哪些问题？
5. 列举当地 3 种年内复种形式。

基础三　作物栽培的主要环节

学习目标

掌握土壤耕作、播种、育苗移栽、田间管理以及收获与贮藏的主要原理、基本内容和技术要点。

一、土壤耕作

（一）土壤耕作的意义和任务

1. 土壤耕作的意义　土壤耕作是指使用农机具以改善土壤耕层构造和地面状况等的综合技术体系。

土壤耕作的本质是运用机械的方法调节土壤的温度、养分、水分状况，增加土壤的通气性，创造适宜作物生长的土壤中的水、肥、气、热状况。

进行土壤耕作可以改善作物生长条件，因此，土壤耕作是土壤管理的主要技术措施之一，它与灌溉技术、施肥技术、间、套作技术等，共同构成土壤管理技术体系。

2. 土壤耕作的任务　土壤耕作的目的是利用机械的作用，创造疏松绵软、结构良好、土层深厚、松紧度适中、平整肥沃的耕层。土壤耕作的任务是为作物创造固相、液相、气相比例适当而且持久，土壤中的水、肥、气、热协调的土壤环境，使作物能正常地生长发育，更好地发挥增产潜力。

土壤耕作的具体任务是：

（1）改善土壤结构。通过土壤耕作加深耕层，翻转土壤，疏松耕层，平整地面，松碎土块，使土壤上虚下实。调节土壤固相、液相和气相比例，改善土壤的物理、化学性质，改善土壤结构。

（2）消灭作物残茬。作物收获后，把作物残茬和施在土表的有机肥料掩埋并掺和到土壤中去，以加速土壤中养分的转化与循环。

（3）增强土壤的保肥保水能力。改善土壤通气状况，活跃土壤微生物，调节土壤中的水、肥、气、热状况，满足作物生长发育的要求。

（4）平整土面、控制杂草。按照作物生长要求整平土面，同时控制杂草或其他不需要的植株，消灭病虫害。

（二）土壤耕作的内容

1. 基本耕作　基本耕作包括耕翻、深松耕和旋耕等，是影响整个耕作层的一项作业，对土层的影响最大，耗费动力也大。

（1）耕翻。又称为耕地或犁地。即用有壁犁或铁塔进行全耕层翻土。耕翻的目的是改善耕作层的土壤结构，翻埋和拌混肥料，促使土壤融合，加速土壤熟化，并有保蓄水分、灭除杂草、杀灭虫卵等作用。

按照耕地的方式和时间的不同，耕翻可以分为水耕、旱耕、套耕、秋耕、冬耕、春耕和伏耕等。

耕翻后土面起伏不平，土壤不够细碎，耕层松紧不一，尚不能满足作物播种和出苗的基本要求。水田还要使土壤柔软、平整，适于播（插）作物和有利于灌溉等，因此还需采取多种表土耕作措施。

（2）深松耕。也称为深松土。是利用无壁犁或深松铲进行不翻土的耕作。这种耕作能使土层疏松，能破除犁底层，改善耕层构造。

（3）旋耕。使用旋耕机进行。利用犁片的转动松碎土壤，同时切碎残茬、秸秆和杂草。使地面松碎平整。

2. 表土耕作 表土耕作也称土壤辅助耕作。是改善 0～10cm 的耕作层和表层土壤状况的措施，也是配合耕翻的辅助作业。

（1）耙地。农田耕翻后，利用各种表层耕作机具平整土地的作业。常用的耙地工具有圆盘耙、钉齿耙、刀耙和水田星形耙等。耙地可以破碎土块、疏松表土、保蓄水分、增高地温，同时具有平整地面、掩埋肥料和根茎及消灭杂草等作用。我国北方常于早春季节进行顶凌耙地；南方稻区则有干耙和水耙之分，干耙在于碎土，水耙在于起浆，同时也有平整田面和使土肥相融的作用。

（2）耢地。用耢耙地的一种整地作业。耢，又称为耱，是将树枝或荆条编于木耙框上的一种无齿耙，是我国北方地区常用的一种整地工具。于耕翻或耙地后耢地可糖碎土块、耢平耙沟、平整地面，兼有镇压、保墒作用。

（3）耖田。水田中用耖进行的一种表土耕作作业。耖，又称为"而"字耙，是一种类似于长钉齿耙的耖田耙。还有一种平口耖。目的在于使耕耙后的水田地面平整，并进一步破碎土块和压埋残茬、绿肥，促使土肥相融。耖田耙有干耖和水耖之分。干耖时土壤水分要适宜，水耖时水层不宜过深或过浅。平口耖只适宜于水耖，常在播种前准备秧田和插秧前平整水田时进行。

（4）镇压。利用镇压器具的冲力和重力对表土或幼苗进行磙压的一种作物栽培措施。分为播前镇压、播后镇压和苗期镇压。

播前土壤镇压可压碎残存土块、平整地面，适当提高土壤紧密度、增加毛细管作用而保蓄耕层含水量。播后立即镇压可压碎播种时翻出的土块，使种子覆盖均匀并与土壤密接，利于幼苗发根，并可减少地面蒸发和风蚀。苗期镇压又称为压青苗，可使地上部分迟缓生长，基部节间粗短，根系充分发展，从而提高抗倒能力，因苗期镇压多在冬季进行，故还有保温防冻的作用。要注意的是：含水量较大或地下水位较高的地块、盐碱地等不宜镇压。

（5）作畦。为便于灌溉排水和田间管理，播种前一般需要作畦。畦长 10～50m，畦宽2～4m，一般应为播种机宽度的倍数。四周作宽约 20cm、高 15cm 的田埂。南方雨水多，地下水位高，开沟作高畦是排水防涝的重要措施。雨水多、土质黏重排水不良的地区宜采用深沟窄畦，畦宽为 1.3～2m，反之，可采用浅沟宽畦。最好是畦沟、腰沟和边沟三沟配套，深度由浅到深，以利于排水。

（6）起垄。实行垄作，可以起到防风排水、提高地温、保持水土、防止表土板结、改善土壤通气性、压埋杂草等的作用。一般用犁开沟培土而成。垄宽在 $50\sim70cm$。

块茎、块根作物通过起垄栽培，可增厚耕层并提高土温，不仅有利于排水和防止风蚀，还能加大昼夜温差，有利于产品增重。

（三）免耕法与少耕法

1. 免耕法 又称为零耕、板田耕作或留茬耕作。即在前作物收获后，不单独进行土壤耕作，而在茬地上直接播种后作物的一种耕作方式。广义的免耕也包括少耕。免耕的目的在于尽量减少土壤耕作次数，减少土壤镇压程度，保护和改善土壤结构；防止土壤侵蚀和水土流失，多雨地区可避免烂耕烂种而影响播种质量。但在残茬覆盖、土温较低时会影响作物生长，残茬在分解过程中会产生有毒物质，免耕还不利于种子萌发和根系生长，肥料流失多，除草剂和杀虫剂有时耗费较多，且防治效果也受到影响。长期免耕还会带来土壤板结和加重病、虫、草害等问题。

2. 少耕法 免耕法的一种变通耕作方式。有时不易与免耕区分，常混称为少免耕。即在犁地耕翻的传统作业基础上，尽量减少土壤耕作的次数和工序的一种耕作方式。如用耙茬、旋耕或浅松耕等代替传统的耕翻作业，用化学除草剂代替中耕作业等。

二、播　　种

（一）种子准备

1. 种子清选 作为播种材料的种子，必须在纯度、净度和发芽率等方面符合种子质量要求。一般种子纯度应在 98% 以上，净度不低于 95%，发芽率不低于 90%。因此，播种前要进行种子清选，清除空瘪粒、虫伤病粒、杂草种子及秸秆碎片等夹杂物，保证种子纯净、饱满、生活力强、发芽出苗一致。常用的种子清选方法有：

（1）筛选。选用筛孔适当的清选器具，人工或机械过筛，清选分级，选出饱满、充实、健壮种子。

（2）粒选。根据一定标准，用手工或机械逐粒精选具有该品种典型特征的饱满、整齐、完好的健壮种子。

（3）风选。又称为扬谷、簸谷、扬场。借自然风力或机械风力，吹去混于种子中的泥沙杂质、残屑、瘪粒、未熟或破碎籽粒，选留饱满洁净的种子。

（4）液体密度选。利用液体密度，将轻重不同的种子分离，充实饱满的种子下沉至液体底部，轻粒则上浮至液体表面。常用的液体有清水、盐水、泥水和硫酸铵水等。液体密度的配置必须根据作物种类和品种而定，如粳稻为 $1.11\sim1.13$，小麦为 1.16，油菜为 $1.05\sim1.08$。经液体密度选后的种子须用清水洗净。若先经筛选，再用液体密度选，则效果更好。

2. 种子处理 为使种子播种后发芽迅速整齐，出苗率高，苗全苗壮，在保证种子质量的基础上，需对种子进行处理。常用的种子处理方法有：

（1）晒种。利用日光摊晒作物种子的措施。一般在作物收获后贮藏前或在播前进行。播前晒种，可以促进种子后熟，降低含水量，提高种子内的酶活性、透性和胚的活力，降低发芽抑制物质的浓度，利于发芽。

（2）种子消毒。种子消毒是预防和减轻作物种传病害的有效措施之一。因为不少作物病害主要是通过种子传播的，如小麦黑粉病、水稻恶苗病、棉花枯黄萎病、甘薯黑斑病等。目前常用的消毒方法有药剂拌种、浸种和种子包衣等。

拌种是将一定数量和一定规格的拌种剂与种子混合拌匀，使药剂均匀黏附在种子表面上的一种种子处理方法，如三唑酮拌种。

浸种是用药剂的水溶液、温水、乳浊液或高分散度的悬浮液浸渍种子和秧苗的处理方法。在一定温度下，处理一定时间后捞出晾干或再用清水淘洗晾干留作播种用。如温汤浸种、多菌灵浸种等。

（3）种子包衣及种子生物处理。种子包衣是应用长效、内吸杀虫剂与生理活性强的杀菌剂以及微肥、有益微生物、植物生长调节剂、抗旱剂等，加入适当助剂复配成种衣剂，对种子进行包衣处理。包衣种子呈丸粒状，且具有较高硬度和外表光滑度、大小形状一致。

包衣种子是在工厂里对种子进行加工制成的，有利于种子标准化、丸粒化和商品化。使用包衣种子可以免去播种前种子处理的烦琐程序，节约用工和成本。油菜、烟草等小粒种子经过包衣，能进行精量播种。

为了克服对农药和化肥的依赖性，消除其对环境和食物的潜在污染，近年用颉颃菌和有益微生物进行种子处理，通过生物防治作物病虫害或借助有益微生物向作物供给养分。尽管这项工作刚开始，但其前景十分看好。

（4）浸种催芽。是人为地创造种子萌发最适的水分、温度和氧气条件，使种子提早发芽，发芽整齐，从而提高成苗率的方法。催芽多在浸种的基础上进行。浸种时间因作物种类和季节而异，催芽温度以 $25\sim35℃$ 为好。

浸种催芽在水稻生产上应用广泛。小麦、棉花、玉米、西瓜、花生、甘薯、烟草等作物，采用催芽播种，也能获得苗早、苗全、苗壮的效果。

（二）播种

1. 播种量　单位面积内播下的种子量，常以 g/m^2 或 kg/hm^2 表示。播种量因作物、品种或栽培环境不同而异。一般肥力高的田块、分蘖（或分枝）性强的品种，播种量宜少，反之，则可稍多。

确定播种量时，主要依据单位面积内留苗株数和间苗与否，同时结合种子千粒重、发芽率、种子净度和田间出苗率等进行计算。

$$播种量＝\frac{每公顷要求基本苗数×千粒重×10^{-6}}{种子净度×发芽率×田间出苗率}$$

2. 播种期　作物种子播植于田间或苗床的实际日期。作物适期播种，能充分利用当地温、光、水等自然资源和生长季节，保证作物整个生长季节均处于生长发育最适环境，有利于丰产、稳产，增进品质。在温、光、水等气象要素中，气温或土温是决定播种期的主要因素。通常把当地气温或土温能满足作物萌发生长要求时定为最早播种期，如日平均气温稳定通过 $12℃$（籼稻）和 $10℃$（粳稻）的日期为水稻最早播种期，日平均土温稳定通过 $12℃$ 时为玉米播种始期。最迟播种期则以当地气温能满足作物安全开花或正常成熟要求为准。

3. 播种方式　播种方式是指作物种子在田间的分布状况。

（1）条播。播种行呈条带状的作物播种方式。手工条播，先按一定行距开辟播种行，均匀播下种子，并随即盖土。机械作业可用条播机，播种行距大小因不同作物、品种、栽培水平等而异。按行距大小还可细分为宽行、窄行和宽窄行条播等方式。按播种行上种子播幅宽窄不同，分窄幅和宽幅条播两类。条播作物生长发育期间通风透光良好，便于栽培管理和机械化作业。

（2）撒播。将种子直接撒在畦面的播种方式。一般先行整地、撒种，然后覆土。其优点是省工、省时，有利于抢季节。但种子分布不均匀，深浅不一致，出苗率受影响，幼苗生长不整齐，田间管理不便。

（3）点播。又称为点种。按一定行、穴间距挖一小穴放入种子的一种播种方式。有方形、矩形、三角形点播等方式。主要用于高秆作物或需要较大营养面积的作物。点播可确保播种均匀，节省种子。

（4）精量播种。是在点播基础上发展起来的一种经济用种的播种方法。精量播种能将单粒种子按一定的距离和深度，准确地播入土内，以得到均匀一致的发芽和生长条件。精量播种和包衣技术配套应用是作物生产现代化的重要措施之一，具有十分广阔的发展前景。

（三）播后管理

（1）开沟理墒，盖土镇压。南方多雨地区小麦等作物播种后，应进行开沟理墒。沟土可均匀覆盖畦面，以减少露籽。播后镇压对争取早苗全苗有显著的作用。

（2）化学除草。一般在播后出苗前进行，有些作物也可在齐苗后进行。

（3）破除土面，防止闷种。一般雨后表土干后应及时将板结土面破碎。疏松表土，以利于出苗和保墒。

（4）查苗补缺，间苗定苗。齐苗后应及时检查田间出苗情况，对漏种断垄的地块应及早补种，对缺苗不多的地方可移密补稀，以保证足苗。

三、育苗移栽

农作物生产有直播和育苗移栽两种方式。育苗移栽是传统的精耕细作栽培方式，主要用于水稻、甘薯、烟草等作物。在复种指数较高的地区，为解决季节茬口矛盾，培育壮苗，棉花、油菜、玉米等作物，也多采用育苗移栽。

（一）育苗移栽的意义

育苗移栽和直播栽培比较，有以下优势：可充分利用生长季节，提高复种指数，提高土地利用率；能实现提早播种，延长作物生育期，增加光合产物的积累，提高作物产量和品质；便于精细管理，有利于培育壮苗，确保大田用苗；能实行集约经营，节省种子、肥料和农药等；能按计划移栽，保证预定株行距和种植密度。不足之处有：育苗移栽费工较多，成本较高；有些作物根系入土较浅，不利于吸收土壤深层养分，抗倒伏力较弱。

（二）育苗方式

育苗方式很多，大致可分为露地育苗和温床育苗两大类。露地育苗方法简便，省工、省料，管理方便，适用范围广。如湿润育秧、方格育苗和营养钵育苗等。温床育苗的增温效果好，有生物能（酿热）温床育苗、蒸汽温室育苗、电热温床育苗和日光能温室育苗等。现将其中主要的育苗方式简介如下。

1. 湿润育秧 这是 20 世纪 50 年代中后期发展起来的水稻育苗方式。苗床选择泥脚较浅、土质带沙、肥力较高、水源清洁、灌排方便的田块。按 130～150cm 的宽度作畦，畦沟宽 20～25cm，沟深 10～13cm，在清除杂草、施足基肥、干整水平的基础上，畦面力求平整，待畦面封皮后即可播种，播后塌谷大半入泥，根据天气变化情况，沟内灌水，保持畦面湿润，以利于发芽出苗。

2. 营养钵育苗　多应用于棉花、玉米、烟草等作物。一般用肥沃熟土 70％～80％，除去杂草、残根、石砾等，加入腐熟堆、厩肥 20％～30％、适量的过磷酸钙或钾肥，充分打碎拌匀，再加适量水分拌和，堆闷一周以上，然后压制成直径 6～8cm、高度 8～9cm 的营养钵。营养钵成行排列，钵体紧靠，播前浇足水，每钵播种子 1～3 粒，然后覆盖细土，钵间同时盖满细土。至适宜苗龄时运到农田移栽。

3. 酿热温床育苗　是用植物残体和一定量的人畜粪分层堆置于温室坑内，利用其发酵放出的热能，并利用太阳能进行育苗的一种方法，也称为生物能温室育苗。

(三) 苗床管理

关键是控制好苗床的温度和水分。苗床温度的高低和水分的多少与壮苗关系很大。薄膜保温育苗，发芽出苗阶段要求温度较高，以 20～25℃ 为宜，一般不超过 35℃，采用日揭夜盖的方式进行控温，苗床土壤含水量以 17％～20％ 为宜。齐苗后宜及时除草、间苗、定苗、防治病虫害，施用好肥水等。

(四) 移栽

移栽时期应根据作物种类、适宜苗龄和茬口等确定。一般水稻中苗适宜的移栽叶龄为 4～6 叶，油菜以 6～7 叶移栽为好。移栽可带土或不带土，移栽前要先浇好水，以不伤根或少伤根为好。要提高移栽质量，保证移栽密度，栽后要及时施肥浇水，以促进早活棵和幼苗生长。

四、田间管理措施

田间管理十分重要，是指从作物播种到收获的整个生育过程中在田间进行的一系列管理工作。田间管理的目的在于给作物生育创造最理想的条件，综合运用各种有利因素，克服不利因素，发挥作物最大的生产潜力。

(一) 查苗补苗

保证全苗是作物获得高产的一个重要环节。作物播种后，常因种子质量差、整地质量不好、播种后土壤水分不足或过多、播种过早、病虫危害，播种技术差或化肥农药施用不当等造成缺苗。故在作物出苗后，应及时查苗，如发现有漏播或缺苗现象，应立即用同品种种子进行补种或移苗补栽。

补种是在田间缺苗较多的情况下采用的补救措施。补种应及早进行，出苗后要追肥促发，以使补种苗尽量赶上早苗。

移苗补栽是在缺苗较少或发现缺苗较晚情况下的补救措施，一般结合间苗，就地带土移栽，也可以在播种的同时，在行间或田边备一些预备苗。为保证移栽成活率，谷类作物必须在三叶期前移栽，双子叶作物在第一对真叶期前移栽。移栽补苗应选择阴天、傍晚或雨后进行，用小铲挖苗，带土移栽，栽后及时浇水。

(二) 间苗定苗

为确保直播作物的密度，一般作物的播种量都要比最后要求的定苗密度大出几倍。因此，出苗后幼苗拥挤，会出现苗与苗之间争光照、争水分、争养分的现象，影响幼苗健壮生长，故必须及时做好间苗、定苗工作。

间苗又称为疏苗，是指在作物苗期，分批次间去弱苗、杂苗、病苗，保持一定株距和密度的作业。间苗要掌握去密留匀、去小留大、去病留健、去弱留壮、去杂留纯的原则，且不损伤邻株。每次间苗后，要及时补肥补水，促进根系生长。

定苗是直播作物在苗期进行的最后一次间苗。按预定的株行距和一定苗数的要求，留匀、留齐、留好壮苗。发现断垄缺株要及时移苗补栽。

（三）中耕培土

中耕是指在作物生育期间，在株行间进行锄耘的作业。目的在于松土、除草或培土。在土壤水分过多时，中耕可使土壤表层疏松，散发水分，改进通气状况，提高土温，促进根系生长，有利于作物根系的呼吸和吸收养分。在干旱地区或季节，中耕可切断表土毛细管，减少水分蒸发，减轻土壤干旱程度，同时可消灭杂草，防止水分和养分的消耗。中耕一般进行2～3次，深度以6～8cm为好。

培土也称为壅根，是结合中耕把土培加到作物根部四周的作业。目的是增加茎秆基部的支持力量，同时还具有促进根系发展、防止倒伏、便于排水、覆盖肥料等作用。越冬作物壅土，有提高土壤温度和防止根拔冻害的作用。

（四）施肥

施肥是供给作物营养、增加作物产量、改善产品品质、增强作物对不良环境的抵抗能力的一项重要的田间管理措施，同时还能改良土壤的理化性状，逐步提高土壤肥力。

1. 施肥原则　即根据作物营养特性、土壤肥力特征、气候条件、肥料种类和肥料性质等来确定施肥的数量、时间、次数、方法和各种肥料的配置。

具体应做到：以有机肥料为主，有机肥料与化肥相结合，氮、磷、钾三要素相搭配，因地制宜补施微肥。

2. 施肥方法　作物施肥包括基肥、种肥和追肥3种方法。在作物总施肥量中，一般来说，基肥应占50%～80%，种肥占5%～10%，追肥占20%～50%。

（1）基肥。又称为底肥，是作物播种或移栽前施用的肥料。以有机肥料和磷、钾肥为主，也可适当配合一部分氮肥。一般在播前耕地时施在土壤表面，再耕翻入土，既能供给作物整个生育期所需的养分，又有改良土壤的作用。

（2）种肥。播种或定植时施于种子附近或与种子混合施入的肥料。施用种肥的目的是满足作物幼苗在营养临界期对养分的需求，或者为幼苗的健壮生长创造良好的环境条件。种肥一般以氮、磷肥为主，或者是腐熟的有机肥料。种肥浓度不能过高，故必须严格控制用量。一般氮肥中的硫酸铵适合作种肥，而浓度高的尿素原则上不能用作种肥。

（3）追肥。作物生长期间追施的肥料，是基肥的重要补充。通常以氮肥为主，也可追施磷肥、钾肥和微量元素肥料。追肥一般应在作物营养的临界期或营养最大效率期施用，以及时满足作物在需肥的关键时期对养分的需求。追肥可根据作物不同的生育阶段而细分为苗肥、花铃肥、穗肥等。

根外追肥也称为叶面施肥，是将水溶性肥料或生物活性物质的低浓度溶液喷洒在作物叶面上的一种施肥方法。目的在于及时补充作物生长后期所需的养分。生产上根外追肥还常和病虫害防治等结合进行，称为药肥混喷，这样可以免去喷肥用工。

（五）灌溉与排水

灌溉是指对农田进行人工补水的技术措施。除满足作物需水要求外，还有调节土壤的温热状况、培肥地力、改善田间小气候、改善土壤理化性状等作用。一般灌溉可分为地面灌溉、地下灌溉、喷灌和滴灌等 4 种类型。地面灌溉又分为畦灌、沟灌和淹灌等 3 种类型。地下灌溉也分为暗管灌溉和地下浸润灌溉等 2 种类型。根据作物种类、地形、土壤类型、水源状况和经济条件等，选择适宜的灌水方法，对提高灌水质量、满足作物用水要求等具有十分重要的意义。

农田排水的目的在于排除地面水、排除耕层土壤中多余的水和降低地下水位，保证作物健康地生长发育。排水方法有明沟排水和暗沟排水等 2 种类型。

明沟排水即在田面上每隔一定距离开沟，以排除地面积水和耕层土壤中多余的水分。明沟排水系统一般由畦沟、腰沟与围沟三级组成。其优点是排水快，缺点是影响土地利用率、增加管理难度等。

暗沟排水是通过农田下层铺设的暗管或开挖的暗沟排水。其优点是排水效果好、节省耕地、方便机械化耕作，缺点是成本高、不易检修。

（六）防治病虫草害

农作物从种到收，常常由于病虫的危害而遭受重大损失。即使是已经收获的产品，在贮藏和运输期间，也会遭受病虫的危害。因此，做好病虫害防治工作，也是作物栽培的一个重要环节。病虫防治应贯彻预防为主、综合防治的方针，应用农业防治、生物防治、理化防治等方法，尽量把病虫害控制在不造成损失的最低限度。

杂草对农业生产危害极大。防除杂草也是作物栽培中一项重要而艰巨的工作。杂草种类繁多，不论在什么季节、用什么栽培方式、是旱地还是水田，都有多种杂草生长。防除杂草的方法很多，其中包括以农业防治为主体的综合防治和化学防治等。综合防治包括精选种子、轮作换茬、合理耕作、中耕除草等；化学防治则主要是应用化学除草剂，通过土壤处理和茎叶处理等方法来实现除草目的。

五、收获与贮藏

（一）收获

1. 收获时期的确定 根据不同的栽培目的，确定适宜的产品收获时期，对提高作物产量和品质都有良好的作用。收获过早，由于未达到成熟期，产量和品质都会降低；收获过迟，往往由于阴雨、干旱、低温等不适的气候条件引起产品发芽、霉变、落粒或工艺品质降低等损失，同时还会影响后茬作物的适时播栽。因此必须强调适期收获。

收获种子或果实的作物，其收获适期一般为生理成熟期。禾谷类作物由于穗子在植株上部，其收获适期与种子的成熟期基本一致，以在蜡熟末期到完熟初期收获为好；棉花因结铃部位不同，成熟期不一致，其收获适期以棉铃正常开裂吐絮采收为宜；油菜为无限花序，开花结角延续时间较长，且成熟后易裂角损失，以全田 70%～80% 的植株黄熟、角果呈黄绿色、分枝上部尚有部分角果呈绿色时为收获适期；豆类以茎秆变黄、植株下部叶片脱落、种子呈固有色泽时为收获适期；花生一般以大部分荚果已饱满、中下部叶片脱落、上部叶片转黄、茎秆变黄色时为收获适期。

甘薯等以收获地下块根、块茎营养器官的作物，由于它们没有明显的成熟期，地上部分茎叶也无明显的成熟标志，一般以地上部茎叶停止生长、叶片变黄、地下贮藏器官膨大基本停止、干物重达最大时为收获适期。同时还可根据气候条件、产品用途等适当提前或推迟。

烟草等收获营养器官的作物，一般应以工艺成熟期为收获适期。由于烟草叶片以自下而上的顺序成熟，凡叶片由深绿转为黄绿、叶变厚起黄斑、叶面茸毛脱落、有光泽、叶片与茎的夹角变大、叶尖下垂、主脉变为乳白色且发亮变脆时，即为收获适期。

2. 收获方法 作物收获方法因作物种类不同而异，常见的有以下几种：

（1）刈割法。禾谷类作物和豆类作物多采用此法，一般以人工为主，用镰刀刈割后脱粒；机械化程度高的地区则用联合收割机进行。

（2）摘取法。棉花等作物多采用此法，即在正常裂铃吐絮后，人工采摘。大型农场则多采用机械摘铃。

（3）挖取法。甘薯、马铃薯等块根、块茎作物多采用此法。一般先将作物的地上部分用镰刀割去或直接拔除，然后用农具挖掘。也可直接采用挖掘机进行机械收获。

（二）贮藏

农作物产品收获后应根据用途及时贮藏。

禾谷类作物、油料作物和棉花等的产品收获后，应立即晒干（烘干）、扬净后贮藏。棉花还要强调分收、分晒、分藏，以提高其品级。

甘薯贮藏的目的在于延长保鲜时间或作种用。常用的贮藏方法有高温大屋窖、地窖等。为保证贮藏效果，在收获和贮藏过程中，应尽量避免损伤、及时去除病伤薯块、及时入窖、调节好窖内的温度，并加强贮藏期间的管理。

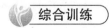 **综合训练**

常用农具的识别

（一）训练目的

了解农业生产中常用农具的种类，能够认识各种农具。

（二）训练场所、用具及材料

1. 训练场所 学院实训基地或其他具备农具并能够训练的场所。

2. 用具及材料 各种手工农具（锹、镐、耙、大小锄头、镰刀），各种现代农业机械（拖拉机、播种机、收割机、脱粒机、水泵、打药机、喷灌设备、覆膜机、旋耕机、起垄机、灭茬机、中耕机、插秧机和抛秧机、深松铲、圆盘耙、镇压器、犁）等。

（三）训练步骤

熟悉各种农具，了解其基本的使用方法。

信息搜集

通过阅读《耕作学》等书籍、《耕作与栽培》等杂志，或通过上网浏览等途径了解我国少免耕栽培法的历史和发展，了解主要作物种子安全贮藏的水分标准。

练习与思考

1. 何谓土壤耕作？土壤耕作的意义和任务是什么？
2. 土壤耕作主要包括哪些内容？
3. 播前种子准备包括哪些内容？
4. 如何确定作物适宜的播种量、播种期和播种方式？
5. 育苗移栽有什么作用？
6. 作物田间管理措施包括哪些主要内容？
7. 如何确定主要作物的收获适期？

Ⅱ 栽培项目

ZAIPEI XIANGMU

项目一　水稻栽培技术

学习目标

明确发展水稻生产的意义；了解水稻的一生；了解水稻栽培的生物学基础、水稻产量的形成及其调控原理；掌握水稻育秧技术、水稻秧苗素质考查和移栽技术、水稻田间看苗诊断和田间管理技术、水稻测产与收获技术。

模块一　基本知识

学习目标

明确发展水稻生产的意义；了解水稻的一生；了解水稻栽培的生物学基础、水稻产量的形成及其调控原理。

水稻在植物学分类上属禾本科（Gramineae）稻属（*Oryza* L.）植物。全球稻属植物有20多个种，其中有两个栽培种，即普通栽培稻（*O. sativa* L.）和非洲栽培稻（*O. glaberrima* Steud.）。普通栽培稻又称为亚洲栽培稻，分布于亚洲、非洲、美洲、南美洲及欧洲等，占栽培稻品种的99%以上；而非洲栽培稻仅在西非有少量栽培，丰产性差，但耐瘠性强。

水稻是我国栽培历史悠久的主要粮食作物之一。稻米营养价值高，适口性好，容易消化，全球半数以上的人口以稻米为主食。稻谷副产品用途广泛，其米糠既是家畜的精饲料，也是医药原料；谷壳可作为工业原料；稻草除作为家畜饲料和生产食用菌原料，以及有机肥料外，还是造纸工业的原料。

我国水稻种植面积约占世界水稻面积的23%，仅次于印度，居世界第二。稻谷总产量约占世界稻谷总产量的31%，居世界第一。我国水稻种植面积约占粮食作物播种面积的1/3，而稻谷总产量约占粮食总产量的40%以上。因此发展水稻生产，提高稻谷产量和稻米品质，对保障我国粮食安全具有十分重要的意义。

一、水稻的一生

在栽培上，通常将从稻种萌发到新种子成熟的生长发育过程，称为水稻的一生（图2-1-1）。在水稻生长过程中，将稻种发芽、根、茎、叶和分蘖的生长，称为营养生长；将幼穗分

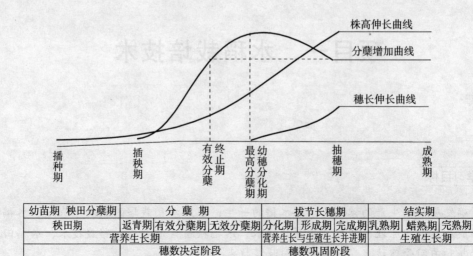

幼苗期 秧田分蘖期		分 蘖 期			拔节长穗期			结实期		
秧田期		返青期	有效分蘖期	无效分蘖期	分化期	形成期	完成期	乳熟期	蜡熟期	完熟期
营养生长期					营养生长与生殖生长并进期			生殖生长期		
		穗数决定阶段			穗数巩固阶段					
		粒数奠定阶段			粒数决定阶段					
					粒重奠定阶段			粒重决定阶段		

图 2-1-1 水稻的一生

（邬卓，1998，粮食作物栽培）

化、稻穗形成、抽穗开花、灌浆结实称为生殖生长。水稻的一生可分为营养生长期和生殖生长期两个阶段。这两个生育阶段不能截然分开，常以稻幼穗开始分化为界限。

（一）营养生长期

水稻营养生长期是从稻种种子开始萌动到稻穗开始分化前的一段时期。包括幼苗期和分蘖期。从种子萌动开始至稻苗三叶期，称为幼苗期；从第 4 叶出生开始发生分蘖至拔节分蘖停止，称为分蘖期。秧苗移栽后到秧苗恢复生长时，称为返青期；返青后分蘖不断发生，至拔节前 15d 的一段时间，称为有效分蘖期；以后至拔节分蘖停止时期，所发生的分蘖一般不能正常成穗，称为无效分蘖期。

水稻营养生长期主要是形成稻株的营养器官，包括种子发芽和根、茎、叶、蘖的生长。它是稻株体内积累有机物质，为生殖生长奠定物质基础的阶段。

（二）生殖生长期

水稻生殖生长期是从稻幼穗分化开始到稻谷成熟的一段时期。包括长穗期和结实期。从稻幼穗分化开始至抽穗前为止为长穗期，此期经历的时间一般较为稳定，为 30d 左右。从抽穗开始到谷粒成熟为结实期，此期经历的时间因不同的品种特性和气候条件而有差异。气温高，结实期短；气温低，结实期延长。一般早稻为 25～30d，晚稻为 35～50d。

二、水稻的生育类型

水稻的生育类型是指水稻分蘖终止期（拔节）与稻穗开始分化时期之间的不同起讫关系，实际上就是营养生长转变为生殖生长的特性。由于水稻类型不同，有的水稻拔节与稻穗分化同时并进，有的则有先有后，因此就形成了 3 种不同的生育类型。

1. 重叠型品种 这类品种地上部分一般伸长 4～5 个节间，幼穗分化先于拔节，即分蘖尚未终止，幼穗已开始分化。因此分蘖期和长穗期有部分重叠。作为三熟制栽培的双季早稻或早熟中稻属此类型。

2. 衔接型品种 这类品种地上部分一般伸长 6 个节间，幼穗开始分化和拔节基本同时进行。即在分蘖终止时，幼穗开始分化。因此分蘖期和长穗期是相互衔接的。这一类型的品种大多是迟熟中稻和早熟晚稻。

3. 分离型品种 这类品种地上部分一般伸长 7 个节间，幼穗分化在拔节之后，即分蘖终止后隔一段时间才开始幼穗分化。因此分蘖期和长穗期是分离的。这一类型的品种大多是迟熟晚稻。

三、栽培稻品种的分类

我国栽培稻品种类型很多。丁颖等（1961 年）根据各类稻种的起源、演变、生态特性及栽培发展过程，对水稻进行系统分类，如图 2-1-2 所示：

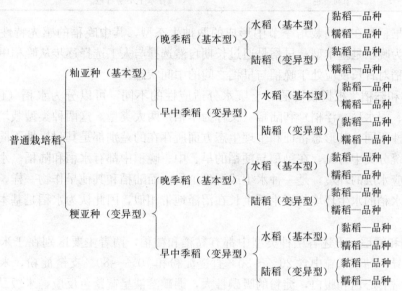

图 2-1-2 栽培稻品种的分类

在生产上，根据栽培稻品种特性和栽培方式的差异，对栽培稻品种的分类与上述系统分类有所不同。常见的分类方法有：

1. 籼稻和粳稻 籼稻是基本型，粳稻是在较低温度的生态条件下，由籼稻经过自然选择和人工选择逐渐演变而形成的变异型。籼稻多分布在我国南方稻区和低海拔温热地区，而粳稻多分布在我国北方稻区，或高海拔地区，生育期间的温度一般较低。由于籼稻和粳稻地理分布的不同，在形态特征和生理特性上具有明显的差别（表 2-1-1）。但也存在一些中间类型品种，需根据其综合性状来鉴别其属于籼稻还是粳稻。

2. 晚稻和早稻 籼稻和粳稻都有晚稻和早稻，它们在外形上没有明显区别。它们之间的主要区别在于对光照长短的反应特性不同。晚稻对日长反应敏感，即在短日照条件下才能进入幼穗分化阶段和抽穗；早稻对日长反应钝感或无感，只要温度等条件适宜，没有短日照条件，同样可以进入幼穗分化阶段和抽穗。

表 2 - 1 - 1　籼稻与粳稻的形态特征和生理特性比较

	籼 稻	粳 稻
形态特征	株型较散，顶叶开角度小	株型较竖，顶叶开角度大
	茎秆较粗而脆，容易打断	茎秆细而坚韧
	叶片较宽，叶色较淡，叶片多毛	叶片较窄，叶色浓绿，叶片少毛或无毛
	穗多数无芒或短芒	穗以长芒为主，个别也有无芒
	谷粒狭长，颖毛短而稀	谷粒短圆，颖毛长而密
生理特性	抗旱性较弱，耐肥、耐寒性较差，抗稻瘟病性较强	抗旱性较强，耐肥、耐寒性较强，抗稻瘟病性较弱
	分蘖力较强，易倒伏	分蘖力较弱，抗倒伏
	易落粒，出米率低，碎米多，米粒黏性小，胀性大	不易落粒，脱粒较困难，出米率较高，碎米少，米粒黏性大，胀性小
	在苯中易着色	在苯中不易着色

晚稻和早稻是在不同栽培季节中形成的两种生态型，其中晚稻的感光特性与野生稻相似，因此认为晚稻是基本型；早稻是通过长期自然选择与人工选择逐步从晚稻中分化出来的变异型；中稻对日长反应处于晚稻与早稻之间的中间状态。

3. 水稻和陆稻　根据栽培稻对土壤水分适应性的不同，可以分为水稻（包括灌溉稻、低地雨育稻、深水稻、浮稻）和陆稻（又称为旱稻）两大类型。这两种类型栽培稻的主要区别在于耐旱性不同，其形态特征和生理生态方面所存在的差别都是其耐旱性不同的表现。从栽培稻的系统分类中可见，在籼稻与粳稻的早、中、晚稻中都有水稻和陆稻。水稻在生长过程中，要适应水层的环境，是一种水生或湿生植物；而陆稻和其他旱作物一样，可进行旱地栽培。可见水稻的水生环境与野生稻生长在沼泽地带相似，因此认为水稻是基本型，而陆稻是变异型。

4. 黏稻和糯稻　上述各稻种类型中都有黏稻和糯稻，两者主要区别在于米粒淀粉含量和性质的差异。黏稻米粒中含 20%～30% 直链淀粉和 70%～80% 支链淀粉，米粒呈半透明或不透明，常有心白和腹白，淀粉的吸碘性大，遇碘溶液呈蓝紫色反应，米饭黏性较弱，胀性大；糯稻米粒中几乎全部为支链淀粉，米粒呈乳白色，不透明，淀粉吸碘性小，遇碘溶液呈棕红色反应，米饭黏性强，胀性小，但易煮软，食味好，常用作糕、团、粽子和酿造的原料。野生稻都属黏稻。因此认为黏稻为基本型，糯稻是由于其淀粉成分的变异，经人工选择而演变的变异型。

四、水稻温光反应特性

水稻温光反应特性主要表现为品种的感光性、感温性和基本营养生长性，通常称为水稻"三性"。水稻"三性"是水稻的遗传特性，因品种而异。不同品种在同一地区同一生长季节种植，生育期长短不同；同一品种在不同地区或不同季节种植，由于温、光等环境条件的变化，其生育期的长短也不同。水稻从播种到抽穗的天数，基本上取决于水稻"三性"与所处温、光等环境条件的相互作用。

（一）水稻品种的感光性

水稻品种因受日照长短影响而改变其生育期的特性，称为感光性。

水稻品种感光性强弱的趋势是：早稻感光性弱，中稻感光性弱至中，晚稻感光性强。因此，早稻对光照反应迟钝，在短日照、长日照下都可正常抽穗；而晚稻品种对光照反应敏感，短日照能促进抽穗，长日照则延迟抽穗。中稻介于两者之间。

（二）水稻品种的感温性

水稻品种因受温度高低影响而改变其生育期的特性，称为感温性。

早、中、晚稻的感温性比较，以晚稻最强，早稻次之，中稻最弱。感温性强的品种，高温可促进发育，而低温则延缓发育；品种感温性弱的，高温、低温对发育速度的影响均较小。

（三）水稻品种的基本营养生长性

在最适的短日、高温条件下，水稻品种仍需经过一个最短的营养生长期，才能转入生殖生长，这个最短的营养生长期，称为短日高温生育期或基本营养生长期。不同水稻品种基本营养期长短的差异特性，称为品种的基本营养生长性。

一般感光性强的晚稻品种，其基本营养期最短，基本营养生长性也小；感光性较弱的早稻品种，基本营养生长性较晚稻稍大；中稻品种的基本营养生长性则介于早、晚稻之间。

（四）水稻"三性"在生产上的应用

1. 在栽培方面的应用　水稻品种的温光反应特性是确定种植制度、品种搭配以及栽培措施的重要依据。如我国南方稻区小麦、油菜三熟制双季稻面积较大，其早稻品种应选用感光性弱、感温性中等、短日高温生育期稍长的迟熟早稻品种。因这类品种全生育期要求的有效积温较多，较耐迟播迟栽，秧龄稍长也不易老秧。

2. 在引种方面的应用　纬度和海拔相近的地区，东西方向相互引种，因日长和温度条件相近，易于成功。北种南引，由于生育期间日长变短，温度提高，故生育期缩短，生长量减小，产量降低。南种北引则生育期延长，只要能安全齐穗，能发挥其增产潜力，引种成功的可能性较大。海拔高度变化引起生育期变化的规律与纬度相似。高海拔品种引至低海拔同北种南引；低海拔品种引至高海拔，与南种北引情况相似。

3. 在育种方面的应用　应用温光反应特性理论，可解决育种中花期不遇、缩短世代周期等问题。如对感光性弱的亲本可以适当迟播，或者对感光性强的亲本进行人工短日处理，促使提早出穗、开花。同样也可采用延长光照时间，使出穗、开花延迟，借以调节两亲本的花期。另外，为了缩短育种进程，或加速种子繁殖，育种工作者多利用海南等省秋冬季节的短日高温条件进行"南繁"。

五、水稻栽培的生物学基础

（一）营养器官的生长与环境条件

1. 种子发芽、幼苗生长与环境　水稻颖花受精结实后成为谷粒，在农业上称为种子。谷粒的外部是谷壳，内有一粒糙米。稻种萌发需要适宜的水分、温度和氧气等外界环境条件。种子萌发要求吸水量达种子本身风干重的 $25\%\sim40\%$，发芽的最低温度为 10（粳）$\sim$12（籼）℃，最适生长温度为 $28\sim36$℃，最高温度为 40℃。稻种萌发和幼苗生长，还要有充足的氧气。在进行有氧呼吸时，胚乳贮藏物质转化速度快，利用效率高，有利于幼根、幼叶及生长点进行细胞分裂增殖而促进其生长；而在无氧（淹水）条件下，稻种只能进行无氧呼吸，产生的中间产物和能量都很少，除胚芽鞘依靠原有细胞的伸长而能生长外，其他的器官均因缺乏养料而不能进行细胞分裂最终停止生长。生产上常见的"干长根、湿长芽"现象就是由于上述原因形成的。

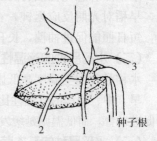

图 2-1-3　水稻的鸡爪根
1、2、3 为不定根发生的先后顺序

发芽的种子播种后，地上部首先长出白色、圆筒状的芽鞘，接着从芽鞘中长出只有叶鞘而无叶片的不完全叶，因其含有叶绿素，所以秧苗呈现绿色，称为现青。现青后，依次长出第一、第二、第三等完全叶。当第四完全叶抽出时，第一完全叶腋芽就可能长出分蘖。现青时，种子根已下扎入土；至第一完全叶抽出时，从芽鞘节上先后长出 5 条不定根，因形似鸡爪，故称为"鸡爪根"（图 2-1-3）。它对扎根立苗、培育壮秧起着重要作用。第三叶抽出时胚乳的养分基本耗尽，进入离乳期，此时秧苗抗寒力下降，抵御不良环境的能力减弱，是防止死苗的关键时期。

2. 根系生长与环境　水稻的根系属于须根系，由种子根和不定根组成。种子根又称为初生根，只有 1 条，当种子萌发时，由胚根直接生长而成，在幼苗期起吸收作用，以后枯死。不定根又称为永久根，从茎基部的茎节上由下而上逐渐生出。根的数量、长度、分布、伸展角度等因环境条件而变化。

从种子根和不定根上长出的支根，称为第一次支根；从第一次支根上长出的支根，称为第二次支根；依此类推，条件好时，最多可发生 5～6 级分支根。不定根和支根组成发达的根系，在整个生育期中起吸收、固定和支持作用。水稻根系在移栽后的生育初期向横、斜下方伸展，在耕作层土壤中呈扁圆形分布。到抽穗期，根的总量达到高峰，根系向下发展，其分布由分蘖期的扁椭圆形发展为倒卵形。

稻根生长的最适土温为 30～32℃，超过 35℃，根系生长不良；低于 15℃，根系生长较微弱。据研究，粳稻移栽后，日平均温度稳定在 14℃以上，稻苗才能顺利发根。籼稻秧苗发根的温度比粳稻要高一些。因此在生产上要防止移栽过早，以免因温度过低而造成秧苗不发。

土壤营养对稻根发生的数量和质量都有明显的影响。氮素充足的情况下，不仅增加总根数，同时能增强根群的氧化能力，因而白根较多；磷素能促进糖类的形成和运转，促进对氮的吸收和利用，增施磷肥，并与氮配合施用，增根效果显著。

土壤通气状况对稻根发生也有一定的影响。在浅水勤灌、氧气充足的条件下，支根和白根多；相反，若长期淹水，则支根减少，黄根、黑根增多。

3. 叶的生长与环境　稻叶分为芽鞘、不完全叶和完全叶 3 种形态。发芽时最先出现的是无色薄膜状的芽鞘，从芽鞘中长出的第一片绿叶，只有叶鞘，一般称为不完全叶。自第二片绿叶起，叶片、叶鞘清晰可见，称为完全叶（图 2-1-4）。在栽培上，稻的主茎总叶数是从第一完全叶开始计算的。我国栽培稻的主茎总叶数大多在 11～19 叶。主茎的叶数与茎节数一致，与品种生育期有直接关系。生育期为 95～120d 的早熟品种，有 10～13 叶；生育期为 120～150d 的中熟品种，有 14～16 叶；生育期 150d 以上的晚熟品种，总叶数在 16 叶以上。同一品种栽培于不同条件下，若生育期延长，出叶数往往也增加；生育期缩短，出叶数就减少。稻的完全叶由叶鞘和叶片两部分组成，其交界处还有叶枕、叶舌和叶耳。叶枕为叶片与叶鞘相接的白色带状部分，其形状、质地、植物激素含量与叶片的伸展角度有关。叶舌是叶鞘内侧末端延伸出的舌状膜片，它封闭叶鞘与茎秆（或正在出生的心叶）之间的缝隙，有保护作用。叶耳着生于叶枕的两侧，叶耳上有毛。稗草没有叶耳，这是区别稻和稗草的主要特征。但也有极个别的无叶耳的水稻品种，称为筒稻。从叶的着生部位来看，可以分为着生在分蘖节上的近根叶和拔节后着生在茎秆上的抱茎叶2组。

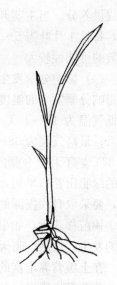

图 2-1-4　水稻的幼苗

相邻两片叶伸出的时间间隔，称为出叶速度。水稻一生中各叶的出叶速度随生育进程而变长。幼苗期 2～4d 出 1 片叶；着生在分蘖节上叶的出叶速度为 4～6d 出 1 片叶；着生在茎秆节上叶的出叶速度为 7～9d 出 1 片叶。出叶的快慢因环境条件不同而有很大变化。温度对出叶速度的影响最为明显，在 32℃ 以下，温度越高出叶越快；水分对出叶速度也有影响，土壤干旱时出叶速度变慢；栽培密度对出叶速度的影响表现为稀植的出叶快，而且出叶数增加，单本栽插的往往要比多本栽插的多出 1～2 片叶。

稻株各叶位叶的长度，具有相对稳定的变化规律。从第一叶开始向上，叶长由短变长，至倒数第 2～4 叶又由长到短。叶长在品种间差异较大。在同一地区、同一品种、同一栽培条件其各叶长往往稳定在一定的幅度之内。

4. 分蘖的生长与环境

（1）分蘖的发生。分蘖是由稻株分蘖节上各叶的腋芽，在适宜条件下生长形成的。从主茎上长出的分蘖称为第一次分蘖，从第一次分蘖上长出的分蘖称为第二次分蘖，生育期长的品种可能有第三次、第四次分蘖。分蘖在母茎上所处的叶位称为分蘖位。凡分蘖位多的品种，分蘖期长，生育期一般也较长。在分蘖位相同的品种间，也存在分蘖发生率的差异，主要是因为对外界环境条件敏感度不同。对温、光、水、肥等条件敏感的品种，当条件不适宜时，分蘖芽处于休眠状态，分蘖发生率低。一般情况下，籼稻分蘖发生率较高，而粳稻较低。

（2）分蘖发生规律。水稻主茎出叶和分蘖存在同伸规律，即 n 对 $n-3$ 同伸关系。当主茎第四叶抽出，主茎第一叶的叶腋内伸出第一分蘖的第一叶。水稻的分蘖与出叶之间虽然存在同伸现象，但受环境条件的影响较大。当环境条件不适时，这种同伸现象就不会表现出来。因此，在生产上可以根据叶蘖同伸现象的表现对分蘖期间田间管理好坏和秧苗生长状况进行诊断，为栽培措施的合理运用提供依据。

（3）有效分蘖与无效分蘖。凡能抽穗结实的分蘖称为有效分蘖；不能抽穗结实的分蘖称为无效分蘖。分蘖是否有效，主要取决于拔节时分蘖的营养状况。3 叶以上的分蘖，开始陆续长出不定根，能依靠自己的根系吸收水分和养分，同时分蘖本身也有一定的叶面积，能制造较多的光合产物以满足分蘖本身生长发育的需要而成为有效分蘖。主茎拔节以后，如果分蘖还未长出根系或根系很少，不能吸收足够的养分，就逐渐死亡而成为无效分蘖。在正常群体条件下，分蘖要长出第 4 叶时才能从第一节上长出根系，进行自养生长，此前主要是靠母茎提供养分。当主茎开始拔节时，分蘖必须有 3 叶以上，才有较高的成穗可能性。在分蘖期，每长 1 片叶需 5～6d。若长 3 片叶，则需 15～18d，因此在拔节 15d 前发生的分蘖，其有效的可能性较大。

（4）影响分蘖发生的条件。分蘖发生的早迟和多少，因品种和环境条件的不同而异。直接影响分蘖发生的温度是水温和土温。据中国农业科学院农业气象研究所报道：水稻分蘖的最低气温为 15～16℃，最低水温为 16～17℃；最适气温为 30～32℃，最适水温为 32～34℃；最高气温为 38～40℃，最高水温为 40～42℃。在田间条件下，当气温低于 20℃ 或高于 37℃，不利于分蘖的发生。水稻分蘖的部位一般都在表土下 2～3cm 处。长江中、下游地区的绿肥田茬口早稻，在早插情况下，常由于当时温度偏低，阻碍分蘖发生而造成僵苗。因此，要采取日浅夜深的灌水方法，提高土温，促进分蘖的发生。

秧苗移栽后，如果阴雨天多，光照不足，光合产物少，叶鞘细长，稻苗瘦弱，不利于分蘖的发生；反之，晴天多，光照强，叶鞘短粗，植株健壮，分蘖早而多。

在土壤营养丰富的田块，分蘖发生早而快，分蘖期较长。相反，田瘦肥少，土壤营养不足，分蘖发生缓慢，分蘖期也短。氮素明显影响分蘖，而磷、钾对分蘖的作用不明显。但在土壤缺磷或缺钾时，增施磷、钾肥对分蘖有促进作用。

浅插秧苗，其表土温度高，通气性较好，有利于分蘖早生快发。反之，插秧过深，土层温度低，氧气少，分蘖节间伸长，消耗许多养分，分蘖推迟，有效分蘖少。

5. 茎的生长与环境

（1）茎的生长。稻株的叶、分蘖和不定根都是由茎上长出来的，茎有支持、输导和贮藏的功能。稻茎一般中空呈圆筒形，着生叶的部位是节，上下两节之间为节间。稻茎由节和节间两部分组成。稻茎基部 7～13 节间不伸长，但节上腋芽可以生根和萌发分蘖，称为分蘖节。茎上部由若干伸长的节间形成茎秆。稻株主茎的总节数和伸长节间数，因品种和栽培条件的不同而有较大的变化，一般具有 9～20 个节，4～7 个伸长节间。节间伸长初期，是节间基部的分生组织细胞增殖与纵向伸长引起的。节间的伸长是先从下部节间开始，顺序向上。但在同一时期中，有 3 个节间在同时伸长，一般来说基部节间伸长末期正是第二节间伸长盛期、第三节间伸长初期。基部节间伸长 1～2cm 时称为拔节。伸长期后，节与节间物质不断充实，硬度增加，单位体积质量达到最大值。抽穗后，茎秆中贮藏的淀粉经水解后向谷粒转移，一般抽穗后 21d 左右，茎秆的质量下降到最低水平。

（2）茎秆节间性状与抗倒能力。水稻倒伏多发生在成熟阶段，折倒的部位多在倒数第四至第五节间，这是由于基部两个节间抗折能力弱造成的。基部节间粗短，有利于抗倒。所以一般在节间开始伸长时应控制肥水，抑制细胞过分伸长。分蘖末期和拔节初期排水晒田，可以起到促根蹲节防病抗倒的作用。基部节间由明显伸长到接近固定长度需 7～8d。若封行过早，基部叶片受光不良，糖类亏缺，基部节间充实不良，抽穗后就有倒伏的可能。

影响茎秆抗折强度的主要因素是：基部节间长度、伸长节间的强度和硬度以及叶鞘的强度和紧密度等。据研究表明有活力的叶鞘要占茎的抗折强度的 30%～60%，由于倒伏一般发生在基部两节间某处，包裹这两节间的叶鞘一定要坚韧。叶鞘的强度随叶片的枯黄而显著降低。所以，在栽培上保持后期下位叶的功能，争取较多的绿叶数，有利于防止倒伏。

（二）生殖器官的生长与环境条件

1. 稻穗的发育与环境

（1）稻穗的构造。稻穗为复总状花序，由穗轴、一次枝梗、二次枝梗、小穗梗和小穗组成（图2-1-5）。从穗颈节到穗顶端退化生长点是穗轴，穗轴上一般有8～15个穗节，穗颈节是最下一个穗节，退化的穗顶生长点处是最上的一个穗节，每个穗节上着生一个枝梗。直接着生在穗节上的枝梗，称为一次枝梗；由一次枝梗上再分出的枝梗，称为二次枝梗。每个一次枝梗上直接着生4～7个小穗梗，每个二次枝梗上着生2～4个小穗梗，小穗梗的末端着生1个小穗，每个小穗分化3朵颖花，其中2朵在发育过程中退化，因此每个小穗只有1朵正常颖花。

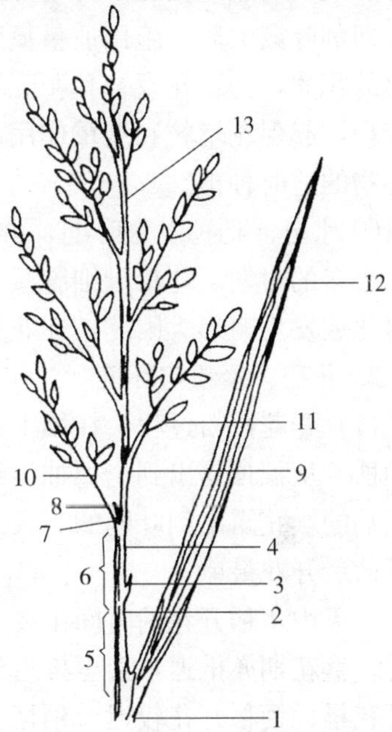

（2）穗分化过程。稻株经适宜的日长诱导后，茎端生长点在生理和形态上发生转变，不再分化叶原基，而在生长点的基部分化出第一苞原基，随后经一系列的内部分化和形态变化形成稻穗。从幼穗开始分化到抽穗，大约历时30d。整个分化发育过程可划分为8个时期：第一苞分化期、一次枝梗原基分化期、二次枝梗和颖花原基分化期、雌雄蕊形成期、花粉母细胞形成期、花粉母细胞减数分裂期、花粉内容物充实期、花粉完成期。

幼穗分化的不同时期，除了有形态及大小的区别外，还与叶龄余数有关。叶龄余数为稻主茎待抽出的叶数。据凌启鸿等观察，幼穗分化8个时期的叶龄余数顺序为：3.5～3.1、3.0～2.6、2.5～1.6、1.5～0.9、0.8～0.5、0.4～0.3、0.2～0、0～出穗。

图2-1-5　稻穗的形态

1. 顶叶鞘　2. 穗颈节　3. 退化一次枝梗　4. 穗轴　5. 穗颈长　6. 穗节　7. 一次枝梗　8. 退化二次枝梗　9. 穗节　10. 二次枝梗　11. 退化颖花　12. 剑叶　13. 退化生长点

（3）稻穗发育与环境条件。影响稻穗发育的环境条件有光照、温度、氮素营养和水分等。

① 光照。幼穗发育时，要求光照充足。如果枝梗原基和颖花原基分化期光照不足，枝梗和颖花数就会减少；花粉母细胞减数分裂期和花粉内容物充实期光照不足，会引起枝梗和颖花大量退化，并使不孕颖花数增加，使总颖花数减少。所以在幼穗发育过程中，遇上长期阴雨或群体生长过旺，均对幼穗发育不利。

② 温度。稻穗发育最适宜的温度为30℃左右，在较低的温度下，延长枝梗原基和颖花原基分化期，有利于大穗的形成。但温度低于19℃和21℃时，分别对粳稻和籼稻幼穗发育不利。在花粉母细胞减数分裂期对低温反应最敏感。若在这期间受冷害，会使穗下部的枝梗和颖花大量退化，造成穗短粒少，并且导致花粉发育受阻，影响正常的受精，形成大量空壳。因此，在长江流域地区，绿肥田早稻要注意防止5月下旬和6月初的低温造成的危害；连作晚稻要注意9月上中旬早来的寒露风造成的危害。

③ 氮素。在雌雄蕊分化前追施氮肥，有增加颖花数的作用，其中以第一苞原基分化期

前后施用适量速效氮肥（促花肥），对增加二次枝梗和颖花数的作用最大。但要根据苗情掌握用量。施用不当容易引起上部叶片徒长和下部节间过度伸长，造成后期郁闭和倒伏。在雌雄蕊形成期后追施氮肥，对增加颖花数已不起作用，但能减少颖花退化。在花粉母细胞形成期，即剑叶露尖后，施用适量氮肥（保花肥），能提高上部叶的光合效率，增加茎鞘中光合产物的积累，为颖花发育和颖壳增大提供足够的有机养分，能有效地减少颖花退化和增大颖壳容积，起保花增粒和增重作用。但用量不能过多，否则容易造成贪青迟熟，影响产量和后季作物的适时种植。

④ 水分。稻穗发育时期，群体的叶面积大，气温较高，叶面蒸腾量大，是水稻一生中需水最多的时期。花粉母细胞减数分裂期对水分的反应最为敏感，干旱或受涝都会使颖花大量退化或发生畸形。因此，在花粉母细胞减数分裂期前后，以浅水层灌溉为宜。

2. 开花、授粉与环境

（1）开花授粉过程。在穗上部颖花的花粉和胚囊成熟后 1～2d，穗顶即露出剑叶鞘，称为抽穗。从穗顶露出到全穗抽出约需 5d。温度高，抽出快；温度低，抽出慢。一般情况下，穗顶端的颖花露出剑叶鞘的当天或露出后 1～2d 即开始开花，全穗开花过程需 5～7d，而第三天前后开花最盛。

一天中水稻开花的时间主要受当日温度制约，气温高开花早，盛花期在午前；气温低开花迟，盛花期亦推迟，甚至推迟到午后，一天中开花就相对分散。在同样的条件下，一般籼稻开花早，粳稻开花较迟。稻穗上部枝梗颖花先开，下部枝梗后开；一次枝梗先开，二次枝梗后开。同一枝梗上，顶端一朵颖花先开，其次是枝梗最下部的颖花开花，然后从下部依次向上开花。开花时颖壳张开，花丝迅速伸长，花药开裂，花粉散向同粒颖花的柱头。经 2～3min 便发芽伸出花粉管，花粉 3 个核进入花粉管先端部位，经 0.5～1h 进入子房珠孔，通过助细胞后，释放出两个精核和 1 个营养核，其中 1 个精核与卵细胞结合成为受精卵，另 1 个精核与胚囊中极核结合成为胚乳原核，完成双受精过程，前后历时 5～6h。然后胚和胚乳同时发育，形成米粒。

（2）开花授粉与环境条件。水稻开花最适温度为 25～30℃，最高温度为 40～45℃，最低温度为 13～15℃。但当气温低于 23℃ 或高于 35℃，花药的开裂就要受到影响。据研究，在开花前 1d，受高温的危害最大；低温危害以开花当天影响最大。

空气湿度过高或过低，对花粉的发芽和花粉管的伸长均有不利影响。尤其是干燥加上高温或高湿加上低温天气，对开花受精的影响更大。降雨时，水稻一般不开颖而进行闭花授粉。但正在开花时遇大雨，花粉粒吸水爆破，柱头上的黏液被冲洗，使受精率降低，空粒增多。开花时风速过大，就会直接损害花器而影响受精结实。据研究，风速在 4m/s 以上时，对开花授粉就有影响；6m/s 以上时，影响严重。只有晴暖微风天气，对开花受精最为有利。

3. 谷粒的形成与环境

（1）谷粒形成过程。根据谷粒充实程度和谷壳颜色的变化，将谷粒的形成过程分为 4 个时期，即乳熟期、蜡熟期、黄熟期和完熟期。乳熟期是在开花后 3～7d（晚稻为 5～9d），其谷粒中充满白色淀粉浆乳。随着时间的推移，浆乳由稀变稠，颖壳外表为绿色。蜡熟期是胚乳由乳状变硬，但手压仍可变形，颖壳绿色消退，逐步转为黄色。黄熟期是穗轴与谷壳全部变为黄色，米质透明硬实，这是收获的适宜时期。完熟期是颖壳及枝梗大部分枯死，谷粒易脱落，易断穗、折秆，色泽灰暗。

水稻成熟期的长短因气候和品种不同而有差异，气温高成熟期短，气温低成熟期延长。一般早稻为 25～30d，晚稻为 35～40d。

（2）谷粒的发育与环境条件。据研究，谷粒内的糖类有 20%～40% 来自抽穗前茎秆和叶鞘中暂存的淀粉；其余 60%～80% 来自抽穗后叶片的光合产物。因此，抽穗前茎鞘的物质贮藏量和抽穗后的光合产物量对谷粒的发育影响很大。

成熟初期是积累光合产物旺盛的时期。在自然条件下，日平均温度在 21～26℃，昼夜温差较大，最有利于水稻的灌浆结实。

肥水等条件与米粒的发育也有密切关系。后期断水过早、氮素不足都会造成上部叶片的早枯，影响光合产物的积累和转运。反之，长期淹水，会造成根系早衰，影响叶片的寿命和光合效率。后期氮素过多，会造成成熟推迟，产量降低，不完全米的比例显著增加，品质也变劣。

六、水稻产量的形成

（一）水稻产量的构成因素

水稻产量是由单位面积穗数、每穗总粒数、结实率和粒重等因素构成。

水稻产量各构成因素是在水稻生育过程中，按一定顺序在不同时期形成的。

秧田期是奠定水稻高产基础的时期。因为秧苗素质的好坏，在相当程度上决定了栽插后半个月内秧苗的发根能力、叶片的功能、分蘖发生的快慢与性状等。同时也对穗数的形成有很大影响。

分蘖期是决定穗数的关键时期。穗数的多少，决定于栽插的基本苗数和单株的分蘖成穗数。群体质量栽培的核心就是要在保证一定穗数的前提下提高成穗率，以培育足够数量的壮株大蘖，搭好丰产架子。

长穗期是决定每穗粒数的时期。每穗的结实粒数是由分化的颖花数和退化颖花数之差决定的。促使每穗分化颖花数增加的时间，在颖花分化前；而影响颖花退化数，主要在花粉母细胞减数分裂期；抽穗前后主要影响空秕粒的多少。故长穗期必须采取增粒措施。

结实期是决定粒重的重要时期，同时也影响结实率的高低。灌浆物质的多少决定于结实期光合产物量的多少，以及抽穗前茎、鞘内贮藏物质的多少。因此结实期要尽可能保持一个高的光合生产力的绿色群体。

（二）水稻高产群体的形态生理质量指标

（1）足够的颖花量是群体的主要经济和生理质量指标。积极提高单位面积总颖花量，是提高抽穗后群体光合效率与物质生产力的必需条件。

（2）群体抽穗至成熟期内高光合效率和物质生产能力是群体质量的本质特征。稻谷产量主要决定于抽穗后群体的光合生产量。

（3）群体在适宜叶面积范围内，粒叶比［用颖花粒（个）/叶（cm²）、实粒（个）/叶（cm²）或粒重（mg）/叶（cm²）表示］是库、源关系协调发展的一个综合指标。当叶面积相同时，粒叶比越高，产量越高。因此控制与稳定最适叶面积，提高粒叶比，是增强抽穗至成熟期光合生产力的根本途径，是高产群体质量最主要的数量特征。

（4）调节好抽穗期最大叶面积的适宜范围，提高抽穗成熟期的有效叶面积率和高效叶面积率是群体光合生理质量的一个重要外表指标。

（5）群体抽穗期的单茎茎鞘重是扩库、强源的重要质量指标。

（6）颖花根活量［水稻结实期群体根活量（根量与活力的乘积）与总颖花量的比］是抽穗至成熟期根系对群体质量的最佳表述指标。

（7）提高茎蘖成穗率是优化高产群体质量的基本途径。提高茎蘖成穗率也是高产群体苗、株、穗、粒合理发展的综合性指标。

 相关实践知识

水稻出叶和分蘖动态观察记载

具体操作见本项目【观察与实验】部分相关内容。

模块二 水稻育秧技术

 学习目标

了解水稻育秧意义和水稻不同育秧方式的壮秧标准，掌握水稻肥床旱育秧技术和水稻机插秧育苗技术。

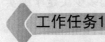 **水稻肥床旱育秧技术**

工作任务1　确定播种期

（一）具体要求

在气象条件和种植制度许可的前提下，根据品种的最佳抽穗结实期来确定最佳播期，即根据品种的生育特性，把抽穗、灌浆、结实等生育过程安排在当地光、热、水条件最佳的时期内。

（二）操作步骤

将常年平均气温稳定通过 10℃ 和 12℃ 的初日，作为粳稻和籼稻早播界限期。

一般以秋季日均温稳定通过 20℃、22℃ 和 23℃ 的终日分别作为粳稻、籼稻和杂交籼稻的安全齐穗期。

（三）相关知识

水稻的界限播种期，是指双季早稻的早播界限和晚稻的迟播界限。

早稻的早播界限期，主要是考虑保证安全出苗和幼苗顺利生长。

晚稻的迟播界限期，取决于能否安全开花抽穗和灌浆结实。故迟播界限应保证能在安全齐穗期前齐穗。

江苏的观测表明，粳稻抽穗期日均温 25℃ 左右时的结实率最高；灌浆至成熟期的日均温 21℃ 左右时的千粒重最高（籼稻在上述两个时期的温度则均比粳稻高 2℃）。可以把这两个温度指标常年出现的日期定为当地的最佳抽穗结实期。

水稻具体的播种期，在很大程度上受前茬收获期的限制。确定播种期要做到播种期、适宜秧龄和移栽期三对口。

 工作任务2　确定播种量

（一）具体要求

根据秧龄的长短和各地的生态条件（温、光、水、气）、生产条件（品种特性等）和种植制度（茬口）等具体情况确定适宜的播种量。

（二）操作步骤

培育小苗的，每平方米秧田播 200g 芽谷；培育中苗的，则为 150～180g 芽谷；培育大苗的，则为 50～60g 芽谷；长秧龄稀落谷多蘖壮秧的，每平方米秧田一般播 25～30g 芽谷。

（三）相关知识

合理的播种量是培育适龄叶蘖同伸壮秧的关键。秧田播种量的多少，对秧苗素质影响很大。

 工作任务3　培育肥床

（一）具体要求

合理选择苗床，培育肥床。

（二）操作步骤

1. 苗床选择　要求选择地下害虫少、土壤 pH 较低、未污染过的菜园地或旱地作苗床。秧大田比例应视秧苗规格、秧田播种量和计划秧龄而定。培育中小苗的苗床大田比例为 1∶20～30。

2. 苗床培肥　生产上提倡三期培肥。第一期为秸秆培肥，于夏末至冬前，一般每平方米用切成 3～4cm 长的秸秆 3kg 左右，分两次施入，利用较高的温度加速腐烂；第二期于春季进行，全部使用堆肥、土杂肥、猪厩肥、人粪尿等腐熟的有机肥料，深施于 20cm 床土层内，多耕多翻使肥土融合；第三期为化肥培肥，在前两期施足有机肥料的基础上，再次施用氮、磷、钾化肥，一般应在播种前 20～30d 进行，施肥后应充分耖耙，使肥料能均匀地拌和于苗床土层内。

3. 苗床处理　对土壤 pH 大于 7 的苗床，一般要进行调酸处理，以创造酸性的土壤环境，抑制立枯病菌的活动，促进旱秧根系生长。一般每平方米用硫黄粉 100g 左右，于播种前 20d 左右均匀施入床土中，并保持土壤饱和含水 15～20d。

（三）相关知识

肥床旱育秧是指在肥沃、深厚、疏松、呈"海绵状"的旱地苗床上，杜绝水层漫灌，采用适量浇水的"以肥促根、以根促蘖、以水控苗"的育苗方法。

肥床的标准有三点:一是"肥",即经过培肥后,苗床养分充足,营养成分齐全;二是"松",即苗床疏松土软,富有弹性,呈"海绵状";三是"厚",即苗床土层要达到 15～20cm 的厚度,土粒大小一致。同时苗床应达到"干旱不裂口,多水不板结"的要求。

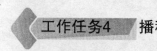 **工作任务4　播种**

(一)具体要求
精细播种。

(二)操作步骤
1. 制作苗床　按畦宽 1.3～1.5m,秧沟宽 25～30cm,秧沟深 20～25cm 的规格,在播种前 3～5d,对毛坯进行精细加工,形成苗床。

2. 喷水　落谷前,要将苗床喷洒清水。

3. 播种　按畦称种,将芽谷均匀播在床面上。用过筛的营养土均匀撒盖于床面上。盖种后用喷壶喷湿盖种土。

(三)注意事项
播后用除草剂和杀虫剂等对水喷雾。喷后半小时覆盖薄膜、秸秆或草帘。

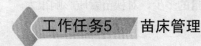 **工作任务5　苗床管理**

(一)具体要求
管好苗床,培育壮苗。

(二)操作步骤
1. 揭膜　播种后,一般 5～7d 便可齐苗,要尽早适时揭去秸秆、薄膜等覆盖物。揭膜应掌握"晴天傍晚揭,阴天上午揭,小雨天雨前揭,大雨天雨后揭"的原则,揭膜后,如不下雨,要及时喷一次水,以防青枯死苗。

2. 补水　旱育秧苗在揭膜时和 2～3 叶期应适当补水。4 叶期后严格控水是培育壮秧的关键,即使中午叶片出现萎蔫也无需补水,如发现叶片有"卷筒"现象时,可在傍晚喷些水,但补水量不宜大、喷水次数不能多。移栽前 1d,应浇 1 次透水。

3. 施肥　因旱育苗床无水层灌溉,养分的移动性较差,根系吸肥不足,故要重视苗床追肥。一般在 2 叶期要施好"断奶肥",每平方米秧田用尿素 15～20g,加少许磷、钾肥,对水配成营养液进行肥水混浇,以免烧苗。起秧前 3～5d 施好"送嫁肥",每平方米秧田用尿素 20～25g。追肥在傍晚进行。

4. 化控　为培育壮秧,防止蹿长,可在一叶一心期每 1000m² 用 15％有效成分的多效唑 150～200g 对水喷雾,施药宜选择晴天进行。

(三)注意事项
按畦定量播种,做到播种均匀。同时,还应做好水稻立枯病、恶苗病和稻象甲、稻蓟马、螟虫等病虫害的防治工作。

工作任务6 水稻秧苗素质考查

（一）具体要求

掌握考查水稻秧苗素质的方法，为培育壮秧制订标准。根据所要移栽的品种和茬口安排，确定培育小苗、中苗还是大苗。

（二）材料用具

水稻秧苗、小铲锹、米尺、镊子、烘样盘、烘箱、铁筛、计算器、铅笔、记录纸等。

（三）操作步骤

（1）在秧田中间选 5 个样点，每点取样面积 25cm²，连根挖取秧苗并将秧苗置于铁筛中，洗净根部泥沙。每点取大小适中秧苗 2～10 株，共 10～50 株，分别考查以下项目：叶龄、主茎绿叶数、苗高、叶鞘长、叶长与叶宽、单株带蘖数、分蘖苗百分率、秧苗基部宽度、根数、地上部干鲜重和叶面积等，并将考查结果填入表 2-1-2 中。

表 2-1-2　水稻秧苗素质考查汇总

项目 株号	叶龄	主茎绿叶数	苗高	叶鞘长	单株带蘖数	分蘖苗百分率	秧苗基部宽度	根数（条）			百苗重（g）		叶面积	
								白	黄	黑	鲜重	干重	单株	指数
1														
2														
3														

（2）将秧苗素质考查结果与壮秧标准进行对照，判定其是否为壮秧。

（四）相关知识

肥床旱育秧壮秧标准：

1. 小苗　以常规粳稻为例，秧龄 20d 左右，叶龄为 3.1～3.6 叶，苗高不超过 12cm，第一叶鞘高度不超过 3cm，百株地上部风干重 3g 以上。

2. 中苗　以常规粳稻为例，秧龄 35d 左右，叶龄 5～6 叶，苗高 15～20cm，白根 15 条以上，单株带蘖数 1～2 个。

3. 大苗　以杂交籼稻为例，秧龄 45d 以上，叶龄 7.5～8.0 叶，苗高 25cm 左右，白根 20 条以上，单株带蘖数 3～5 个。

 相关理论知识

培育水稻壮秧的意义

从栽培的角度来看，壮秧能实现扩行稀植，降低群体起点，同时还能节省大田用肥。

从形态和生理来看，壮秧分蘖芽和维管束发育好，壮秧有较强的光合作用和较大的呼吸强度，从而体内能积累较多的糖类，苗体健壮，利于返青活棵；壮秧的碳、氮含量较高，碳、氮比例适中，发根力较强。有利于实现足穗、大穗的目标。

水稻机插秧育苗技术

 工作任务1　播前准备

（一）具体要求

准备好育苗所需的营养土、秧田、稻种和秧盘等。

（二）操作步骤

1. 准备营养土

（1）营养土选择。营养土要选择肥沃、中性偏酸、无残茬、无砾石、无杂草、无污染、无病菌的壤土；或耕作熟化的旱田土；或秋耕、冬耕、春耕的稻田表层土等。

（2）营养土要求。土质疏松、通透性好，土壤颗粒细碎、均匀，粒径在5mm以下，其中粒径在2~4mm的营养土占总质量的60%以上。营养土含水量达到手捏成团、齐胸落地即散为好，其pH为5.5~7.0。营养土按58cm×28cm×2cm标准秧盘每盘备土3.5~4kg。

（3）营养土培肥。根据营养土种类和自身肥力状况进行培肥。一般每公顷大田准备1050~1200kg过筛细土，在播种前用机插秧专用壮秧剂7.5kg拌匀，或匀拌硫酸铵1.5~1.95kg、过磷酸钙1.5~2.7kg和氯化钾0.6~1.5kg。一般的盖种用土不需培肥。

（4）营养土消毒。营养土一般用敌磺钠消毒，预防立枯病。也可结合播种洒水时按每盘0.3g敌磺钠对水喷洒；或播种前7d，每100kg营养土用4~6g敌磺钠100倍液直接喷洒闷堆消毒；或播种后盖膜前，用500倍敌磺钠溶液喷洒。若使用壮秧剂的营养土，无需消毒。

2. 准备秧田

（1）秧田选择。选择地势平坦、灌排方便、背风向阳、靠近大田的土壤肥沃的菜园地，耕作熟化的旱地或经秋耕冬翻的稻田作秧田。按秧大田面积比为（1:100）~（1:80）留足秧田面积。

（2）秧田要求。播种前2~3d，干耕干整，精做秧板，畦宽1.5m，畦沟宽20~30cm，沟深15cm以上，四周开围沟，围沟深20cm以上，开好"平水缺"，确保水系畅通，播种时板面上虚下实。对于硬盘育秧，可以不耕整秧田，直接在硬板田削平制作。

3. 准备种子

（1）品种选择。选择当地推广的水稻优良品种，其品质要符合GB/T 17891—1999三级以上的优质稻谷标准。一般常规粳稻用量为每公顷大田需45~52.5kg的稻谷。

（2）播种期确定。播种期一般安排在机插秧前15~18d。

（3）种子处理。

① 晒种。播种前选晴天晒种2~3d。

② 选种。采用风选、盐水选（盐水密度为1.06~1.12）等方式选种，盐水选种后应立

即用清水冲洗，清除谷壳外部的盐分。若直接选用商品品种的，可不进行选种。

③ 药剂浸种。水稻以稻种带菌为主的病害有恶苗病、稻瘟病、稻曲病等，在播种前3～4d进行药剂浸种。可用10％二硫氰基甲烷乳油2ml、25％吡虫啉悬浮剂4g和50％氯溴异氰尿酸水溶性粉剂10g，对水10kg，浸稻种5～6kg。浸种时间因水温不同而不同：水温30℃时，约需30h；水温20℃时，约需60h。达到种子萌发要求的适宜水分后，用清水冲洗稻谷后，进行催芽。

④ 催芽。将吸足水分的种子进行高温保湿催芽至破胸，温度控制在35～38℃，进行翻拌，保持谷堆上、下、内、外温度一致，使稻谷受热均匀，促进破胸整齐迅速。破胸露白率达90％后，摊晾炼芽4～6h后，即可播种。

4. 准备秧盘、薄膜和无纺布 每公顷大田备足秧盘375～450张和幅宽2m的薄膜45m；选用经过防老化处理的水稻育苗专用无纺布；另外每平方米秧田备干稻草0.6kg。

工作任务2 播种

（一）具体要求
确定水稻机插秧育苗的播种量，掌握利用塑盘育秧时人工播种的技术要点。

（二）操作步骤
1. 确定播种量 利用塑盘育秧时，播种量应根据熟制、品种、秧龄、种子千粒重和发芽率等来确定。人工播种一般每盘播种量控制在150～160g芽谷。

2. 人工播种

（1）浇水秒平。播种前1～2d，在已干耕干整的秧板上浇水至饱和时，用木板推平秧板。

（2）顺铺软盘。每块秧板横排两行软盘，依次平铺，紧密整齐，盘底要紧贴床面。

（3）匀铺底土。在软盘上，铺撒准备好的营养土，土层厚度为2.2cm，厚薄均匀，土面平整。

（4）浇盘内水。在播种前，直接用喷壶洒水，喷至饱和含水量的85％～90％。

（5）精细播种。当盘内营养土的含水量达到要求时，即可播种，切忌盘中有积水，以防影响种子发芽出苗。人工播种每盘应播150～160g芽谷。

（6）轻压稻种。播种后，进行轻压，切忌重压，使种子与底土接触紧密。

（7）素土盖籽。用未拌壮秧剂的营养土盖籽，盖土厚度为3～5mm，以不见芽谷为度，要求覆土均匀，不露籽。底土和盖籽土的厚度不超过盘高。

3. 覆膜保墒 先将秧板四周壅实，再盖上薄膜，并封严薄膜四周，以保温促齐苗。覆膜后立即盖稻草，以防高温烧苗。雨后注意及时清除薄膜上积水，以防闷种烂芽。要经常到秧田观察盖草是否被风吹开，一经发现立即修复。

4. 覆盖无纺布 沿秧板每隔50～60cm放1根芦苇或竹竿，以防无纺布与营养土粘连，无纺布拉直、拉平后，直接盖于秧床上，侧边用土压实、压严。有条件的地方，可搭建小拱棚。

工作任务3 秧田管理

（一）具体要求
加强苗床管理，培育壮苗。

（二）操作步骤

1. 及时揭膜 对于薄膜覆盖育苗的，齐苗后，在第一完全叶抽出 0.8～1.0cm 时，及时揭膜炼苗。揭膜原则是：晴天傍晚揭，阴天上午揭，小雨天雨前揭，大雨天雨后揭。揭膜后，立即用 20 目防虫网覆盖，以防灰飞虱。

2. 水分管理 揭膜当天补足 1 次水，边揭膜边补水，并观察其卷叶情况，若不卷叶，则不补水，坚持旱育。移栽前 2～3d 排水，控湿炼苗，促进秧苗盘根，增加秧块拉力，便于卷秧与机插。

3. 肥料管理 一般在揭膜时或揭膜后 1～2d 施"断奶肥"，每盘用尿素 0.2g，对水 120g，于傍晚喷施。移栽前 3～4d，视秧苗长势情况施"送嫁肥"，若有缺肥表现的秧苗，一般每盘用尿素 2g，对水 200g，于傍晚均匀喷施，施肥后用清水清洗叶面；若叶色正常、叶片挺拔的秧苗，施少量"送嫁肥"，一般每盘用尿素 0.5g，对水 50g，于傍晚均匀喷施，施肥后用清水清洗叶面；若叶色正常、叶片下垂的秧苗，一般不施"送嫁肥"。

4. 病虫草害防治 秧田期主要虫害有稻蓟马、灰飞虱等。在秧苗 2 叶期后，及时用药防治。喷药后，立即喷少量清水，以防药害。坚持带药移栽，移栽前 1～2d 用药一次，并及时拔除杂草。

5. 控苗促壮 若气温高、雨水多、秧苗长势快，可在 2 叶 1 心期，每 25 盘秧苗用 15％多效唑可湿性粉剂 2g，按 200～300μg/g 对水均匀喷施，控制植株生长，增加秧龄弹性。

 相关知识

机插秧壮苗标准

机插秧壮苗标准是苗高 12～16cm，秧龄 15～18d，叶龄 3.5～4 叶。苗挺叶绿，茎基部粗扁有弹性，根部盘结牢固，盘根带土厚度 2～2.3cm，厚薄一致，单株白根 10 条以上，百株地上部干重 2～2.5g，1cm² 成苗 1.5～3 株。

 拓展知识1

水稻湿润育秧技术

湿润育秧也称为通气湿润育秧，是干耕干耖干耙做秧板，整平后上水验平，然后播种，三叶期前保持沟中有水，三叶期后畦面建立水层的育秧方法。湿润育秧的技术关键是：

1. 播前准备 首先应选好秧田。秧田应选择地势平坦、土质疏松、肥力较高、灌排方便、水源洁净、无病原、杂草少、距大田较近的田块。

湿润秧田的做法是：先干耕干耙，然后在秧田内做成 1.3～1.6m 宽的秧板，秧板之间开沟，一般沟宽和沟深均为 17～20cm。秧板毛坯做好后，再上水验平。要求达到平、软、细，表面有一层浮泥，便于种谷粘贴。下层要软而不糊，以利于透气和渗水。

施足秧田基肥是培育壮秧的基础。秧田基肥应强调有机肥与无机肥相结合，氮、磷、钾齐全，有机肥以腐熟的土杂肥、厩肥为主，基肥要浅施。

播前还应做好晒种、精选种子、浸种和催芽等工作。

2. 播种 待秧板畦面软硬适度时即可播种。播种最好在上午进行，以争取利用中午温度高的时间生长扎根。播种要均匀，因为匀播是稀播的重要一环，稀播不匀播，秧苗之间的个体差异就大。因此，提倡按板面定量落谷。播种之后即行塌谷，以种子半粒陷入泥中为好。塌谷之后用过筛细肥土、砻糠灰、陈草木灰、腐熟细碎的猪厩肥等盖种，有保温、防晒、防雨、防雀害等作用。覆盖物要厚薄适当，均匀一致，以盖没种子为度。

3. 秧田管理

（1）现青扎根期。从播种到立苗（1叶1心期），这是秧苗生育的第一转变期。这一阶段的关键技术措施是保持秧板湿润而无积水，保证足够的氧气供应。管理要求是：晴天满沟水，阴天半沟水，小雨天排干水。只是在遇暴雨天气时上薄水层护苗，但雨后要随即排水。

（2）离乳期。秧苗三叶期前后，此时胚乳养分已经耗尽，是秧苗由异养到自养的转折期。这一阶段的关键措施是早施断奶肥，即在秧苗1叶1心期施用。用量一般为标准氮肥 $112.5\sim150kg/hm^2$。离乳期前后田间应建立浅水层。

（3）离乳至移栽期。这是秧苗生育的第三个转变期。这一阶段的管理目标是调节好秧苗体内的 C/N，提高秧苗的发根能力和抗植伤能力。关键措施是施好起身肥。首先应在稀播、早施断奶肥的基础上施好接力肥，使秧苗在移栽前 $7\sim8d$，叶色自然褪淡，再在此基础上，于移栽前 $3\sim4d$ 重施起身肥。用量一般为标准氮肥 $150\sim225kg/hm^2$。这一时期的水浆管理应以浅水层灌溉为主。在秧苗生长过嫩或秧田过烂时，可采用间歇灌溉，但要防止脱水过久、扎根过深，导致拔秧困难。

除上述管理外，还应及时做好病虫防治、灭稗除草和防鼠雀等工作。

水 稻 直 播 技 术

（一）直播稻的生育特点

直播稻具有一些与移栽稻不同的生育特点。

1. 全生育期缩短，主茎叶片数减少 由于直播稻一般播种较迟，没有移栽后的返青期，加速了生育进程，因此全生育期缩短，以营养生长期缩短最为显著，始穗至成熟的天数变化较小，可提早成熟 $4\sim5d$。同时植株明显变矮，主茎叶片数减少，个体生产量较小，穗型略小。

2. 分蘖节位低，分蘖早而多 因播种浅，且不经移栽无植伤，直播稻株的分蘖节集中在表土，故分蘖节位低，发生早而多，高峰苗数多且出现早，最终有效穗数多，但分蘖成穗率低，这可能与分蘖多、田间群体过大有关。

3. 根系分布广，但入土较浅，横向分布多而均匀 直播稻株的发根节位集中在表土层，透气条件好，有利于根系生长，故健壮根较多。直播稻根系横向分布均匀，且大都集中在

0～5cm的表土层。如果肥水管理不当，后期易发生根倒伏而减产。

（二）栽培技术要点

1. 精细整地，施足基肥 直播稻除种子催芽集中进行外，从出苗、分蘖直到成熟收获，都处在大田环境条件下，存在着育苗保苗、苗期田间杂草多或苗期环境条件较差等矛盾，因此对土壤耕作有较高的要求，必须精细整地，做到田平、土碎、疏松、草净。

基肥的施用：一般未腐熟的有机肥要先施，后翻耕作底层肥；腐熟的有机肥在耙田时施用，然后耙匀作中层肥；磷肥和速效肥在起畦时，施于畦面作面肥。

直播稻要开沟起畦播种，畦宽一般为 3m，以方便管理。畦间留 30cm 宽的排灌沟。

2. 适时播种，提高播种质量 直播稻应选择茎秆粗壮、抗倒力强的矮秆品种。播种前要做好种子处理，并进行发芽势和发芽率的测定。种子一般催芽露白即可播种。播种量应根据发芽率、田间成苗率、计划基本苗数而确定。田间成苗率与整地质量有关，一般为 70%～85%。播种量计算公式如下：

$$每公顷播种量 = \frac{每公顷计划基本苗数}{每千克种籽粒数 \times 发芽率 \times 田间成苗率}$$

基本苗一般高产田常规稻为 120 万株/hm² 左右，杂交稻 75 万～90 万株/hm²；中产田常规稻 150 万～220 万株/hm²，杂交稻 100 万株/hm²；低产田常规稻 220 万～300 万株/hm²。

播种方式可因地制宜采用条播、点播或撒播。条播一般采用播幅 7～10cm，幅距 20cm；点播的行穴距一般采用 20cm×10cm、20cm×14cm 等。常规稻每丛播种 4～5 粒、杂交稻每丛播种 2 粒左右。不论哪种播种方式，都要做到落籽均匀，不重苗，不缺丛断行。

3. 加强田间管理 直播稻由于全生育期均在大田，病虫发生加重；田间杂草多，易造成草荒；稻株根系入土浅易造成倒伏；分蘖节位低、数量多易出现群体过大等问题。田间管理必须抓好灭草匀苗、肥水管理和病虫防治等工作。

（1）搞好化学除草。水直播稻田杂草防除的好坏，直接关系到水稻产量的高低，如杂草防除不及时，则会造成生长前期草害，生长后期草荒，通常会使作物减产 30%～40%，严重田块减产可达 50% 以上。因此直播稻田的杂草防除工作是夺取高产的一项重要技术措施。要使直播稻田灭草较彻底，应根据杂草的类型和生长情况选择适宜的药剂，采用"一封、二杀、三补"的化学除草措施。

"封"，即指播种前或播种后，芽前封闭化学除草剂。即在播种前整地平田时，趁浑水施药，每公顷施恶草灵乳油 2250～3000mL，然后保持 3～5cm 水层 2d，在播种前排去田中水层。

"杀"，即指稻苗 2 叶 1 心期茎叶喷雾内吸触杀剂。在稻苗 2 叶 1 心时，结合施断奶肥，每公顷用 10% 禾草丹颗粒剂 22.5～30kg 与化肥充分拌匀撒施，并保持 3～5cm 水层 3d。

"补"，即指在稻苗 5 叶期用药除草。用药时，应根据杂草的类型，如稗草较多，则每公顷撒施 96% 环草丹乳剂 2250～3000mL，保持水层 7d。如莎草科杂草和阔叶杂草较多时，可在稻田水落干后，每公顷喷施苯甲混合剂，隔天上水。

（2）及时间密补稀。当秧苗 3～5 叶时，开始进行间密补稀，使秧苗分布均匀。匀苗原则：条播的播种幅中间稀，两边密；穴播的每穴苗数适当分散均匀；撒播的按群众的经验"10cm 不拔，13.3cm 不补，16.7cm 补一株"来进行。补苗要求带泥，随拔随补。

（3）加强肥水管理。直播稻的水分管理原则是：湿润出苗扎根，薄水保苗，浅水壮苗促蘖，够苗晒田，控蘖壮秆。由于直播稻根系分布较浅，对土壤水分反应敏感，若重晒田，则中期叶色褪淡过度，影响幼穗分化。因此，直播稻宜抓好早搁、轻晒、分次搁。

施肥应在基肥足的基础上，1叶1心要施断奶肥，3～4叶适当重施壮苗促蘖肥，中期巧施穗肥，后期酌情补施粒肥。施肥量视苗情决定，配合磷、钾肥。防止一次过重和偏施氮肥。特别是进入分蘖盛期后，应控制氮肥用量，防止群体过大，增加田间荫蔽，使茎秆生长纤弱而降低抗倒能力。

（4）搞好病虫防治。

模块三　水稻移栽技术

学习目标

了解水稻手栽和机插移栽的方法，掌握水稻手栽和机插移栽的技术要点；了解水稻机插作业质量指标。

 **水栽秧**

工作任务1　整地

（一）具体要求

田面平整，土壤膨软，土肥相融，无杂草残茬，无大土块，以利于插秧后早生快发。

（二）操作步骤

1. 深翻整地　绿肥田的耕整，既要做到适时，还要做到适量。适时是指翻耕的时间要适当；适量是指绿肥的翻压量要适当。翻耕时间过早，绿肥的产量低，肥效差；翻耕过迟，离插秧的时间过短，秧苗插后正处在绿肥分解旺盛之时，秧苗不但不能从土壤中获得养分，反因分解过程中产生大量的甲烷、硫化氢和有机酸等有害物质而受到毒害，导致僵苗。绿肥翻压量过少，肥效不足；翻压量过大，虽然离插秧的时间适宜，也不能充分腐烂，同样会因有害物质过多而导致僵苗。绿肥田以插秧前10～15d，绿肥处在盛花时翻耕为宜，这样既能保证在绿肥充分腐烂后插秧，又能保证绿肥鲜草量高，肥效也高。绿肥施用量以每公顷翻压22500～30000kg鲜草为宜。

2. 施基肥　基肥施用应结合耕翻整地进行。基肥应以有机肥为主，配施适量的氮、磷、钾化肥。在有机肥肥源不足的地区或田块，应推广麦秆、油菜秆等秸秆还田技术。

3. 灌水耙秒，平整田面　绿肥田翻耕后，应晒2～3d，然后灌水耙田，将绿肥埋入泥中，浸泡7～10d，再耕耙平田后插秧。

（三）相关知识

高产水稻要求土壤有较深厚的耕作层和较好的蓄水、保肥、供肥能力。通过耕翻、施基肥、耙秒、平整等过程，创造一个深松平软，水、肥、气、热状况良好的土层，为水稻活棵后早发创造条件。我国稻区多为两熟以上栽培制度，进行栽秧前的深翻整地十分重要。如果季节矛盾不突出，耕翻后应争取晒垡；如果季节矛盾突出，则要抢耕抢栽。

（四）注意事项

平整后，田块高低差不超过 5cm，还田秸秆不露出田面。

工作任务2　移栽

（一）具体要求

提高移栽质量，达到浅、直、匀、牢的要求。

（二）操作步骤

1. 适时早栽　适时早栽可以争取足够的大田营养生长期，利于早熟优质高产。特别在多熟制地区更应强调。一般长江中下游地区的早稻应在 4 月底至 5 月初栽插；后季稻在 7 月底至 8 月初栽插；单季中晚稻在 5 月底至 6 月 20 日栽插。

2. 适当浅栽　栽插深度对栽插质量影响很大。浅栽秧苗因地温较高、通气较好，易早发快长，形成大穗。栽插深度以控制在 3cm 以内为好。如栽插过深，分蘖节将处于通气不良、营养状况差、温度低的不利条件下，使返青分蘖推迟，同时还会使土中本来不该伸长的节间伸长，形成"二段根"和"三段根"（图 2-1-6）。低位分蘖因深栽而休眠，削弱了稻株的分蘖能力，穗数得不到保证，穗小粒少，不利于水稻高产。

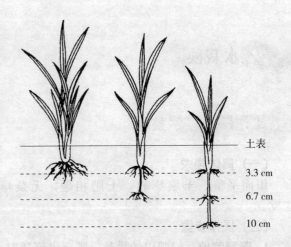

土表

3.3 cm

6.7 cm

10 cm

图 2-1-6　不同栽插深度对幼苗的影响

3. 减轻植伤　要尽量使秧苗根系不受或少受植伤，秧苗要栽直、栽匀、栽牢；同时应确保栽植密度。

（三）注意事项

不栽"顺风秧""秤钩秧""超龄秧""隔夜秧"，做到不漂秧、不倒秧。

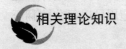 相关理论知识

基本苗的确定

栽插的基本苗数主要依据该品种的适宜穗数、秧苗规格和大田有效分蘖期长短等因素确定。其主要通过适宜的株行距配置和每穴苗数来实现。一般应掌握"以田定产，以产定苗"的原则。

常规中、晚粳稻一般要求行距达到 26～30cm，株距 12～14cm，密度一般控制在 39 万～42

万穴/hm²，每穴栽 3～4 苗，基本茎蘖苗为 105 万～120 万株/hm²。

机插秧

工作任务1 整地

（一）具体要求

整地达到田面平整，基本无杂物、无残茬等。移栽前田面达到泥水分清、沉淀不板结、水清不混浊。

（二）操作步骤

1. 确定耕整时间 根据茬口、土壤性状采用相应的耕整方式，一般沙质土在移栽前 1～2d 耕整；壤土在移栽前 2～3d 耕整；黏土在移栽前 3～4d 耕整。

2. 耕翻整地 机械作业深度不超过 20cm，泥脚深度不大于 30cm。田面平整，基本无杂草、无杂物、无残茬等。田块内高低差不大于 3cm。在整地的同时应施好基肥。移栽前需泥浆沉淀，达到泥水分清、沉淀不板结、水清不混浊。田面水深 1～3cm。

工作任务2 移栽

（一）具体要求

提高机插作业质量，确保机插密度和秧苗不漂、不倒。

（二）操作步骤

1. 确定移栽期 一般在秧龄 15～18d、叶龄 3.5～4 叶时移栽，在茬口、气候等条件许可的前提下，尽早移栽。

2. 起盘运秧 先起盘，后卷苗运秧。在运秧过程中，堆放层数不宜过多，以 3～4 层为宜，运至田头后，应随即卸下平放，使秧苗自然舒展，利于机插。

3. 机插作业

（1）机插作业天气条件。机插作业宜在晴天、多云、阴天或小雨天且风力不超过 4 级时进行。

（2）机插密度。机插穴距一般采用插秧机最小穴距档，移栽密度为 25.5 万～27 万穴/hm²。插秧机秧爪切块取秧面积≥1.5cm²，确保每穴 3～5 苗。

（3）机插作业路线。机插作业路线根据插秧机、田块情况等来确定。开始插秧时，一般从田块长边的较直田埂一侧开始，田头留两个工作幅宽，靠近田埂时，调节边缘前一趟的行数，最后一趟应为满幅作业。

（4）机插作业质量。在确保秧苗不漂、不倒的前提下，应尽量浅栽，机插深度以不大于 2cm 为宜。其作业质量指标要求见表 2-1-3 所示。

表 2-1-3 水稻秧苗机插作业质量指标

序号	项目内容	指标
1	伤秧率	≤4%

（续）

序号	项目内容	指标
2	漂秧率	≤3%
3	漏插率	≤5%
4	翻倒率	≤3%
5	均匀度	≥85%
6	插秧深度	1.5～2cm

 拓展知识

水稻秧苗抛栽技术

（一）整地与施基肥

1. 深翻整地 抛秧栽培对本田的选择及整地质量的要求较高，必须精耕细作，尤其是小、中苗抛栽对此要求更高。具体地说，抛秧田应具备水源有保证、能及时灌排、田块平整、具有良好的保水、保肥、供肥性能等基本条件。整田的质量要达到平、浅、烂、净的标准，即田面要整平，高低差应控制在 2cm 以内；水要浅，以现泥水为宜；泥要烂，土壤糊烂有浮泥；使抛栽的秧苗能均匀地落入泥浆中；田面无残茬、瓦砾、僵垡等杂物。为此，整地要尽可能做到旱耕、水耙、横竖耙耢，将残茬尽量翻入土中。

2. 施基肥 基肥施用应结合耕翻整地进行。基肥应以有机肥为主，配施适量的氮、磷、钾化肥。一般每公顷用标准氮肥 525～600kg（或用稻田专用复合肥），以及菜籽饼或腐熟畜禽粪肥等全层施入，以促进根系下扎，建立发达根系，实现前期早发、中期稳长和后期不早衰的栽培目标。

3. 灌水耙耢，平整田面 灌水后，进行水耙，达到泥浆软烂，力争田面高低差控制在 2cm 以内。

（二）秧苗抛栽

1. 确定适宜的抛秧期 适时抛秧是夺取水稻高产的基础。根据水稻的生育特点，乳苗可在 1.5 叶抛栽，小苗可在 3.5 叶左右抛栽，中苗可在 4.5 叶抛栽，大苗可在 5～6 叶甚至 7～8 叶抛栽。生产上以中、小苗时抛秧为好。具体抛秧期的确定，还应考虑温度因素，一般水温 16（粳稻）～18℃（籼稻）为进入抛秧适期的温度指标。

2. 起秧运秧 塑盘育秧的起秧即把秧盘提起；旱育秧的起秧即把秧苗拔起。旱育秧要在起秧前 1d 浇水湿润。要实行起秧、运秧、抛秧连续作业，运到田间要遮阳防晒，以免引起植伤，影响发苗。

3. 抛秧 根据"以田定产、以产定苗"的原则确定基本茎蘖苗数，如采用盘育方式，则还应采取"定苗定盘"的原则。具体的抛秧方式有机械抛秧和人工抛秧等。如采用人工抛秧，则宜采取分次抛秧法。即在田埂上或下田到人行道中，采取抛物线方位迎风用力向空中高抛 3m 左右，使秧苗均匀散落田间，秧根落到泥水 5cm 之内。为使秧苗分布均匀，一般先

抛总苗数的 70%～80%，由远到近，先稀后密；然后再抛余下的 10%～20%，用于补稀、补缺；最后把余下的 10% 补抛田边和田角，确保基本均匀。

4. 整理 抛秧后按每隔 3m 左右宽的距离清出一条"人行道"，以便田间管理。"人行道"一般宽 30cm 左右，在"人行道"上清出的秧苗用于补大空和缺塘，还可站在"人行道"上用 1.5～1.8m 长的竹竿左右拨苗，移密补稀。抛后要及时开好"平水缺"，以防大雨冲刷和漂秧。

秧苗抛栽时应注意：在晴天没有水时不抛秧，防烈日灼苗；风雨天、水深时不抛秧，防风吹雨刷浮苗抛秧。抛栽时，还应注意迎风用力向空中分次高抛。

模块四 水稻田间管理技术

 学习目标

了解水稻各生育时期的生育特点，掌握分蘖阶段、拔节长穗阶段、结实阶段的田间管理措施，能正确诊断水稻苗情。

🌿 分蘖阶段田间管理

▸ 工作任务1 浅水勤灌

（一）具体要求

整个有效分蘖期间，保持浅水层或采取湿润灌溉的方法。

（二）操作步骤

移栽后 4～5d，应保持浅水层，切忌淹深水。整个有效分蘖期间宜保持 2～4cm 的浅水层或采取湿润灌溉方法，其他时间则可采取间歇灌溉的方法。

抛栽秧在抛秧后 3～5d 的水浆管理好坏，对抛秧稻的立苗早发和生长有直接影响。对保水较好的稻田，抛秧当天宜保持湿润状态，并露田过夜，以促进扎根立苗。漏水稻田或盐碱田，抛秧后需灌 2～3cm 浅水。

（三）相关知识

保持浅水层或采取湿润灌溉方法，有利于提高土壤温度，从而促进水稻分蘖的发生。

▸ 工作任务2 化学除草

（一）具体要求

根据秧苗活棵情况，适时适量施用除草剂。

（二）操作步骤

栽秧后 5～6d，当秧苗全部扎根竖直后，保持田间 2～4cm 水层，用除草剂拌土（肥）

撒施，施药后 4～5d 不排水。

（三）相关知识

秧苗活棵后，杂草开始发芽，及时施用除草剂后，可防止杂草滋生。

（四）注意事项

施用除草剂时，一定要保持水层。

 工作任务3　早施分蘖肥

（一）具体要求

根据水稻分蘖发生规律，适时施分蘖肥，以满足分蘖对养分的需求。

（二）操作步骤

为保证水稻分蘖期苗体的含氮水平，应在分蘖初期进行追肥，促进早发。一般要求栽后一周左右施第 1 次分蘖肥，用量占分蘖肥总量的 70％ 左右，一般施尿素 90～120kg/hm²；第 1 次施后的 7～10d，再施第 2 次分蘖肥，施尿素 40～60kg/hm²；剩下的不到 30％ 看苗补施，捉"黄塘"，促平衡。

（三）相关知识

水稻分蘖的发生与主茎叶片出生的同伸规律：主茎第 n 叶出现时，$(n-3)$ 叶位的分蘖同时抽出。

（四）注意事项

分蘖肥要早施、匀施。

 工作任务4　防治病虫

（一）具体要求

移栽初期的病虫害有稻象甲、稻蓟马，分蘖阶段的病虫害有稻瘟病、纹枯病、纵卷叶螟、二化螟、三化螟等，要做好病虫害的防治工作。

（二）操作步骤

见《植物保护》教材相关内容。

 拔节长穗阶段田间管理

 工作任务1　施好穗肥

（一）具体要求

根据水稻穗肥施用的时间和用量，合理施肥。

（二）操作步骤

促花肥通常在叶龄余数 3.5～3.1 时施用；保花肥在叶龄余数 1.5～1 时施用为宜。

一般促花肥可施用尿素 $150\sim180kg/hm^2$，保花肥可施用尿素 $60\sim90kg/hm^2$，同时还需施用磷、钾肥。

（三）相关知识

在水稻长穗期间追施的肥料称为穗肥，依其施用时间和作用可分为促花肥和保花肥。

促花肥是促使枝梗和颖花分化的肥料。但在高产栽培条件下，若促花肥施用不当，也不利于高产。因为施肥促进了茎秆基部节间和中、上位叶片的过度伸长，使无效分蘖增多、群体结构恶化、颖花量过多，从而导致结实率下降，且易倒伏。所以高产田块一般并不提倡施促花肥。

保花肥是指防止颖花退化、增加每穗粒数的肥料，同时对防止水稻后期早衰、提高结实率和增加粒重有很好的效果，是大面积高产栽培中不可缺少的一次追肥。

（四）注意事项

注意控制促花肥的施用量。

工作任务2　适时搁田

（一）具体要求

适时适度排水搁田。

（二）操作步骤

适宜的搁田时期主要根据田间茎蘖数来确定，即"够苗搁田"，当全田总茎蘖数达到预期穗数的 85% 时进行搁田；或根据"时到不等苗"的原则，在有效分蘖临界叶龄期（总叶数－伸长节间数）开始搁田，由于搁田效应滞后，实际搁田时间应提早一个叶龄期。

（三）相关知识

搁田又称为晒田、烤田，其作用有：（1）适时适度搁田有利于改变土壤的理化性状，更新土壤环境。搁田后，大量空气进入耕作层，土壤氧化还原电位升高，二氧化碳含量减少，原来淹水土壤中的甲烷、亚铁和硫化氢等还原物质得到氧化，从而加速有机物质的分解，使土壤中有效养分的含量增加。但氨态氮易被氧化和逸失，可溶性磷向难溶性磷方向转化，导致在搁田过程中，耕作层内有效氮和磷含量降低，但复水后，又会迅速提高。（2）适时适度搁田有利于调整植株长相，促进水稻根系发育。搁田后，能适当控制氮肥的吸收，促进茎秆粗壮老健，形成合理的株型，有效地控制无效分蘖，降低高峰苗，提高分蘖成穗率，提高抗病、抗倒能力。

（四）注意事项

搁田要轻搁、分次搁。搁田前应做到栽时留行、栽后扒沟、挖沟搁田。搁田应以稻田周边开"鸡爪裂"、稻田中间泥不陷脚、土不发白、叶片挺直、叶色稍褪淡为度。

工作任务3　合理灌溉

（一）具体要求

保持浅水层，以利于水稻的穗分化，增加结实粒数。

（二）操作步骤

在花粉母细胞减数分裂期间，田间应保持浅水层。其他时间可采取"干干湿湿，以湿为主"的水分管理办法，以减轻病害，增强稻株抗倒能力。

（三）相关知识

拔节长穗期是水稻一生中需水最多的时期，特别在花粉母细胞减数分裂期，对水分尤为敏感，是需水临界期。

（四）注意事项

在水稻花粉母细胞减数分裂期，要保持浅水层，田间不能缺水。

 工作任务4　防治病虫

（一）具体要求

这一阶段主要的病害有纹枯病、白叶枯病、稻瘟病等，主要的虫害有稻飞虱、纵卷叶螟、二化螟、三化螟等。应加强预测预报，及时做好防治工作。

（二）操作步骤

见《植物保护》教材相关内容。

 结实阶段田间管理

 工作任务1　补施粒肥

（一）具体要求

因苗施用，满足水稻后期对养分的需求。

（二）操作步骤

在水稻抽穗前后追施，一般每公顷施尿素 45～60kg。在籽粒灌浆过程中，对有早衰趋势的田块，结合防病治虫，用1%～2%的尿素溶液或尿素与磷酸二氢钾混合液进行叶面喷施。

（三）相关知识

水稻抽穗前后追施的肥料称为粒肥，也称为破口肥、齐穗肥。粒肥的作用在于增加上部叶的氮素浓度，提高籽粒蛋白质含量，延缓叶片衰老，提高根系活力，从而增加灌浆物质，提高粒重。

（四）注意事项

粒肥应掌握"因苗施用"的原则，对于长势正常的田块，粒肥可以少施或不施；对于有缺肥迹象的田块，可适当追施粒肥。

 工作任务2　合理灌溉

（一）具体要求

在抽穗后、蜡熟期和收获前，进行合理的灌溉。

（二）操作步骤

抽穗开花阶段应以水层灌溉为宜，抽穗后应采取浅水间歇灌溉，以达到田间水气协调、以气养根、以根保叶、以叶增粒重的目的。蜡熟期，可采取灌"跑马水"的方式进行灌溉。一般在收获前 5～7d 停止灌溉。

 工作任务3　防治病虫

（一）具体要求

这一阶段应重点防治稻飞虱，兼防纹枯病、稻瘟病、稻曲病等病害。

（二）操作步骤

见《植物保护》教材相关内容。

 水稻看苗诊断技术

 工作任务1　水稻总茎蘖数的调查

（一）目的要求

掌握水稻田间总茎蘖数调查的方法，并根据调查结果，提出相应的田间管理措施。

（二）材料用具

不同长势长相的稻田、米尺、皮尺、计算器、记录纸、铅笔等。

（三）操作步骤

1. 每穴茎蘖数的调查　每块移栽田采用五点取样法，每样点查 10～20 穴（抛栽稻等查 1m² ）茎蘖数，求出平均每穴茎蘖数（抛栽稻等可直接算出单位面积茎蘖数）。

2. 单位面积实栽穴数的调查　移栽田块每样点分别量出 31 行的行距和 31 穴的穴距，求出平均行距和穴距，计算出单位面积实栽穴数。

3. 计算单位面积总茎蘖数　根据每穴茎蘖数和单位面积实栽穴数，计算出单位面积总茎蘖数。

（四）相关知识

水稻田间总茎蘖数是反映稻株生育状况的一项重要指标。各地对水稻不同生育阶段总茎蘖数均有一定的指标要求，如江苏等地高产栽培要求在有效分蘖期末全田总茎蘖数应达到适宜穗数的 1.1～1.3 倍。

（五）自查评价

（1）根据考查数据，对考查田块的苗情作出诊断。

（2）根据诊断结果，分析形成这种结果的原因，提出田间管理意见。

 工作任务2　分蘖阶段的看苗诊断

看苗诊断是以叶色、长相、长势和群体动态结构作为衡量个体与群体协调发展的诊断指标；以根系生长状况判别稻株对土壤适宜程度；以产量构成因素与穗部性状分析各生育阶段的措施与环境的适宜程度，找出主要矛盾，提出合理的促控措施。

（一）目的要求

基本掌握水稻分蘖阶段长势、长相的诊断方法，并根据诊断结果，提出相应的田间管理措施。

（二）操作步骤

1. 看叶色 高产水稻分蘖阶段的叶色变化规律是移栽后要求返青快，叶片迅速上色变深。连作早、晚稻在分蘖盛期出现"一黑"，如"一黑"不显或不足，则出叶慢，分蘖少，难以保证穗数；如"一黑"过头，则分蘖过多，茎秆软弱，叶片下垂，不利于壮秆大穗。单季中稻分蘖始期到分蘖盛期出现"一黑"，拔节前到第1节间开始伸长出现"一黄"；单季晚稻分蘖期出现"一黑"，分蘖末期出现"一黄"，圆秆拔节前出现"二黑"，稻穗开始分化前出现"二黄"。

2. 看长势 主要指稻苗的生长数量和速度。水稻拔节以前，各叶着生节位极密，相邻两张定型叶片的叶尖距离，即为两叶长度之差。如上下两叶叶尖距离很小，呈"平头叶"时，表示稻苗生长差；反之，上下两叶叶尖距离很大，呈"抢头叶"时，则表示生长旺盛。

3. 看根系 分蘖期是不定根大量发生的时期，鲜白粗短的不定根数多是稻株生长健壮、早生快发的标志。要求移栽后1～2d就能发生数条甚至十多条新根，以后发根更快；到分蘖末期，每株根数达到数十条，而且白根多。

4. 看株型 秧苗移栽返青后，株型渐趋直立，称为竖蔸。竖蔸快，表示活棵返青早。进入分蘖期后，随着新叶和分蘖的发生，株型逐渐散开，称为散蔸。散蔸快，表示生长旺盛，株型似"水仙花"，上大下小。如移栽后，不散蔸，株型似"一炷香"，这是迟发或僵苗的长相；如叶色墨绿，株型"披头散发"，叶色一路青，则表示旺苗徒长。

（三）相关知识

1. 叶色呈"黑""黄"变化的涵义 叶色深浅主要受叶片内叶绿素和氮素含量多少的影响。叶片内叶绿素和氮素含量多则深；反之则浅。在外表特征上则呈"黑""黄"变化。"黑"是指叶色加深，不是墨绿疯长；"黄"是指叶色转淡，不是缺肥枯黄。"黑"表示氮代谢旺盛，光合作用强，光合产物很少积累，大多用于合成氮化合物，有利于新生器官生长，叶鞘和茎内贮藏的糖类少。"黄"表示叶片中叶绿素和氮化物含量下降，氮代谢削弱，新生器官生长缓慢，但叶鞘和茎内糖类贮存较多，纤维与淀粉积累增加，有利于组织充实，生长健壮。

2. 分蘖阶段壮苗的形态特征

（1）早发。一般要求 n 叶移栽，$n+1$ 叶返青活棵；栽后3～5d，$n+2$ 叶露尖时产生分蘖。

（2）分蘖壮。栽后7d始蘖，在有效分蘖期末，总茎蘖数达到预期适宜穗数。

（3）叶面积指数适宜。分蘖始期为2，分蘖盛期为3～3.5，分蘖高峰期为3.5～4，抽穗前为6～8，达到最大值。

（4）叶色深。功能叶（顶3叶）的叶色深于叶鞘色，顶4叶深于顶3叶，叶片披弯。

（5）根系发达。白根多，有根毛，根基部呈黄色，无黑根。

（四）注意事项

由于我国幅员辽阔，水稻种植制度、品种、气候条件、栽培技术等具有多样性的特点，故很难对不同生育阶段不同苗情的长势长相提出统一的具体指标。因此，在不同生育阶段进行看苗诊断实践教学时，首先应了解当地水稻不同生育阶段不同苗情考查的项目和通用指标，然后再进行考查、分析，在此基础上提出田间管理意见。

 工作任务3　拔节长穗阶段的看苗诊断

（一）目的要求

掌握水稻拔节长穗阶段长势、长相的诊断方法，并根据诊断结果，提出相应的田间管理措施。

（二）操作步骤

1. 看叶色　连作早、晚稻在孕穗期稻苗由"黄"变"绿"，出现"二黑"。"二黑"不明显，说明氮素代谢水平降低，颖花退化增多，粒数减少；"二黑"过头，说明氮素代谢过旺，糖类含量下降，茎鞘内贮存的糖类减少，要影响抽穗后光合产物向稻穗转运，空秕粒增多。至抽穗前3～5d，叶色又稍褪黄，但不明显，全生育期出现"二黑二黄"的叶色变化。中稻在孕穗中期出现"二黑"，抽穗前出现"二黄"，有"二黑二黄"的叶色变化。单季晚稻在稻穗发育阶段出现"三黑"，抽穗前再度转"黄"，有"三黑三黄"的叶色变化。

2. 看叶长和茎粗　水稻最后3片叶与稻穗发育同步进行。因此，生产上常以顶部3叶来诊断长穗期稻田的营养水平和穗型大小。顶3叶长度不足，说明长势不旺，穗小粒少，抽穗后容易早衰，对籽粒充实不利；如顶3叶过长，叶面积过大，则表明长势过旺，虽穗大粒多，但易贪青倒伏。

3. 看叶面积指数和封行期　当叶面积指数大于4时，即达封行期（指人站在田埂上，在1.5m之外，不见两行间的田面）。高产水稻的封行期应在剑叶露尖前后，以叶龄余数在1.0左右为宜。封行过早，下部透光差，枯叶增多，不利于穗粒发育；封行过迟或封行不足，则群体生长量偏小，不能充分利用光能，降低产量。

4. 看根系　支根多少和根端白色部分的长短是诊断根系好坏的主要形态指标。支根数量多，根端白色部分长，根系深扎，拔起困难，表示根系生长健壮；反之，则根系衰弱。抽穗期剑叶越直立，根系活力越强。此外，叶尖吐水也是根系活力的诊断指标，在晴天清晨或傍晚，常见稻苗叶尖有吐水现象。根系活力强的，吐水早，水珠大；反之，则吐水迟，水珠小；根系衰老，则不能吐水。

（三）相关知识

拔节长穗阶段壮苗、旺苗和弱苗的形态特征。

1. 壮苗　拔节初期，叶色青绿，倒3叶叶鞘色与叶片色相近，叶片不披垂、有弹性，节间短，白根多。

2. 旺苗　叶片长而披软，叶色过深，叶鞘色比叶色淡，后生小分蘖多，稻脚不清爽，茎秆柔软。

3. 弱苗　叶色过早落黄，叶片直立，分蘖少而小，封行推迟，影响成穗数。

工作任务4　结实阶段的看苗诊断

（一）目的要求

掌握水稻结实阶段长势、长相的诊断方法，并根据诊断结果，提出相应的田间管理措施。

（二）操作步骤

1. 看稻株绿叶数　抽穗后稻株绿叶数的数量直接影响到籽粒充实程度。高产水稻要求抽穗后到灌浆期单株能保持3～4片绿叶，以后随谷粒成熟，下部叶片逐渐枯黄，到黄熟期仍有1～2片绿叶。

2. 看稻株落色状况　正常稻株在开花灌浆阶段，茎、叶都应保持青绿色，这表明氮代谢正常，光合效率高，有利于籽粒充实。灌浆后，茎色逐渐褪淡，绿中带黄，但枝梗仍要保持青色，以利于糖类向籽粒转运。成熟时全田呈现出"青枝绿叶、黄丝亮秆、谷粒金黄"的长相。

3. 看根系活力　结实期保持根系活力，以根养秆，以秆保叶，以叶饱粒。田间诊断根系活力的方法：一是看白根、褐根的多少。若这两类根的数量占总根数的一半以上，表示根系活力较强；若黑根、腐根的数量占总根数的一半以上，表示根系活力衰退。二是用手拔稻株，若不易拔起或拔起后稻根带泥土多，表示根系活力良好；若一拔即起，根秆分开，表示根系活力衰退。

4. 看产量因素组成与穗部性状　调查分析各项产量因素和穗部性状的情况，可以检查技术措施和环境条件的优缺点，为以后制订栽培措施提供依据。

（三）相关知识

结实阶段壮株和早衰植株的形态特征。

1. 壮株　抽穗整齐一致，主茎穗和分蘖穗比较齐平，叶色正常，比抽穗前略深一些。单茎或主茎绿叶数较多，齐穗期早稻应有4片绿叶，中稻应有5片绿叶；乳熟期早稻应有3片绿叶，中晚稻应有4片绿叶；黄熟期早稻应有1.5片绿叶，中晚稻应有3片绿叶。最后3片功能叶直立挺拔。茎秆粗壮，穗型大，枝梗数多，退化枝梗少，根系发达，上层根较多，抗倒能力强。植株病虫害较轻，整个田间清秀一致。

2. 早衰植株　叶色呈棕褐色，叶片初为纵向微卷，之后叶片顶端出现污白色的枯死状态，叶片薄而弯曲，远看一片枯焦。根系生长衰弱，软绵无力，甚至有少数黑根发生。穗形偏小，穗基部结实率很低，粒色呈淡白色，翘头穗增多。

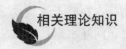相关理论知识

水稻各生育阶段的特点和栽培目标

1. 分蘖阶段　水稻从移栽返青到开始拔节是大田分蘖阶段。此期生育特点是：生长分蘖、根系和叶片，光合面积扩大，积累前期养分，是搭好丰产架子的重要时期，还是决定单位面积有效穗数并为壮秆大穗奠定物质基础的关键时期。

此期的栽培目标是：秧苗栽后促进早发，培育足够数量的壮株大蘖，培植庞大的根群，积累足够数量的干物质。

2. 拔节长穗阶段　此期生育特点是：稻株生长量迅速增大，根的生长量为最大，全田叶面积也达最大值。同时，稻穗迅速分化，干物质积累也迅速增加，是水稻一生中需要养分最多、对外界环境条件最为敏感的时期之一。因此，此期既是争取壮秆大穗的关键时期，也是为提高结实率、增加粒重奠定基础的时期。

此期的栽培目标是：在前期壮苗壮蘖的基础上，促进壮秆强根、大穗足粒，并为后期灌浆结实创造良好的条件。

3. 结实阶段　此期生育特点是：稻株生殖生长处于主导地位，叶片制造的糖类、抽穗前贮藏在茎秆、叶鞘内的养分均向稻粒输送，是决定结实率和粒重的关键时期。

此期的栽培目标是：养根保叶，防止早衰，增强稻株光合能力，提高结实率和粒重。

稻米品质的调控

目前，在稻米生产上，必须协调好优质与高产的矛盾。我国水稻生产应主攻优质与高产、高效的统一，优质栽培不应以显著降低产量为代价。应大力发展无公害、绿色（有机）稻米生产，实现我国水稻生产的优质、高产、高效与可持续发展。

1. 优质水稻品种选择与合理布局

（1）优质水稻生产首先要根据区域气候生态条件，选择适合当地的优质品种或适宜的种植地区。根据不同类型水稻品种的米质形成特点，明确主要米质性状形成的理想环境条件，实施合理的品种布局，才能发挥优质品种的特性。一般单季稻区发展优质水稻生产的条件优于双季稻区。因为双季早稻灌浆结实期正值高温季节，不利于优良米质的形成。因此，在双季稻区，早稻宜选用早熟或中熟偏早的优质品种，晚稻在早稻早熟和适时早播基础上，宜选用生育期适宜的中、晚熟优质品种。

（2）优质水稻生长宜选择土壤肥沃、通透性好、周边没有污染源、杂草少、无病虫源、灌溉水源清洁方便的田块，以创造最优的环境条件。

2. 水稻适宜播种期的确定　在气象条件和种植制度许可的前提下，应根据品种的最佳抽穗结实期来确定最佳播期，即根据品种的生育特性，把抽穗、灌浆、结实的生育过程安排在当地光、热、水条件最佳的时期内。

根据区域温、光的季节变化，确定有利于优质水稻形成的适宜播栽期。优质品种适期早播，适当延长生育期，有利于优质高产的稻谷形成。优质水稻一般要求结实期日均温在30℃以下，相对湿度在80％～85％。双季早稻在早播壮秧基础上，将齐穗期控制在6月底前后，避开高温高湿天气；将双季晚稻或单季稻结实期控制在8月底至9月间的多晴少雨、秋高气爽的季节，尽可能避免结实期遇高温、低温及台风等不良条件。苏南、上海等地区单季粳稻在9月初齐穗，易获得较好的灌浆结实条件。

3. 群体密度调控　适宜的群体密度是对水稻群体生长进行合理调控的基础，也是发挥该品种优质特性的前提条件。群体基本苗过多，既不利于群体的中期调控，也会导致整精米率下降、垩白粒率增加、透明度变差、直链淀粉含量与胶稠度升高、蛋白质含量下降；但基本苗数过少，会导致单株营养面积增大、分蘖期延长、分蘖成穗与籽粒充实度会降低、垩白增多、米质呈下降的趋势。

稀植栽培的蛋白质含量明显提高，但不利于食味品质。只有在适宜的群体密度基础上，对水稻群体生长进行合理的调控，才能做到既有利于高产，又能发挥品种的优质特性。此外，相同密度下以宽行窄株、东西行向为好。

4. 土壤培肥与品质调优的施肥技术 水稻优质高产栽培中，应注重以农家肥为主的有机肥和生物钾肥、菌肥等生物性肥料的施用，增加土壤有机质含量，培育质地疏松的土壤结构，使土壤微生物活力增强、透水透气性变好、土质清洁污染减少，以减轻因长期施用化肥、农药、除草剂等带来的残留污染。合理施肥是改善稻米品质的重要措施，而施好氮肥是关键。因此，氮肥施用应坚持有机与无机相结合，宜采用基肥、穗肥平衡施用的措施。在氮、磷、钾肥的配合施用上，适当提高磷、钾肥的施用。同时重视硅肥及与米质有关的锌、镁、硒等肥料的合理施用。在土壤肥力较好、基追肥氮源足时，后期还可叶面喷施磷、钾肥 $1 \sim 2$ 次（如 0.3% KH_2PO_4 溶液）。视苗情补充氮肥，不仅能提高结实率和粒重，更有利于提高整精米率，减少垩白发生。此外，实行作物秸秆还田和冬季种植绿肥也是培肥土壤的重要途径之一。

5. 品质调优的水分灌溉技术 长期淹水或生育后期脱水过早，都不利于米质的提高。因此采用浅水返青促分蘖，有效分蘖终止期排水适当轻搁田，保持群体适宜稳长，控制无效生长和基部节间长度，中、后期干湿交替的间歇灌溉，不过早断水，以延长叶片的光合寿命，促进稻根健壮，干湿壮子，活秆成熟，既增加穗粒数、结实率和粒重而高产，又提高籽粒充实度和整精米率等而改善米质。灌溉一般以使用自然降水为最好，未受污染的水源也较为理想，应杜绝污水灌溉。

6. 病虫草害综合防治技术 化学农药在稻谷内常有残留，因而以不用或少用为宜。坚持以预防为主，运用抗性品种、昆虫毒素、信息素（性诱剂）、昆虫天敌等多种生物和生态综合防治手段控制病虫害；以优势群落的生长控制草害；以无毒或低毒、无残留或低残留的高效无公害农药取代剧毒、高残留的化学农药，以新型生物性（植物源、微生物、抗生素等）农药取代传统的杀虫剂和杀菌剂，降低土壤残留。缺钾的地区若施用生物钾肥，既可增加土壤钾的含量，又能抑制水稻赤枯病等病害。

模块五 水稻收获技术

学习目标

能熟练进行水稻田间测产；了解水稻收获的标准和方法；掌握稻谷的贮藏与稻米品质评定方法。

工作任务1 水稻测产

（一）目的要求

了解水稻产量构成因素，掌握水稻测产技术，了解不同类型水稻的产量结构情况，为分析、总结水稻生产技术提供依据。

(二) 材料用具

代表性田块、皮尺、标签、天平或盘秤、脱粒机、匾、考查表、记录纸、计算器、铅笔等。

(三) 方法步骤

1. 有效穗数的测定 单位面积有效穗数的测定方法基本与总茎蘖数的测定方法相同，所不同的是调查对象由茎蘖数变成了有效穗数（具有 10 粒以上结实稻谷的穗为有效穗）。

2. 每穗实粒数的测定 在调查穗数的同时，每样点按穴平均穗数取有代表性的稻株 1～5 穴，共 5～25 穴；直播稻每点连续取稻株 10 株左右，分样点扎好，挂上标签。标签上应注明田块名、品种、取样日期、取样人等。将样株带回室内，计数每穗实粒数，求出平均值。如不需进一步考查植株性状，也可在田间直接计数。

3. 千粒重的测定 把样点的样株脱粒、晒干、充分混均，随机取 1000 粒的种子 4 份，分别称重，求取平均值。如在田间直接计数每穗实粒数的，则可用常年千粒重估算理论产量。

4. 产量计算 理论产量可用单位面积有效穗数、平均每穗实粒数和千粒重直接计算得出。
实际产量可选定若干样区，收割、脱粒、晒干后直接得到。

(四) 自查评价

（1）将考查的数据进行整理，并将结果填入表 2－1－4 中。

表 2－1－4 水稻田间测产结果汇总

田块名	品种	每公顷穴数	平均每穴穗数	每公顷有效穗数	每穗实粒数	千粒重（g）	理论产量（kg/hm²）

（2）根据测产的资料，进行整理分析，形成产量分析报告。

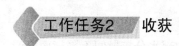 **收获**

(一) 具体要求

根据水稻品种的不同用途，适时收获。

(二) 操作步骤

1. 确定适宜的收获期 水稻收获期既要考虑稻谷的成熟度，又要考虑下茬作物的播种期和天气变化情况。一般南方早籼稻的适宜收获期为齐穗后 25～30d，中籼稻为齐穗后 30～35d，晚籼稻为齐穗后 35～40d，晚粳稻为齐穗后 40～45d。在不同品种和气候条件下，水稻的适宜收获期略有差异。

2. 采取合适的收获方法 传统的收获方法是人工收割，近年来机械收获也得到迅速发展。

(三) 相关知识

适时收获对实现水稻优质高产十分重要。水稻过早收获时未熟粒、青死米较多，出米率低，蛋白质含量也较高，米饭因淀粉膨胀受限制而变硬，使加工、食味等品质下降。延迟收获时稻米光泽度差、脆裂多，碎米率增加，垩白趋多，黏度和香味均下降。一般以在水稻蜡熟末期到完熟初期（稻谷含水量为 20%～25%）收获较为适宜。这时，全田有 95% 谷粒黄熟，仅剩基部少数谷粒带青，穗上部 1/3 枝梗已经干枯。对不易落粒的粳稻类型品种，如在茬口安排上没有矛盾，则可适当"养老稻"，以增加粒重。

（四）注意事项

选择晴天露水晒干后收割水稻为好。优质米生产中更应严格执行水稻适期收割。

工作任务3 合理干燥技术

（一）具体要求

在确保不降低米质的前提下，通过合理的干燥技术，将稻谷含水量下降到可安全贮藏的水分界限以下。

（二）操作步骤

干燥手段主要有阳光下摊晒自然干燥和机械加热干燥。

1. 自然干燥法 一般采用席子垫晒或室内阴干或晒谷层加厚晒干，其稻谷的整精米率较水泥场薄层暴晒高，因为高温暴晒使稻谷裂纹率或爆腰率相应增大，整精米率及米饭黏度和食味也下降。

2. 机械加热干燥 水稻收获后适时干燥并控制好干燥结束时含水量，是机械加热干燥的技术关键，其要点是：（1）适时干燥收获后的稻谷。刚收获的稻谷含水量并不均匀，立即加热干燥易引起含水多的米质变差，故先在常温下通风预备干燥1h，以降低稻谷水分及其偏差。但稻谷若长期贮放，又易使微生物繁殖而产生斑点且形成火焦米。（2）正确设置干燥时温度。温度宜控制在35～40℃，先用低温干燥，并随水分下降逐渐升温，干燥速率宜控制在每小时稻谷含水量下降0.7个百分点以内。（3）控制好干燥结束时含水量，一般以15％为干燥结束时的标准含水率。由于干燥后稻壳和糙米间有5％的水分差，为防止过度干燥，应事先设置干燥停止时的糙米含水率（15％），达到设定值时停止加热，之后利用余热干燥达到最适宜的含水量。

（三）注意事项

稻谷不宜急速干燥。因急速干燥时，米粒表面水分蒸发和内部水分扩散间不平衡而会产生脆裂，稻米的糊粉层、胚芽中铵态氮和脂肪向胚乳转移，影响稻米的食味品质。

工作任务4 稻谷贮藏

（一）具体要求

安全贮藏。

（二）操作步骤

（1）采用常规方法贮藏时，稻谷含水率籼稻应在13.5％以下，粳稻应在14.5％以下。贮藏时间不宜超过1年。陈米的品质不如新米，应提倡在稻谷收获后半年内，最迟1年之内食用稻米。

（2）贮藏于15℃或10℃以下冷库内，则在2～3年可以保持米的新鲜度，且可减少因高温、潮湿、虫害等造成的损失。

（3）充以CO_2的稻米小包装，也可较长期保持米的优良品质。

（4）降低O_2浓度、提高CO_2浓度及隔绝空气中湿度（薄膜包装）的气调法也是保持稻米品质的有效方法。

（三）相关知识

稻谷在仓库内贮藏时的整精米率、直链淀粉含量、蛋白质含量及其氨基酸组成基本稳定，但仍然会发生许多物理或化学的变化。在常温下，随着贮藏时间的延长，稻谷会发生以下变化：一是脂肪被水解，米中的游离脂肪酸增加，米溶液 pH 下降。游离脂肪酸易导致酸败，又可与直链淀粉结合成脂肪酸—直链淀粉复合物，抑制淀粉膨胀，同时使糊化温度提高、煮饭时间延长、米质变硬，其食味和加工品质变劣。二是蛋白质的硫氢基被氧化形成双硫键，使黄米增多，米的透明度和食味品质下降。三是米中游离氨基酸和维生素 B_1 迅速减少。粳稻在贮藏中的品质劣变速度更大于籼稻。仓库缺乏通风设备也可加速品质劣变。

（四）注意事项

水稻收获要做到精收细打、晒干扬净。当种子含水量达到规定标准时，便可入仓贮藏。贮藏稻谷的仓库应干湿得当。过湿易导致发霉；过干易降低食味品质。

稻米品质评价与方法

我国对稻米品质的评价从加工、外观、蒸煮与食味、营养及卫生品质等方面进行评价，一般要求在稻谷收获、晒干（含水量 13％±1％）、去杂后存放 90d 以上，待理化性状稳定后进行。

1. 加工品质　它反映稻米对加工的适应性，又称为碾磨品质。主要取决于籽粒的灌浆特性、胚乳结构及糠层厚度等，如籽粒充实、胚乳结构致密、硬性好的谷粒加工适应性好。其评价指标主要有糙米率、精米率、整精米率，分别为单位质量稻谷加工出的糙米、精米和完整精米的质量百分率。糙米是指稻谷经加工去除谷壳后的米粒；精米是指稻谷或糙米经过碾磨加工脱去米皮后留存在直径为 1.0mm 圆孔筛上的米粒；整精米是指长度在完整精米粒平均长度 4/5 以上的精米粒。我国大多数品种的糙米率、精米率相对稳定，一般分别为 77％～85％ 和 67％～80％。整精米率从 20％～75％ 不等，变异较大，它是加工品质的重要指标。

2. 外观品质　外观品质又称为市场（商品）品质，它体现了吸引消费者的能力。评价指标主要有垩白米率、垩白面积、垩白度、透明度、粒形等。垩白米率是整精米中垩白米粒所占的百分比。垩白是胚乳充实不良引起的空隙导致光的散射，外观上形成白色的不透明区，按发生的部位分为腹白、背白、心白和乳白，影响米粒品质。垩白使稻米透明度和硬度降低且易碎。垩白面积是垩白占整粒米投影面积的百分比，一般是以在垩白观测仪上目测来确定。垩白米率与垩白面积的乘积为垩白度，按其程度不同可进行 5 级分类：1 级垩白度少于 1％，5 级垩白度为 20％以上。透明度指精米在光透视下的晶亮程度，可用透明度仪进行测定。除糯米外，优质米要求透明或半透明。粒形通常以长宽比表示，用测量板或游标卡尺测定米粒的长宽。米粒长宽比≥3.0 为细长形，≤2.0 为粗短形，介于两者之间为椭圆或中长形。

3. 蒸煮与食味品质　蒸煮与食味品质指米饭的色、香、味及其适口性（如黏弹性、柔软性等），反映稻米的食用特性。评价食味的最好方法是口感品尝，由于品尝者的差异，加之过程复杂，难以快速有效地评定，通常用较客观的理化指标来间接反映，主要有直链淀粉含量、糊化温度、胶稠度、米饭黏性、硬度、气味、色泽以及冷饭质地等，其中直链淀粉含量是食味的重要因素，蛋白质含量高对食味品质有负效应。食味评定一般是选择有代表性的同类优质品种为对照，用带盖铝盒盛米炊熟后，先鉴定米饭有无清香味（气味占15％），再观察米饭色泽、结构（外观占15％）；通过口感品尝鉴定柔软性、黏散性及滋味（适口性占60％），1h后观察米饭是否柔软松散或黏结（冷饭质地占10％）。

直链淀粉含量（除糯米＜2％外），一般为6％～34％，分成极低（≤8％）、低（8％～20％）、中（20％～25％）、高（≥25％）4个等级。直链淀粉含量高的米饭胀性大，干松而色淡，冷后质硬，食味较差；直链淀粉含量中、低的米饭胀性较小，湿黏且有光泽，柔软又不失蓬松，是改良食味品质的目标之一。但有时直链淀粉并不完全决定米饭质地，其含量相近的米饭质地也有明显差异，如含量相近的早籼与晚籼的食味就相差甚远。直链淀粉的测定主要有国标法和改进简化法2种，其中改进简化法较为常用。它是根据精米粉经消煮后的直链淀粉与碘液（$I_2＋KI$）之间的呈色反应，以及直链淀粉含量与溶液的呈色深度呈线性关系的原理，通过分光光度计测定待测溶液的吸光度，再根据由已知标样所做的标准曲线求得待测样品的直链淀粉含量。

糊化温度是指淀粉粒受热吸水后发生不可逆膨胀时的温度，是淀粉的物理属性，它既反映米粒的胀性和需水性，又反映胚乳的硬度。糊化温度较低的食味较佳。它是通过目测判断30℃恒温条件下整精米在1.7％ KOH溶液中的消解程度来间接测定。稻米糊化温度的变异范围为50～80℃，可分为高（≥74℃）、中（70～74℃）和低（≤70℃）3个等级。胶稠度是指0.1000g精米粉（含水量为12％）在沸水浴中充分糊化形成4.4％的米胶，并经冰水浴冷却后，在室温下水平标准试管中米胶的流淌长度。胶稠度可分为硬（米胶流长＜40mm）、中（40～60mm）和软（＞60mm）3个等级。胶稠度较长，米饭较软且偏黏；胶稠度较短，米饭则偏硬而不黏。多数地区以胶稠度偏软作为食味较好的标志之一。

4. 营养品质　营养品质指精米中蛋白质及其氨基酸等养分的含量与组成，以及脂肪、维生素、矿物质含量等。稻米蛋白质除绝对含量外，谷蛋白、醇溶蛋白等组分及氨基酸组成也与营养、食味有关。一般认为蛋白质含量高会抑制淀粉粒吸水、膨胀及糊化，米饭口感变差，食味不佳。但其中又含有谷蛋白及多种人体必需的氨基酸，易消化吸收，营养价值较高。蛋白质含量一般是通过测定稻米的全氮含量（如凯氏法定氮），并乘以转换系数5.95即得。

5. 卫生品质　卫生品质主要是稻米中农药及重金属元素（如砷、镉、汞、铅）等有害成分的残留状况等。主要包括有毒化学农药、重金属离子、黄曲霉素、硝酸盐等有毒物质的残留量。它是稻米的首要品质指标，因为稻米作为食品首先必须是安全、卫生的。

优质稻谷标准

根据GB/T 17891—1999，将优质稻谷分为优质籼稻谷、优质粳稻谷、优质籼糯稻谷和优质粳糯稻谷4类。其中优质籼稻谷、优质粳稻谷又分别有一级、二级、三级3个等级，其中一级质量最好。其分级指标见表2-1-5所示。

表 2-1-5 优质稻谷分级指标

类别	等级	出糙率(%)≥	整精米率(%)≥	垩白粒率(%)≤	垩白度(%)≤	直链淀粉(干基)(%)	食味品质分≥	胶稠度(mm)≥	粒型(长宽比)≥	不完善粒(%)≤	异品种粒(%)≤	黄粒米率(%)≤	杂质(%)≤	水分(%)≤	色泽气味
籼稻谷	一	79.0	56.0	10	1.0	17.0~22.0	9	70	2.8	2.0	1.0	0.5	1.0	13.5	正常
	二	77.0	54.0	20	3.0	16.0~23.0	8	60	2.8	2.0	2.0	0.5	1.0	13.5	正常
	三	75.0	52.0	30	5.0	15.0~24.0	7	50	2.8	5.0	3.0	0.5	1.0	13.5	正常
粳稻谷	一	81.0	66.0	10	1.0	15.0~18.0		80		2.0	1.0	0.5	1.0	14.5	正常
	二	79.0	64.0	20	3.0	15.0~19.0	8	70		3.0	2.0	0.5	1.0	14.5	正常
	三	77.0	62.0	30	5.0	15.0~20.0	7	60		3.0	3.0	0.5	1.0	14.5	正常
籼糯稻谷		77.0	54.0			≤2.0	7	100		5.0	3.0	0.5	1.0	13.5	正常
粳糯稻谷		80.0	60.0			≤2.0	7	100		5.0	3.0	0.5	1.0	14.5	正常

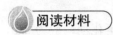

稻鸭共作技术

稻鸭共作是以水田为基础、优质稻种植为中心、家鸭野养为特点的自然生态和人为干预相结合的复合生态系统，是根据水稻中生育期的特点、病虫害发生规律和役用鸭的生理、生活习性以及稻田饲料生物的消长规律有机结合的一项农业环保型种养结合的技术体系。

该项技术是在秧苗栽插活棵后，将雏鸭全天放在稻田里，利用雏鸭旺盛的杂食性，吃掉稻田内的杂草和害虫，利用鸭在稻田中不间断地活动刺激水稻分蘖生长，并产生中耕浑水的效果，利用鸭粪作为高效有机肥，以达到节省养鸭饲料、提高鸭肉品质、减少和不用无机化肥和农药、降低生产成本、生产出有机安全优质大米的目的。

一、田块的选择和建设

按照有机生产对生态环境的要求，选择无污染、水资源丰富、地势平坦、成方连片的地块作为稻鸭共作区。稻区面积一般要求在 1500m² 以上。在田块建设上，为了使稻田能灌10cm 深的水，将田埂加高到 20~30cm，加宽成 60~80cm，以利于田块保水和鸭子休息。另在田块四周开挖宽 1~2m、深 1~1.2m 的环沟，田间挖几条交叉成"井"字形的田沟，沟宽 30~50cm、深 30cm 左右，以增加鸭的活动场所。

在稻田的一角为鸭子修建一个简易的栖息场所。一般每 0.3hm² 设一个区，搭好一个鸭舍。鸭舍面积按每平方米供 5 只成年鸭的规格建造。在鸭舍前留出鸭子活动的旱地作喂鸭场，供鸭活动和投喂饲料。

为了防御天敌的袭击和鸭子的逃散，可用 80~100cm 高的竹栅栏或塑网将田围住；有条件的地方，可在田埂上田周围建低压电网，既可防止鸭子外逃，又可防止野狗、黄鼠狼、野猫、蛇等袭击。

二、水稻品种选择

选择大穗型，株高适中，茎粗叶挺，株型挺拔，分蘖力强，抗稻瘟病、稻曲病，同时熟期适中，能避开二化螟、三化螟危害的高产优质品种。

三、役用鸭的选择

选择中小型个体（一般成年鸭每只重 1.25～1.5kg）、灵活、食量较小、露宿抗逆性强、适应性广、生命力强、田间活动时间长、嗜食野生植物的役用鸭，如江苏省选用役鸭 1 号、高邮鸭等。

四、育　　苗

以肥床旱育秧培育适龄壮苗（秧龄在 30d 左右、叶龄 4～5 叶）。鸭子孵化期一般为 28d，10～20d 龄的苗鸭最适于放入稻田，种蛋孵化期可根据栽秧日期和放鸭日期向前倒推35～40d。

五、田间管理技术

（一）养鸭技术

1. 放鸭的条件和时间　鸭的放养时间为水稻移栽（抛栽）返青活棵后进行，早稻栽后 12～15d，中、晚稻栽后 7～10d。一般水稻栽后 7～10d 出现第 1 次杂草萌发高峰，此时放鸭入田可达到较理想的除草效果。放鸭入田宜选择晴天 9 时至 10 时，此时气温比早晨高，而且还在升高，有利于鸭子适应环境气温的变化。在鸭子投放之前要进行驯水。鸭孵出后，选择晴天早驯水，可在水深 15～20cm 的水泥池中进行，驯水时间由短到长，直到鸭子能在水中活动自如，出水毛干。

2. 合理放养密度　一般以每公顷放养 180～225 只鸭为宜，并以 100～120 只为一群，既有利于避免过于群集而踩伤前期秧苗，又能分布到圈定范围稻田各个角落去寻找食物，达到较均匀地控制田间杂草和害虫的目的。

3. 增加辅助饲料　刚放养 10d 左右的雏鸭觅食能力差，每天需补一些易消化的饲料2～3 次，以便满足早期生长发育的需要。以后逐步减少喂养次数，转向以自由采食为主。在鸭棚放置浅底盛水容器和饲料容器若干个，每天早晚一边把水和碎米、菜等新鲜饲料放入容器，一边呼喊（或敲锣），驯化雏鸭汇集采食，培养鸭"招之即来"的生活习性。

（二）水稻管理技术

1. 适期移栽　当秧龄 30d 左右，叶龄 4～5 叶，苗高 20～30cm 时，即可整田移栽。

2. 合理密植　水稻的种植方式和密度既要有利于鸭子在稻间穿行活动时少伤害秧苗，又要兼顾水稻的产量。水稻栽插宜宽行窄株。常规稻每公顷栽插 150 万～180 万株基本苗，杂交稻、中晚稻每公顷栽插 120 万～150 万株基本苗。

3. 水分管理 栽秧后一直保持水层，中途一般不搁田，直到抽穗灌浆。在水稻收获前20d左右才排水搁田。稻田水层不宜太深，最好保持3～5cm的浅水层，这样有利于鸭脚踩泥搅浑田水，杂草容易被鸭连根拔起而吃掉，起到中耕松土，促进根、蘗生长的作用。随着鸭子的长大，水层可逐渐加深，但不应超过10cm。如要搁田可采用分片搁田的办法，既解决鸭在田内饮水和觅食的需要，又利于水稻高产。

4. 肥料施用 进行有机鸭生产时不能施用化肥，只能施用有机肥和生物肥料。基肥施用腐熟的有机肥，每公顷施腐熟粪肥7500kg或腐熟饼肥3000kg。追肥主要以鸭子排出的粪便及绿萍腐烂还田代替。

5. 病虫草害防治 稻田害虫主要靠鸭捕食防除，也可辅以高效生物农药进行防治。对三化螟造成的白穗危害，防治效果不理想，可采用频振式诱蛾灯进行诱杀螟蛾，从而减轻落卵量。

（三）鸭的捕捉和水稻的收获

水稻抽穗灌浆结实后，稻穗下垂，在稻丛间的鸭群就要喙食稻穗上的谷粒，而一旦开始喙食穗谷，鸭子就不再去寻找别的食物。这时，就要将群鸭从稻间赶到田边有一定深度的排水渠道，并用围网围住捕捉。

稻间放养60d左右的役用鸭，每只在1.2～1.5kg。其中公鸭可上市作肉鸭出售，母鸭可以圈养成产蛋鸭。

水稻抽穗灌浆结实后，将鸭子从稻田里赶出。齐穗后，待田间浑水淀清，就可排水搁田。搁田时，田面呈现大大小小的裂缝。当达到搁田要求时，收割机就可下田操作。全田有95％以上的谷粒黄熟时，就可收获。

水稻出叶和分蘗动态观察记载

（一）目的要求

通过定点观察，系统掌握水稻出叶和分蘗动态的观察记载方法，掌握水稻主要生育时期的标准和观察记载方法。了解水稻出叶速度、分蘗动态及叶蘗同伸规则。

（二）材料用具

水稻植株、标志杆、折（直）尺、号码章（或套圈）、铅笔、记载本等。

（三）方法步骤

本实训项目为全程系统观察项目，一般需利用课余时间进行。

1. 出叶动态观察 要求2人一组，从秧田开始定点5株，进行系统观察记载，用号码章（套圈）标记叶龄，并将结果填入表2-1-6中。

表2-1-6 水稻出叶动态观察记录

叶 序	1	2	3	......	
定型日期（月/日）					
株 高（cm）					
叶 长（cm）					
叶 宽（cm）					

2. 分蘖动态观察　与观察水稻出叶动态同时进行。要求记载一次分蘖的见蘖日期（分蘖叶露出叶枕达1cm的日期）、母茎叶龄等，如中途衰亡，则要注明衰亡日期（分蘖呈喇叭口状的日期）和亡蘖叶龄。每出一个一次分蘖，应扣上写明分蘖位次和日期的吊牌。将结果填入表2-1-7中。

表2-1-7　水稻分蘖动态观察记录

分蘖位次	1	2	3	……
见蘖日期				
主茎叶龄				
衰亡日期				
亡蘖叶龄				

3. 生育时期观察　在水稻生育过程中，对群体生育进程进行观察记载，并将结果填入表2-1-8中。

表2-1-8　水稻生育时期观察记录

生育时期	播种期	秧田分蘖期	移栽期	大田分蘖期	拔节期	抽穗期	收割期
（月/日）							

＊　除播种期、移栽期和收割期外，均以50%的稻株达到该期记载标准的日期为准。

（四）自查评价

对记载资料进行整理并分析。水稻收获后，根据记载资料进行整理、分析，形成记载小结。

生产实践

主动参与水稻育秧、秧苗移栽和田间管理等实践教学环节，掌握好水稻生产的关键技术。

信息搜集

通过阅读《作物杂志》《杂交水稻》《中国水稻科学》《××农业科技》《中国农业文摘》《中国农技推广》等科普杂志或专业杂志，或通过上网浏览与本项目相关的内容，或通过录像、课件等辅助学习手段来进一步加深对本项目内容的理解，也可参阅大学本科《作物栽培学》教材的相关内容，以提高理论水平。

练习与思考

1. 试分析水稻温光反应特性在生产上的应用。
2. 水稻为什么要特别强调培育壮秧？水稻壮秧标准有哪些？
3. 如何确定水稻适宜的播种期和播种量？
4. 试述水稻湿润育秧的关键技术。
5. 旱育秧苗床的标准有哪些？如何进行培肥？
6. 试述肥床旱育秧的播种程序。

7. 肥床旱育秧的苗床管理应抓好哪几项关键措施？

8. 试述水稻机插秧育苗技术。

9. 如何提高水稻手栽秧和机插秧的移栽质量？

10. 试述水稻分蘖期和拔节长穗期的生育特点和主攻目标，各有哪些工作任务？

11. 何谓穗肥？试述穗肥的作用及合理的施用方法。

12. 水稻搁田有什么作用？如何进行水稻搁田？

13. 从水稻产量构成因素形成的角度来分析，水稻高产栽培途径有哪些？

14. 环境条件与栽培措施对稻米品质有哪些影响？生产上如何调控？

总结与交流

1. 根据当地水稻分蘖期的苗情，讨论水稻分蘖期田间管理措施有哪些？

2. 以"水稻拔节孕穗期田间管理"为内容，撰写一篇技术指导意见。

3. 查阅近两年当地水稻生产上所进行的新品种推广情况，以及新技术试验、示范的资料，撰写水稻高产创建方面的报告。

项目二 小麦（大麦）栽培技术

📖 **学习目标**

明确发展小麦生产的意义；了解小麦的一生；了解小麦栽培的生物学基础、小麦产量的形成及其调控原理；掌握小麦播种技术、小麦田间管理和看苗诊断技术、小麦测产和收获技术。

模块一 基本知识

📖 **学习目标**

明确发展小麦生产的意义，了解小麦的一生，了解小麦栽培的生物学基础，了解小麦产量形成及其调控原理。

小麦为禾本科小麦属（*Triticum* L.），一年生或越年生草本植物。本属中有多个种。通常按染色体数分为 3 大系：二倍体的一粒系小麦（包括乌拉尔图小麦种、一粒小麦种）、四倍体的二粒系小麦（包括圆锥小麦种、硬粒小麦种、提莫菲维小麦种）和六倍体的普通小麦种等。世界上作为粮食栽培的小麦主要为普通小麦和硬粒小麦。一般所说的小麦主要指普通小麦。我国栽培的也主要是普通小麦。

小麦是世界上分布最广、种植面积最大、商品率最高的粮食作物，面积和总产量均占世界粮食作物的 1/3。全世界约有 1/3 以上的人口以小麦为主粮。小麦是我国的主要粮食作物，其总产量约占粮食总产量的 1/4，是北方人民的重要口粮。小麦籽粒中含有人类所必需的营养物质，其中糖类含量 60%～80%、蛋白质 8%～15%、脂肪 1.5%～2.0%、矿物质 1.5%～2.0% 以及各种维生素等。小麦是我国食品工业的重要原料，小麦粉能制出烘烤食品、蒸煮食品和各种方便食品，麦麸是优良的精饲料，麦秆是编织、造纸的好原料。

小麦是北方耕作制度中的主体作物，北部冬麦区和黄淮冬麦区冬小麦具有秋播、耐寒、高产、稳产的特点，能够利用冬季和早春自然资源，适合间套复种，是间作套种的主体作物，因而发展小麦生产有利于提高复种指数，提高土地利用率，增加单位土地面积产量。

一、小麦的一生

将小麦从种子萌发到新种子形成的全过程称为小麦的一生。从出苗到成熟的天数称为生育期。小麦生育期的长短，因品种、气候生态条件和播种早晚的不同而有很大差异。我国从南到北，小麦生育期从不足100d至300d以上。

（一）生育时期

出苗期：主茎第1片叶露出胚芽鞘2cm的日期。

三叶期：幼苗主茎第3片叶伸出2cm的日期。

分蘖期：幼苗第1个分蘖露出叶鞘1.5cm的日期。

越冬期：当日平均气温稳定在4℃以下，植株地上部基本停止生长的日期。

返青期：春季气温回升，植株恢复生长，主茎心叶新生部分露出叶鞘1cm的日期。

起身期：麦苗由匍匐状开始转为直立，春一叶叶鞘伸长，与冬前最后一叶叶耳距离达2cm，地下第一节间开始伸长的日期。

拔节期：植株茎部第一节间露出地面达到2cm的日期。

孕穗期（挑旗期）：旗叶展开，叶耳露出叶鞘的日期。

抽穗期：麦穗（不包括芒）由叶鞘中伸出1/2的日期。

开花期：麦穗中上部的内外颖张开，花药散粉的日期。

灌浆期（乳熟期）：麦穗中的籽粒长度达到最大长度80%，籽粒开始沉积淀粉（即灌浆）的日期，约在开花后10d。

田间记载，通常为全田50%的植株分别达到上述标准的日期。

（二）生长阶段

根据所形成器官的类型和生育特点的不同，将小麦一生划分为以下3大生育阶段（图2-2-1）。

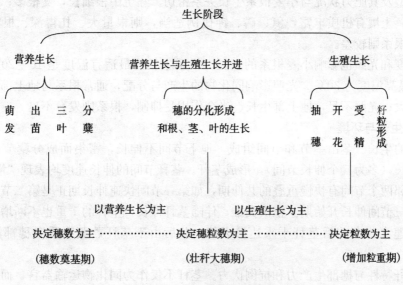

图2-2-1　小麦生长阶段

营养生长阶段：从出苗到起身期。该阶段以生根、长叶、长分蘖为主，营养器官全部分化完成，在后期小穗开始分化。是培育壮苗，为争取穗多、秆壮打基础的时期。

营养生长与生殖生长并进阶段：从起身至抽穗期。该阶段既有根、茎、叶的生长，又有麦穗分化发育，是搭好丰产架子、决定穗多穗大粒多的关键时期。

生殖生长阶段：从抽穗到成熟期。该阶段以籽粒形成、灌浆成熟为主。根、茎、叶逐渐停止生长，是决定结实率高低，争取粒多、粒重的重要时期。

3个阶段既有区别又有联系，前段是后段的基础，后段是前段的继续，各阶段有不同的生长中心和栽培的主攻目标。

二、小麦栽培的生物学基础

（一）营养器官生长与环境条件

1. 根系生长与环境　小麦为须根系，由初生根和次生根组成。初生根表现为"少、细、直、深、早"，即数量少（为3～7条）；直径细；在土壤中垂直分布；入土深（深者可达5m）；出生早，发挥功能早。而次生根则相反，表现为"多、粗、斜、浅、晚"，即数量多（每分蘖节可产生1～3条），根系密集；较初生根粗壮；在土壤中斜向分布；入土较浅（多集中在0～30cm土层中）；发生时间较晚（随分蘖的出现而发生），发挥功能也较晚。次生根是小麦的主要根系，发生在分蘖节上，其数量大、吸收能力强，对产量形成和防止倒伏有特别重要的作用。次生根数目与分蘖的多少有密切关系。小麦根系多数分布在0～40cm土层，其中0～20cm土层占70%～80%。

小麦根系的发生、生长需要一定的湿润条件。土壤干旱时，根量少，易早衰；水分过多，根系生长受抑。适宜根系生长的土壤含水量为田间持水量的70%～80%。

耕深影响根系发育，加深耕层有利于改善通气状况，促进根系发育，若结合增施有机肥和磷肥，促根效果更好。

土壤类型及其肥力状况与小麦根系生长关系密切。黏土中根细长，支根多；沙土中根粗短，支根少。土壤有机质丰富，氮、磷、钾比例适当，则根量大、扎得深、根粗壮、活力强；反之，根系则较差。

土壤温度和光照也影响小麦根系的生长。根系生长的最适宜温度是16～20℃，最低温度为2℃，最高温度为30℃。光照影响同化物的生产与分配，通常根系与地上部的比重随光照增强而增大；光照不足，地上部生长、光合作用受抑制，根系则发育不良。

2. 茎的生长与环境

（1）茎的生长。茎由茎节和节间组成。地下节间不伸长，密集而成分蘖节；地上4～6节，节间伸长（多为5个伸长节间），形成茎秆。茎秆节间的伸长速度均表现"慢—快—慢"的规律。相邻两个节间有快慢重叠的共伸期，如第一节间快速伸长期正是第二节间缓慢伸长期，也是第三节间伸长开始期。依次类推，伴随茎秆伸长，茎秆的干重也不断增加，通常在籽粒进入快速灌浆期前后茎秆干重达最大值，此后由于茎秆贮藏物质向穗部运转，干重下降。

（2）茎秆特性与穗部生产力和抗倒伏力。茎秆不仅作为同化物运输器官，而且作为同化物暂贮器官，对产量形成起重要作用。据观察，基部节间大维管束数与分化的小穗数呈显著正相关，穗下节间大维管束数与分化小穗数约为 1：1 的对应关系。

茎秆过高容易倒伏；过矮则因叶片距离近而通风不良，后期极易发生青枯或落黄不良，粒重降低。小麦株高以 70～80cm 为宜。小麦高产栽培要求茎秆健壮，基部第一、第二节间短，机械组织发达，秆壁厚，韧性强，抗倒伏，并能贮存和运输更多的养分，形成壮秆大穗。这些性状与品种特性、栽培环境都有密切关系。

建立合理的群体结构，改善株内行间的光照条件，改善有机营养状况，控制拔节期基部节间伸长，有利于小麦茎秆基部节间粗短，秆壁厚，机械组织发达，增加节间有机物质贮藏，有利于养分运转，有利于提高穗粒重和抗倒性。

（3）影响茎秆生长的条件。茎秆一般在 10℃ 以上开始伸长，12～16℃ 形成的茎秆较粗壮，高于 20℃ 茎伸长快，细弱易倒伏。光照充足，有利于节间粗壮，增强抗倒性。拔节期群体过大，田间郁闭，通风透光不良，常引起基部节间发育不良而倒伏。充足的水分和氮素促进节间伸长，磷素和钾素能促使茎壁加厚增粗。干旱条件下节间伸长受到抑制，高产麦田在拔节前控水蹲苗有利于防倒。因此，生产上应选用高产抗倒伏品种，适当控制群体密度，并采用合理的肥水运筹，促使茎的基部节间稳健伸长，形成壮秆大穗，增强植株的抗倒伏能力。

3. 叶的生长与环境

（1）叶的组成与功能。小麦叶由叶片、叶鞘、叶耳和叶舌组成。叶鞘可以加强茎秆强度，还可进行光合作用和贮藏养分。叶舌可以防止雨水与害虫侵入叶鞘。叶耳的颜色可作为鉴别品种的标志。叶片主要进行光合生产。每个叶片都要经历发生、伸长、定型与衰老的过程。从定型到衰老枯黄为功能期。在此期内叶片的光合功能旺盛，有较多的光合产物输出，功能期的长短因品种、叶位、气候以及栽培条件而有不同。

（2）叶片分组及其功能。小麦主茎叶片的多少因品种、播期及栽培条件的不同而不同。春性强则主茎叶少，受环境影响的变幅小。冬性强则主茎叶多，受环境影响的变幅大。我国北方冬小麦，冬前出叶数因播期不同差别很大，适期播种的一般 5～7 片；春生叶片数为 6～7 片（多为 6 片）。小麦主茎叶片是在植株生长发育过程中陆续发生的，其发生的时间、着生的位置及其作用功能均有所不同。一般分为近根叶组和茎生叶组两个功能叶组。

近根叶组着生于分蘖节不伸长的茎节上，是从出苗到起身期陆续长出的。叶片数的多少主要由品种的温光特性、播期早晚及栽培条件所决定。其功能期主要在拔节前，光合产物主要供应根、分蘖、中下部叶片的生长及早期幼穗发育的需要。一般到抽穗开花期已枯死，对籽粒生长不起直接作用。

茎生叶组除最下面的一片叶着生于未伸长的茎节外，其余均着生于伸长的茎节上。叶数 4～6 片，多为 5 片，其功能主要是供给茎、穗和籽粒生长所需的营养。旗叶和倒二叶是籽粒灌浆物质的重要制造者，特别是旗叶，光合效率高。

（3）影响叶片生长的环境因素。温度、光照尤其是肥水等环境条件对叶片大小有明显影响。土壤干旱时，植株吸水不足，叶片短小；水分充足时，叶片长得比较宽大。氮肥充足，可使叶片增大，功能期延长，叶色浓绿；氮肥不足，则叶片窄瘦，叶色淡黄。缺磷时，小麦叶片缩小，叶片常呈紫绿或暗绿色。因此，控制好肥水，特别是氮肥的供应，是调整叶片大小和叶色浓淡的主要手段。

小麦叶片大小、颜色深浅直接关系到其光合能力的强弱,对器官建成和产量形成有重大影响。生产上,人们常以叶片的长势、长相、叶色等作为科学制订栽培措施的依据。瘦小而色淡的叶片,光合效率低,不能为整体植株提供充足的有机营养物质,因而植株生长势弱,穗小粒少,产量低;如果叶片长得过于肥大,叶色浓绿,光合能力虽较强,但常因叶子本身消耗有机养分过多,相对造成其他器官营养不足,使其生长削弱。只有叶片比较宽大而不下披,叶色深绿而不过浓,群体叶面积指数适宜,才能既保持较高的光合效率,又能促进各器官协调生长。

(二)分蘖及其成穗与环境

1. 分蘖与环境

(1)分蘖规律。小麦地下部不伸长的节间、节、腋芽等紧缩在一起的节群称为分蘖节。由分蘖节上长出的分枝称为分蘖(图2-2-2)。分蘖节是生长分蘖的部位,也是贮藏养分的重要器官。冬小麦分蘖节的组织状况和入土深度,与麦苗安全越冬关系密切。分蘖节由下而上顺序逐一产生分蘖。主茎直接长出的分蘖称为一级分蘖,由一级分蘖产生的分蘖称为二级分蘖,依次类推。

小麦分蘖的产生与主茎生出叶数有一定的对应关系,即所谓同伸关系。其基本规律是:主茎伸出第3叶时,由胚芽鞘中长出分蘖,称为胚芽鞘分蘖。此蘖的发生与否和品种特性、播种深度、地力水平有关,一般大田生产条件下该分蘖很少发生。当主茎伸出第4叶时,在主茎第一叶腋中长出分蘖,称为第1个一级分蘖;主茎出现第5片叶时,第2片主茎叶腋中长出第2个一级分蘖;依次类推。当一级分蘖本身伸出第3片叶时,长出分蘖鞘分蘖,以此类推。

当一株麦苗主茎叶龄分别达到3、4、5、6、7、8时,该麦苗包含主茎在内的理论分蘖数(也称为总茎数,不含胚芽鞘分蘖)分别是1、2、3、5、8、13。即主茎3片叶时,只有1个主茎;当主茎4片叶时,第一叶腋中产生1个蘖,总茎数是2;依次类推。但实际生产中,小麦田间实际出蘖情况与理论分蘖并不一定完全吻合。

(2)影响分蘖发生的因素。小麦单株产生分蘖多少的能力称为分蘖力。分蘖力存在品种间的差异,并受种子质量和播种质量、栽培环境的影响。分蘖的最低温度为2~4℃;6~13℃下分蘖生长缓慢而较健壮;14℃以上分蘖生长加快,但健壮程度较差;18℃以上分蘖受抑。适宜于分蘖的土壤含水量为田间持水量的70%左右,水分过大或过小均不利于分蘖发生。基本苗少,幼苗健壮,分蘖力强。播种过深,使地中茎过长,分蘖节位相对较深,苗弱蘖少。分蘖期适宜的氮、磷营养,有利于分蘖发生。

2. 分蘖成穗与环境
分蘖开始后,随主茎叶片数的增加,分蘖不断增加,通常在主茎开始拔节前(起身期前后)全田总茎数(包括主茎和分蘖)达最大值。此后,分蘖开始两极分化,小分蘖逐渐衰亡,变为无效蘖;主茎和早生的低位大分蘖迅速生长发育成穗,成为有

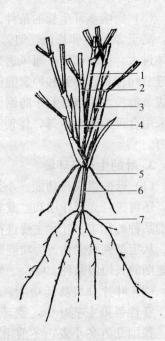

图2-2-2 小麦的分蘖植株
1. 主茎 2. 第三分蘖 3. 第二分蘖
4. 第一分蘖 5. 次生根
6. 根茎 7. 种子根
(南京农学院、江苏农学院,1979,
作物栽培学,南方本)

效蘖。分蘖衰亡表现出"迟到早退"的特点，即晚出现的分蘖先衰亡。拔节至孕穗期是无效蘖集中衰亡的时期。衰亡的分蘖，有的刚长一点新叶即停止伸长，迟迟不出，形成喇叭口状的空心蘖；有的则是心叶先枯黄，形成枯心苗状的缩心蘖。空心蘖和缩心蘖的出现，标志着分蘖的停止和两极分化的开始。

一般冬前发生的低位早蘖容易成穗，而冬前晚出分蘖和春生分蘖成穗率低。分蘖的受光状况对成穗率有很大影响，基本苗过多，群体过大，田间郁蔽，光照不足，常导致成穗率显著下降。提高分蘖成穗率的主要途径是适当降低基本苗数，培育壮苗，提高土壤供肥能力。

（三）生殖器官生长与环境条件

1. 麦穗发育与环境

（1）麦穗的构造。小麦穗属复穗状花序，包括穗轴和小穗两部分。穗轴由若干节片构成，其上着生小穗。小穗由小穗轴、2片护颖及数朵小花组成（图2-2-3）。每朵小花有内颖、外颖各1片，雄蕊3枚，雌蕊1枚，鳞片（浆片）2个。开花、授粉、受精后，由子房发育成籽粒。有芒品种，外颖顶端着生芒。护颖形状、色泽、芒的有无、长短、形状、芒色是鉴别品种的重要依据。

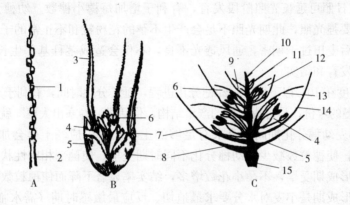

图 2-2-3 小麦穗的构造

A. 穗轴 B. 小穗 C. 各组成部分的位置

1. 节片 2. 穗下节间 3. 芒 4. 第二小花 5. 上位护颖 6. 第三小花 7. 第一小花 8. 下位护颖
9. 第五小花 10. 小穗轴 11. 第六小花 12. 第四小花 13. 内颖 14. 外颖 15. 穗轴节片

小穗与小花均有结实和不孕之分。不孕小穗多出现在麦穗基部和顶端。在结实小穗上出现的不孕小花一般是上位花。

（2）穗分化过程。小麦穗是由茎顶端生长锥分化形成的。其分化过程大致可分为生长锥伸长期、单棱期（穗轴分化期）、二棱期（小穗原基分化期）、护颖原基分化期、小花原基分化期、雌雄蕊原基分化期、药隔形成期和四分体形成期8个时期。

（3）穗分化时期与植株外部形态的关系。穗分化时期与春季主茎叶片生长关系比较密切，北方冬麦区通常用春生叶来判断穗分化的各个时期，其对应关系大致为：春生1叶出现与单棱期同步；春生2叶与二棱期对应；春生3叶与护颖原基、小花原基分化期对应；春生4叶与雌雄蕊原基分化期对应；春生5叶与药隔形成期对应；旗叶展开，与旗下叶叶耳距3～4cm时，进入四分体形成期。品种、播期、气象等条件不同的小麦在这一对应关系上存在一定差异。

（4）决定穗部器官的时期。单棱期至小花原基分化期决定每穗小穗数；小花原基分化期至四分体形成期决定小花数；药隔形成期到四分体形成期是防止小花退化、提高结实率的有效时段。

（5）小花的两极分化。一个小麦幼穗可分化出百朵小花，但结实的只有20～40朵。

当穗部发育最早的小花进入四分体期之后，1～2d凡能分化到四分体的各小花均集中发育到四分体期。此时全穗已停止分化新的小花。凡未发育到四分体的小花均停止在原有的分化状态，在4～5d先后退化萎蔫。因此，四分体期是小花两极分化的转折点。

已形成四分体或花粉粒的小花，也可能因不良的环境条件而影响花粉发育或受精，导致不能结实。同一小穗内晚形成的上位小花容易退化；穗基部和顶部小穗，特别是基部小穗容易成为不孕小穗（全部小花退化）。

（6）主茎穗与分蘖穗分化的差异。同一麦田里，主茎穗分化进程基本接近，而主茎与分蘖间穗分化进程有一定差异。主要表现为：分蘖穗分化开始较晚，历时较短，但分蘖穗分化速度较快，在穗分化前期、中期有分蘖赶主茎的趋势。同级分蘖之间相邻分蘖分化期一般相差一期。进入小花分化后，大田穗群分化趋于一致，正值拔节期。

（7）影响穗分化的环境因素。

① 日照。短日照可延长光照阶段发育，有利于增加每穗小穗数。幼穗分化进入四分体期前后，特别需要强光照，此期光照不足会产生不孕的花粉粒和不正常的子房，退化小花增多。小麦拔节以后麦田过于稠密，通风透光不良，不仅会造成茎秆基部生长细弱而易倒伏，也影响花粉粒的发育和结实。

② 温度。温度在10℃以下可延缓幼穗分化进程，延长分化时间，有利于形成大穗。因此，在春季气温回升慢的年份，易形成多粒的产量结构，俗话讲"春寒出大穗"就是这个道理。

③ 水分。小麦幼穗分化期间，要求有足够的土壤水分供应。干旱会加快穗分化速度，缩短穗分化时间，使穗粒数减少。幼穗分化不同时期受旱，使穗部相应性状变劣，特别是药隔形成至四分体形成期受旱，不孕小花数增多，结实率显著下降而使穗粒数减少。因此，药隔形成至四分体形成期是小麦对水分要求最迫切、反应最敏感时期（需水临界期），必须保证足够的水分供给。

④ 营养。氮素充足可增加小花分化数，药隔期施肥可减少退化小花数。但在高产条件下，过量增施氮肥，特别是拔节前施氮过多，常造成茎叶徒长，群体郁蔽，光照不足，从而降低小花结实率。

2. 抽穗开花、受精与环境 小麦穗部器官发育完成后，随着穗下节间的伸长，麦穗从旗叶鞘中伸出一半时，称为抽穗。抽穗后3～5d开花，在天气阴湿、温度低时延迟开花。以9～11时和15～17时开花最多。一株小麦的开花顺序，主茎穗先开，分蘖穗后开；就一个麦穗来说，中部小穗花先开，上部、基部的后开；一个小穗则是下位花先开，上位花后开。单穗开花持续3～5d，全田为6～7d。开花时，花粉粒落在柱头上，一般经1～2h即可发芽，并在24～36h完成受精过程。

开花期间是小麦植株新陈代谢最旺盛的阶段，需要大量的能量和营养物质。开花的最低温度为9～11℃，最适温度为18～20℃，最高温度30℃，最适宜开花的大气湿度为70%～80%。若温度过高，土壤干旱或有干热风时，会引起生理干旱，导致雌蕊柱头干枯而不受精；雨水过多，空气湿度过大，则引起花粉粒吸水膨胀破裂，或雌蕊柱头受雨冲击致伤，均会影响受精。

3. 籽粒发育与环境

（1）籽粒形成与成熟。开花、授粉、受精后，子房膨大，逐渐发育成籽粒。

小麦从开花受精到籽粒成熟，历时 30～40d，根据籽粒的变化可分为籽粒形成，籽粒灌浆和籽粒成熟 3 个过程：

① 籽粒形成过程。从受精坐脐至多半仁，历时 10～12d。该期籽粒长度增长最快，宽度和厚度增长缓慢；籽粒含水量急剧增加，含水率达 70％以上，干物质增加很少。籽粒外观由灰白逐渐转为灰绿，胚乳由清水状变为清乳状。此期末，籽粒长度达最大长度的 3/4（多半仁）。

② 籽粒灌浆过程。从多半仁开始，到蜡熟前结束，历经乳熟期和面团期 2 个时期。

A. 乳熟期。历时 12～18d，籽粒长度继续增长并达最大值，宽度和厚度也明显增加，并于开花后 20～24d 达最大值，此时籽粒体积最大（"顶满仓"）。此期水分绝对含量变化比较平稳，但相对含水量则由于干物质不断积累而下降（由 70％下降为 45％左右）。胚乳由清乳状最后成为乳状。籽粒外观由灰绿色变为鲜绿色，继而转为绿黄色，表面有光泽。

B. 面团期。历时约 3d，籽粒含水率下降到 40％～38％，干物重增加转慢，籽粒表面由绿黄色变为黄绿色，失去光泽，胚乳呈面筋状，体积开始缩减。此期是穗鲜重最大的时期。

③ 籽粒成熟过程：包括蜡熟期和完熟期 2 个时期。

A. 蜡熟期。历时 3～7d，籽粒含水率由 40％～38％急剧降至 22％～20％，籽粒由黄绿色变为黄色，胚乳由面筋状变为蜡质状。叶片大部或全部枯黄，穗下节间呈金黄色。蜡熟末期籽粒干重达最大值，为生理成熟期，是收获适期。

B. 完熟期。籽粒含水率继续下降到 20％以下，干物质停止积累，体积缩小，籽粒变硬，不能用指甲掐断，即为硬仁。此期时间很短，如果在此期收获，不仅容易断穗落粒，且由于呼吸消耗，籽粒干重下降。

（2）影响籽粒发育的环境因素。

① 温度。籽粒灌浆最适温度为 20～22℃。在适温范围内，随温度升高灌浆强度增大，高于 25℃时茎叶早衰，缩短灌浆持续时间，粒重低。华北地区小麦灌浆过程中常出现 30℃以上高温，使叶片过早死亡，中断灌浆，严重影响粒重。在灌浆期间白天温度适宜，昼夜温差大，有利于增加粒重。

② 光照。小麦籽粒产量主要来自开花后的光合产物。因此，抽穗开花后的光照度和光照时间与籽粒灌浆及产量的关系极为密切。光照不足影响光合作用，并阻碍光合产物向籽粒中转移，千粒重低。小麦灌浆期间多阴雨、光照弱是麦粒不饱满的原因之一。当群体过大时，中、下部叶片受光不足也影响粒重的提高。因此，应建立合理的群体结构，改善光照条件，增加粒重。

③ 水分。籽粒生长期适宜的土壤含水量为田间持水量的 70％左右，过多过少均影响根、叶功能，不利于灌浆。籽粒形成初期水分不足，影响茎叶中的养分向籽粒运输，引起籽粒败育；灌浆期间水分不足，特别是高温干旱，则上部叶片早衰，灌浆提早结束，降低粒重。在籽粒形成和灌浆前期保持较充足的水分供给，在灌浆后期维持土壤有效水分的下限，可加速茎叶贮藏物质向籽粒运转，促进正常落黄，有利于提高粒重。灌浆期间如果雨水过多，不能及时排水，根系活力及吸水能力下降；当雨后骤晴时常造成早衰逼熟，麦粒细小而减产。

④ 营养。后期氮素供给适量，有利于维持叶片光合功能。后期氮素不足影响灌浆，但供氮过多会过分加强叶片合成作用，抑制水解作用，影响有机养分向籽粒输送，造成贪青晚熟，降低粒重。磷、钾营养充足可促进物质转化，提高籽粒灌浆强度，所以后期根外喷施磷、钾肥有利于增加粒重。

三、小麦产量形成过程及其调控

(一)小麦产量构成因素

小麦的单位面积产量是由单位面积穗数、每穗粒数和粒重三个因素构成的,其乘积越大,产量越高。在产量相同的情况下,因采用品种及栽培技术的不同,产量构成三因素的结构也不相同。在一定范围内,产量随着单位面积穗数的增加而提高。穗数过多,每穗粒数减少,粒重下降,产量亦降低。因此,只有在三者相互协调的情况下,才能获得高产。建立合理的群体结构,合理解决群体发展与个体发育的矛盾,充分利用光能和地力,协调发展穗数、粒数、粒重,是达到高产的根本途径。

(二)小麦产量构成因素的形成过程

构成小麦产量的三因素是在小麦生育进程不同时期内形成决定的,有一定的顺序性。首先形成并起决定作用的是穗数,其次是穗粒数,最后是粒重。

1. 穗数的形成　单位面积穗数由主茎穗和分蘖穗组成,前者由基本苗长成,后者由分蘖长成。主茎穗与分蘖穗的比例因具体条件不同而有很大差别。要达到一定数量的穗数,首先要有一定的基本苗,同时又要促进分蘖正常发生并提高其成穗率。保证一定数量的基本苗,在足墒、整地质量和播种质量较高的条件下容易达到,反之则难以控制。分蘖发生及其成穗,与应用的品种、播期、种植密度和肥水条件有密切关系。

2. 穗粒数的形成　每穗结实粒数取决于每穗分化的小穗数、小花数和成花结实数。三者的形成贯穿于穗分化的全程,历时较长。穗分化时期影响到小花数量以及最终小花的成花数,而发育完全的成花能否结实,还要看开花后受精的结果,即穗粒数的形成到开花、受精、结实后才能决定。因此,凡是影响小麦穗分化发育及开花受精的外界因素如温度、光照、水分、养分等,都会对穗粒数多少起决定作用。生产上,一般可通过品种与栽培技术来加以调控,在增加总小花数的基础上,减少其退化。

3. 粒重的形成　小麦粒重是在开花受精后的籽粒形成与灌浆成熟两个过程中形成的,是营养物质在籽粒中积累的过程。虽时间较短,但对决定小麦产量高低非常关键。小麦籽粒的物质来源,一是来自抽穗前贮存在茎叶和叶鞘等器官中的营养物质,二是来自抽穗开花后的光合产物,前者约占粒重的20%,后者约占80%。小麦籽粒容积大小也是影响粒重高低的重要因素,除受品种遗传特性影响外,胚乳发育过程中良好的肥、水、温、光条件,可使灌浆物质充足,利于扩大籽粒的容积,提高千粒重。如灌浆期间温度过高,光照不足,土壤过干或过湿,或后期叶片氮素含量过多,碳氮比例失调,使糖类的合成与运转受到影响,则会使粒重降低。

(三)群体结构及其调节

1. 群体结构的内容及指标

(1)群体的大小。群体的大小是群体结构的主要内容,是分析群体结构、制订栽培措施、调节群体与个体关系的重要指标。群体大小主要包括以下几个方面:

① 单位面积基本苗数。单位面积基本苗数是群体发展的起点,也是调节合理群体结构的基础,随自然条件、生产水平、品种特性、播种期和栽培方式不同而有很大变化。

② 单位面积总茎数。反映了从分蘖到抽穗各阶段麦田群体变化情况,是生产中采取控制或促进措施的主要依据。冬小麦单位面积总茎数调查时,主要调查冬前总茎数和春季最大

总茎数，其中以冬前总茎数最为重要。据黄淮冬麦区高产单位经验，高产田冬前单位面积总茎数为计划穗数的 1.2～1.5 倍，一般大田为计划穗数的 1.8～2.0 倍。春季最大总茎数是在小麦起身后拔节前调查的数值，高产田要求为计划穗数的 2 倍为宜。

③ 单位面积穗数。单位面积穗数是群体发展的最终表现，它既反映抽穗后群体的大小，又是产量的构成因素。在生产中，穗数是根据地力水平和品种穗型大小决定的。在由低产向中产发展阶段，要求随着地力水平的提高，逐渐增加单位面积穗数；在由中产向高产发展阶段，要求在达到本品种适宜穗数的基础上提高穗粒重。中穗型品种每公顷 600 万～650 万穗；多穗型品种在 800 万穗左右；大穗型品种在 500 万穗左右。

④ 叶面积指数。叶面积指数于小麦挑旗期达到最大值。在高产栽培中，冬小麦适宜的叶面积指数动态为：冬前 1 左右，起身期 1.5～2.0，拔节期 3～4，挑旗期 5～6，灌浆期叶片不早衰，较长时间保持在 3～4。

（2）群体的分布。指组成群体的小麦植株在垂直和水平方向的分布。垂直分布主要指叶层分布或叶层结构，包括叶片大小、角度、层次分布和植株高度等。水平分布主要指小麦植株分布的均匀度和株行距的配置。

（3）群体的长相。群体的长相是群体结构的外观表现，包括叶片挺拔、叶色、生长整齐度、封垄早晚和程度。

群体的大小、分布、长相随着个体的生长发育而不断变化。在小麦生产中，从小麦生长前期，就应以合理的栽培措施调节群体，使各时期的指标都在适宜的范围内，以使群体合理发展，个体健壮发育，最终达到高产的目的。

2. 群体的自动调节 小麦群体具有较强的自动调节能力，不同数量基本苗的麦田，尽管群体发展的起点有很大不同，但是由于群体的自动调节作用，春季最大总茎数、穗数的差距逐渐缩小，产量也比较相近。群体的自动调节作用，能使小麦在生长条件变化较大的情况下，保证群体的相对稳定性，使群体结构由不合理变为比较合理，对生长更为有利。

小麦自动调节能力有一定的限度，如种植密度过小或过大，自身难以完全调节，最终都不能达到较合理的群体结构，造成穗数过多或过少，不能高产。因此，在生产中，不能单纯依赖小麦本身的自动调节能力，必须人为地通过密度、肥水、镇压等栽培措施，促进或控制群体发展，并利用其自动调节能力，建立合理的群体结构，以适应小麦生产的需要。

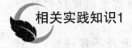

小麦田间出苗率和基本苗数调查

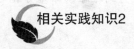

小麦出叶和分蘖动态观察记载

以上两项的具体操作见本项目【观察与实验】部分相关内容。

相关理论知识

小麦的阶段发育

　　小麦种子萌动以后，需要依次经过几个不同的质变阶段，才能完成其生活周期，产生新一代种子。这种不同阶段的质变过程，称为阶段发育。

　　小麦在通过每一个发育阶段时，都要求一定的温、光、肥、水等综合外界条件，但其中有一两个条件起主导作用，若这个条件不能满足小麦要求，则这个发育阶段就不能顺利进行或中途停止。目前了解比较清楚并和生产关系密切的有春化阶段和光照阶段。

　　1. 春化阶段　一定时间的低温是小麦通过春化阶段的主导因素。根据小麦通过春化阶段要求温度的高低和时间长短不同，可将小麦品种分为以下 3 种类型。

　　(1) 冬性品种。春化阶段的适宜温度为 0～3℃，经历 35d 以上。未经春化处理的种子春播表现为不抽穗。

　　(2) 弱（半）冬性品种。春化阶段适宜温度为 0～7℃，经历 15～35d。未经春化处理的种子春播表现为不抽穗、抽穗延迟或抽穗不齐。

　　(3) 春性品种。春化阶段的适宜温度为 5～20℃，经历 5～15d。未经春化处理的种子春播表现为正常抽穗。

　　2. 光照阶段　小麦通过春化阶段后，在适宜条件下进入光照阶段。小麦是长日照作物，光照阶段首先要求一定天数的长日照，其次要求比较高的温度。此阶段如果不满足长日照条件，有些品种就不能通过光照阶段，不能抽穗结实。根据小麦不同品种对光照长短的反应，可分为 3 种类型。

　　(1) 反应迟钝型。在每天 8～12h 日照条件下，经 16d 以上能正常抽穗。一般春性品种属此类型。

　　(2) 反应中等型。在每天 8h 日照条件不能抽穗，但在 12h 日照条件下，经 24d 可以抽穗。弱冬性品种属此类型。

　　(3) 反应敏感型。在每天 12h 以上日照条件下，经 30～40d 才能通过光照阶段而抽穗。冬性品种一般属此类型。

　　温度对光照阶段的进行也有较大的影响。据研究，4℃以下时光照阶段不能进行，15～20℃为最适温度。因此，有的冬小麦品种冬前可以完成春化阶段发育，但当时气温低于 4℃而不能进入光照阶段。小麦进入光照阶段后，新陈代谢作用明显加强，抗寒力降低，因此，上述特性可以防止冬小麦冬季遭受冻害。

　　小麦春化阶段，从生长锥伸长期至二棱期结束；光照阶段，一般认为到雌雄蕊原基分化期结束。

　　3. 阶段发育理论的实践意义

　　(1) 引种。小麦品种有很严格的地域性，如果南方引用北方品种，因南方温度高、日照时间短，而表现为春化和光照发育迟缓，常出现迟熟现象；南方品种北移，由于北方温度低、日照较长，一般表现发育早、冻害严重。因此，必须从纬度、海拔和气候条件比较接近的地区引种。

　　(2) 栽培。根据品种温光特性调节播期和播量。冬性品种春化阶段时间长、耐寒性较

强，可较半冬性品种适当早播。冬性品种的春化阶段较长、分蘖力强，基本苗应适当少些。

模块二 小麦播前准备

 学习目标

能够正确选择优良品种，掌握播种前种子处理、整地、施用底肥、造墒等技术。

播种质量的好坏不仅直接影响苗全和苗壮，而且影响小麦一生的生长发育。做好小麦播前准备工作是提高播种质量的关键。

工作任务1 选用优良品种

（一）具体要求
根据当地气候条件、生产条件等因素选用优良品种。

（二）操作步骤
1. 根据当地自然条件选用良种 不同地区育成的品种，一般对该地区的自然条件有较强的适应性，应尽量选用本地育成的品种。对距本地较远的育种单位育成的品种，一定要经过试验，确认适合本地种植后才能选用。盲目引进新品种，常因为对本地气候、生产条件不适应而造成减产。如北部冬麦区要选用抗寒性强的冬性品种，种植弱冬性品种在越冬期易发生冻害死苗。

2. 根据栽培条件选用良种 一般肥水条件好的高产田，要选用株矮抗倒、耐水耐肥、增产潜力大的品种；反之，肥水条件差的低产田，应选用耐旱耐瘠的品种。

3. 根据当地栽培制度选用良种 如小麦、玉米两茬种植，小麦品种应注意品种的早熟性；棉麦套种时，小麦品种除要求早熟外，还要求株矮、株型紧凑。

4. 根据不同加工食品的要求选用良种 根据加工食品对小麦品质的要求，选用相适应的优质专用品种。

（三）相关知识
小麦良种应具备高产、稳产、优质、抗性强、适应性好、熟期适宜等良好种性。一个小麦品种同时具备这些优点是很难的，在目前育种水平下甚至是不可能的，所以良种是相对的。选用良种，还要做到良种良法配套，才能充分发挥良种的增产潜力。

在品种搭配和布局上，一个县区、乡镇要通过试验、示范，根据生产条件的发展，选用表现最好、适于当地自然条件和栽培条件的高产稳产品种1～2个作为当家（主栽）品种，再选表现较好的1～2个作为搭配品种。此外，还应有接班品种。

（四）注意事项
新引进的品种一定要进行1～2年的小面积试种。

工作任务2 种子处理

（一）具体要求
通过选种、晒种等措施提高种子质量，以利苗全、苗壮；针对当地病虫害进行药剂拌种或种子包衣。

（二）操作步骤

1. 种子精选　机械筛选粒大饱满、整齐一致、无杂质的种子，以保证种子营养充足，达到苗齐、苗全、苗壮。由秕粒造成的弱苗难以通过管理转壮，晚播麦由于播种量大更应注意选种。

2. 晒种　晒种可促进种子后熟，提高生活力和发芽率，使出苗快而整齐。晒种一般在播前 5d 进行。注意不要在水泥地上晒种，以免烫伤种子。

3. 药剂拌种及种子包衣　为预防土传、种传病害及地下害虫，根据当地常发病虫害进行药剂拌种或用种衣剂包衣。

（三）注意事项

为准确计算播种量，播种前应做种子发芽试验，一般要求小麦种子的发芽率不低于 85%，发芽率过低的种子不能做种用。

要根据病虫发生对象，选用相应药剂；拌种或包衣的药剂不宜单一（只用杀虫剂或杀菌剂）。

 工作任务3　施用底肥

（一）具体要求

按照计划施肥量将底肥撒施均匀，结合耕翻使肥料混入耕层。

（二）操作步骤

（1）计算底肥中各种肥料用量。

（2）准备好需要施用的肥料。

（3）按照计划施肥量均匀撒施肥料。

（4）撒肥后随即进行耕翻。

（三）相关知识

1. 小麦需肥规律　小麦从土壤中吸收氮、磷、钾的数量，因各地自然条件、产量水平、品种及栽培技术的不同而有较大差异。随着产量水平的提高，小麦氮、磷、钾吸收总量相应增加。综合各地试验研究结果，每生产 100kg 籽粒，需要吸收氮（N）(3.1 ± 1.1)kg、磷（P_2O_5）(1.1 ± 0.3)kg、钾（K_2O）(3.2 ± 0.6)kg，大约比例为 2.8：1：3.0，但随着产量水平的提高，氮的相对吸收量减少，钾的相对吸收量增加，磷的相对吸收量基本稳定。

小麦不同生育时期对养分的吸收量不同。起身前麦苗较小，氮、磷、钾吸收量较少，起身后植株迅速生长，养分需求量也急剧增加，拔节至孕穗期达到一生的吸收高峰期。对氮、磷的吸收量在成熟期达到最大值，对钾的吸收在抽穗期达最大累积量，之后钾的吸收出现负值。

2. 小麦施肥技术　小麦施肥原则应是增施有机肥，合理搭配施用氮、磷、钾肥，适当补充微肥，并采用科学施肥方法。小麦的施肥技术包括施肥量、施肥时期和施肥方法 3 个构成因素。

小麦施肥量应根据产量指标、地力、肥料种类及栽培技术等综合确定。

$$施肥量（kg/hm^2）=\frac{计划产量所需养分量（kg/hm^2）-土壤当季供给养分量（kg/hm^2）}{肥料养分含量（\%）×肥料利用率（\%）}$$

计划产量所需养分量可根据 100kg 籽粒所需养分量来计算；土壤供肥状况一般以不施肥麦田产出小麦的养分量测知土壤提供的养分数量。在田间条件下，氮肥的当季利用率一般为 30%～50%，磷肥为 10%～20%，高者可达到 25%～30%，钾肥多为 40%～70%。有机肥的利用率因肥料种类和腐熟程度不同而差异很大，一般为 20%～25%。

一般有机肥及磷、钾化肥全部底施；氮素化肥 50% 左右底施，50% 左右视苗情于起身期或拔节期追施。缺锌、锰的地块，每公顷可分别施硫酸锌、硫酸锰 15kg 作底肥或 0.75kg 拌种。底肥施用应结合耕翻进行。

根据北方冬小麦高产单位的经验，在土壤肥力较好的情况下（0～20cm 土层土壤有机质 1%，全氮 0.08%，水解氮 50mg/kg，速效磷 20mg/kg，速效钾 80mg/kg），产量为每公顷 7500kg 的小麦，每公顷需施优质有机肥 45000kg 左右，标准氮肥（含氮 21%）750kg 左右，标准磷肥（含 P_2O_5 14%）600～750kg。缺钾地块应施用钾肥。

（四）注意事项

目前，复合肥料、复混肥料种类很多，其氮、磷、钾养分比例不一定符合小麦要求，须科学计算肥料施用量并做好肥料搭配。对于秸秆还田的地块要适当增加底氮肥的用量，以解决秸秆腐烂与小麦争夺氮肥的矛盾。翻耕前可在秸秆上喷撒催腐剂或微生物肥料，促进秸秆腐熟。

速效氮肥分段撒施，撒施一块耕翻一块，以减少养分损失。

 工作任务4　播前耕作整地

（一）具体要求

耕作整地质量应达到：耕层深厚，土壤细碎，耕透，耙透，地面平整，上虚下实，墒情良好。

（二）操作步骤

（1）根据当地农机条件准备好深翻犁、深松犁、旋耕犁、耙等。

（2）土壤墒情不好的提前 3～7d 浇水造墒，使土壤水分合适。

（3）深耕（或深松）。在宜耕期进行深耕（或深松），耕翻深度在 20cm 左右，耕翻后及时耙、耢整平；或深松 25cm 以上，然后旋耕 15cm 以上。

（4）旋耕。深耕（或深松）与旋耕要隔年交替进行，旋耕 2～3 年进行一次深耕（或深松）。

（5）随耕随检查，检查质量是否达到要求。

（三）相关知识

小麦对土壤的适应性较强，但耕作层深厚、结构良好、有机质丰富、养分充足、通气性保水性良好的土壤是小麦高产的基础。一般认为适宜的土壤条件为土壤容重在 1.2g/cm³ 左右、孔隙度在 50%～55%、有机质含量在 1.0% 以上、土壤 pH 6.8～7、土壤的氮、磷、钾营养元素丰富，且有效供肥能力强。

耕作整地是改善麦田土壤条件的基本措施之一。麦田的耕作整地一般包括深耕和播前整地两个环节。深耕可以加深耕作层，有利于小麦根系下扎，增加土壤通气性，提高蓄水、保肥能力，协调水、肥、气、热，提高土壤微生物活性，促进养分分解，保证小麦播后正常生长。在一般土壤上，耕地深度以 20～25cm 为宜。近年来，许多省份在积极推广小麦深松耕技术，可打破由于多年浅耕造成的坚实犁底层，为小麦生长创造良好的土壤条件。播前整地可起到平整地表、破除板结、匀墒保墒等作用，是保证播种质量，达到苗全、苗匀、苗齐、苗壮的基础。

麦田耕作整地的质量要求是深、细、透、平、实、足，即深耕深翻加深耕层、土壤细碎无明暗坷垃、耕透耙透不漏耕漏耙、地面平整、上虚下实、底墒充足，为小麦播种和出苗创造良好条件。

目前，许多地区小麦播前耕作多为玉米秸秆还田后旋耕作业，由于旋耕深度较浅、旋耕后不进行耙压，会造成耕层浅、秸秆掩埋不严、土壤过暄不踏实，会严重影响小麦播种质量。

（四）注意事项

由于各地耕作制度、降水情况及土壤特点的不同，整地方法也不一样，要做到因地制宜。玉米秸秆还田地块旋耕次数要达到 2 遍以上，深度达 15cm 以上，然后进行耙压使土壤踏实。

工作任务5　播前造墒

（一）具体要求

耕翻土壤时，要求土壤相对持水量符合生产要求（70％～80％）。

（二）操作步骤

（1）整地前约 1 周检测土壤墒情，收听天气预报。

（2）对墒情不足的土壤，采用合适的灌溉方式进行造墒。

（三）相关知识

底墒充足、表墒适宜，是小麦苗全、苗齐、苗壮的重要条件。墒情不足，播后不仅影响全苗，而且出苗不齐，产生二次出苗，形成大小苗现象。我国北方地区多数年份，入秋以后降水量减少，浇足底墒水，不仅能满足小麦发芽出苗和苗期生长对水分的需要，也可为小麦中期的生长奠定良好的基础。玉米成熟较晚的，提倡玉米收获前泃地，起到"一水两用"的作用，确保小麦适时适墒播种。

（四）注意事项

（1）秋雨较多、底墒充足时（壤土含水量 17％～18％、沙土 16％、黏土 20％），可不浇底墒水。

（2）对于抢墒播种的地块，可以在播后浇蒙头水或出苗水。

模块三　小麦播种技术

学习目标

确定小麦适宜的播种期，掌握小麦播种技术。

小麦适时播种，是培育壮苗的基础；而基本苗的多少，又是小麦群体发展的起点。因此，确定适宜的播种期、播种量和播种方式是夺取小麦高产的重要环节。

 工作任务1　确定播种期

（一）具体要求

根据当地自然条件、生产条件等综合因素科学合理地确定小麦播种期。

（二）操作步骤

综合考虑以下条件来确定小麦播种期。

1. 冬前积温　小麦冬前积温指从播种到冬前停止生长之日的积温。小麦从播种到出苗一般需要积温120℃左右，冬前主茎每长一片叶平均需要75℃积温，据此，可求出冬前不同苗龄的总积温。如冬前要求主茎长出5～6片叶，则需要冬前积温495～570℃，根据当地气象资料即可确定适宜播期。

2. 品种特性　一般冬性品种应适当早播，半冬性品种适当晚播。北方各麦区冬小麦的适宜播期为：冬性品种一般在日均温16～18℃时进行播种，弱冬性品种一般在14～16℃时进行播种。在此范围内，还要根据当地的气候、土壤肥力、地形等特点进行调整。

3. 栽培体系　精播栽培，主要依靠分蘖成穗，苗龄大，宜早播；独秆栽培，以主茎成穗为主，冬前主茎3～4片叶，宜晚播。

（三）相关知识

适时播种可以使小麦苗期处于最佳的温、光条件下，充分利用冬前的光热资源培育壮苗，形成健壮的大分蘖和发达的根系，群体适宜，个体健壮，有利于安全越冬，并为穗多穗大奠定基础。

播种过早、过晚对小麦生长均不利。播种过早，一是冬前温度高，常因冬前徒长而形成旺苗，植株体内积累营养物质少，抗寒力减弱，冬季易遭受冻害。尤其是半冬性品种，过早播种使其在冬前通过春化阶段，抗寒力降低而发生冬季冻害。此外，冬前旺长的麦苗，年后返青晚，生长弱，"麦无二旺"。二是易遭虫害而缺苗断垄，或发生病毒病、叶锈病。播种过晚，一是冬前苗弱，体内积累营养物质少，抗逆力差，易受冻害。二是春季发育晚，成熟迟，灌浆期易遭干热风危害，影响粒重。三是春季发育晚，若调控措施不当，会缩短穗分化时期，易形成小穗。

（四）注意事项

近年来，受全球气候变暖的影响，各地冬前有效积温有了很大的提高。因此，过去传统经验中的播种适期已不再适用，应根据科学试验结合生产经验科学确定。

 工作任务2　播种（机械条播）

（一）具体要求

播量准确，下子均匀，行距合理，深浅适宜，行直垄正，沟直底平，覆土严实，不漏播，不重播。

(二）操作步骤

1. 计算播种量 播种量计算公式：

$$每公顷播种量（kg）=\frac{每公顷计划基本苗数×种子千粒重（g）}{1000×1000×种子发芽率（\%）×田间出苗率（\%）}$$

田间出苗率因整地质量、播种质量的不同而有很大差异，一般腾茬地、整地及播种质量好的情况下，田间出苗率可达 85% 左右。秸秆还田地块、整地质量及播种质量差的地块，田间出苗率低。由于种子千粒重多在 35～50g，并且种子发芽率及田间出苗率差异很大，所以生产中的"斤子万苗"的说法不大科学。

2. 确定行距 高产麦田以 12～15cm 等行距为宜，以利于小麦植株在田间分布均匀，生长健壮。宽窄行播种方式适于套种其他作物。

3. 确定播种深度 覆土深浅对麦苗影响很大。覆土深，出苗晚，幼苗弱，分蘖发生晚；覆土过浅，种子易落干，影响全苗，分蘖节离地面太近，遇旱时影响根系发育，越冬期也易受冻。从防旱、防寒和培育壮苗两个方面考虑，播种深度宜掌握在 3～5cm。早播宜深，晚播宜浅；土质疏松宜深，紧实土壤宜浅。

4. 播种及质量检查 调整好播种机后，进行播种。播种过程中进行随机检查，确保播种质量。首先按计划播种量算出每米行长应落子粒数。然后随机取点，每点长 1m，用手铲顺垄向一侧扒开覆土，露出全部种子进行检查，记录样点内落粒数，并检测播种深度（自种子表面量到地表）。此外，还要检查播种地段是否行直垄正，是否露子，有无重播、漏播现象。

5. 播后镇压 小麦播后镇压可以踏实土壤，提高整地质量，使种子与土壤密接，以利于种子吸水萌发，提高出苗率，保证苗全苗壮，是小麦节水栽培的重要措施。玉米秸秆直接还田的地块土壤较暄，因此，播后镇压尤为重要。

(三）相关知识

1. 确定基本苗 基本苗的多少，是小麦群体发展的起点，对小麦整个生育过程中群体与个体的协调及产量结构的协调增长有重大影响。穗数是构成产量的基础，而基本苗又是成穗的基础。所以，因地制宜地确定适宜的基本苗数是合理密植的核心。

确定适宜的基本苗，主要考虑播种期早晚、品种特性、土壤肥力和水肥条件等因素。适期播种，单株分蘖和成穗数较多，基本苗可适当少些；随着播种期的推迟，单株分蘖和成穗数均减少，应适当增加基本苗数。分蘖力强、成穗率高的品种基本苗宜少，反之宜多。土壤肥力水平高、水肥条件好的麦田，单株分蘖及成穗较多，基本苗宜少；反之宜多。

小麦基本苗数的确定还与所采用的高产途径有关。常规高产栽培，播期适宜，主茎与分蘖成穗并重，基本苗一般掌握在每公顷 300 万株左右；精播栽培，以分蘖成穗为主夺高产，播期偏早，基本苗一般掌握在每公顷 150 万株左右；独秆栽培，以主茎成穗为主，播期晚，基本苗一般为每公顷 450 万～600 万株。

2. 选择播种方式 小麦生产中有条播、撒播等播种方式，应因地制宜选择应用。

（1）条播。条播是目前生产上应用最多的一种，又分窄行条播、宽窄行条播和宽幅条播。窄行条播大多采用机播，少量采用耧播，行距 13～23cm，高产田行距宜小。此方式单株营养面积均匀，植株生长健壮整齐。宽窄行条播由 1 个宽行、1～3 个窄行相配置，宽行 25～30cm，窄行 10～20cm。此方式田间通风透光条件好，常在麦田套种时采用。宽幅条播，一般幅宽 10～15cm，幅距 25～35cm。

（2）撒播。主要在长江中下游稻麦两熟和三熟地区采用。将麦种撒匀即可。可按时播种，节省用工，苗期个体分布均匀，但后期通风透光差，麦田管理不便。此方式对整地、播种质量要求较高，播种要均匀，覆土一致。这种方式生产应用逐渐减少。

（四）注意事项

小麦播种时，随机人员要注意机器运转和排种情况，发现异常现象应立即停机检查调整；发现漏播要及时做好标记，以便及时补播。根据地形、土壤踏实情况及时调节播种深度，以免露籽或播种过深。

对于土壤水分不足以及秸秆还田土壤较暄的地块，可以在播后3～4d浇蒙头水或出苗后3～4d浇出苗水，以踏实土壤、补充土壤水分，保证出苗整齐及苗期正常生长。

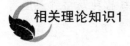相关理论知识1

小麦种子结构

小麦种子是由子房发育而成，在植物学上属于颖果。由于果皮很薄，与种皮连在一起不易分开，在生产上通常称为种子。小麦种子由胚、胚乳和皮层3部分组成。粒形有卵圆、圆筒、梭形、近圆和椭圆等，粒色有红、黄、白之分。种子大小通常用千粒重表示。麦粒顶端有冠毛，腹面有腹沟，种子背面基部为胚（图2-2-4）。

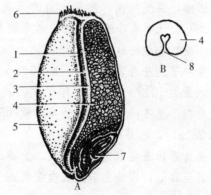

图2-2-4　小麦种子的构造
A. 种子的形态和主要组成部分　B. 种子的横断面
1. 果皮　2. 种皮　3. 糊粉细胞　4. 胚乳细胞
5. 颊的一侧　6. 冠毛　7. 胚　8. 腹沟
（南京农学院、江苏农学院，1979，
作物栽培学，南方本）

1. 皮层　是一种保护组织，由子房壁发育的果皮和由内珠被发育的种皮组成。其质量占种子重的5％～8％。主要成分为纤维素。粒色有红、黄白、金黄等色。一般长江中下游地区以红粒小麦居多，黄淮平原麦区以白粒小麦居多。一般白皮将粒出粉率高，休眠期短；红皮的出粉率低，休眠期长。

2. 胚乳　占种子质量的90％～93％，外层为细胞排列整齐的糊粉层，内层为薄壁胚乳细胞组成的淀粉层，主要含淀粉粒和蛋白质。胚乳因贮积蛋白质与淀粉的份额不同，而分为角质胚乳、粉质胚乳和半角质胚乳3种。角质胚乳含蛋白质较多，籽粒透明质硬，面筋含量较高，品质好；粉质胚乳含淀粉较多，籽粒不透明、质软，面筋较少，品质较差；半角质胚乳居两者之间。胚乳为种子发芽、出苗和幼苗初期生长供应养分。

3. 胚　是一个高度分化的幼小植株的雏体。由胚根、胚轴、胚芽、外胚叶和盾片组成，仅占种子质量的2％～3％。胚中含有大量的高能物质和矿物质，营养价值最高，最富有生命力。无胚或胚已丧失生活力的种子无种用价值。

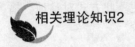

种子发芽出苗与环境条件

1. 种子发芽、出苗 通过休眠期的有活力的种子,播种后,在适宜的水分、温度和氧气条件下,经过吸水膨胀、物质转化过程,胚根鞘与胚芽鞘相继突破种皮而萌发。当胚芽达种子长度的一半,胚根约与种子等长时,称为发芽;第一片绿叶露出地面 2cm 时,称为出苗。

在第二片绿叶生长的同时,上胚轴伸长为地中茎(根茎),其长短与品种及播种深度有密切关系。播种深,地中茎长;播种浅,则地中茎短或无地中茎。地中茎过长,消耗营养过多,幼苗瘦弱。

2. 影响种子发芽出苗的环境因素 影响小麦发芽出苗的因素,除种子的生活力外,主要有温度、水分、氧气、整地质量和播种深度。

小麦种子发芽的最低、最适、最高温度分别为 1～2℃、15～20℃、35～40℃。在适宜温度范围内,温度越高,发芽出苗的天数越少。正常情况下,播种至出苗需 0℃以上积温 100～120℃。北方冬小麦播种后,若冬前积温<80℃则当年不出土,俗称"土里捂"。适期播种的小麦,一般播后 6～8d 出苗。

小麦种子发芽需吸收种子干重 35％～40％的水分。种子萌发出苗的最适土壤含水量为田间持水量的 70％～80％。土壤干旱,种子不能吸足水分,则不能发芽或推迟出苗、出苗率低且出苗不整齐;土壤水分过多,氧气不足,不利于发芽,甚至烂种。另外,土壤含盐量高于 0.25％时,出苗率会显著降低。

小麦发芽出苗要求充足的氧气。土壤湿度过大、板结和播种过深时,种子因缺氧而不能萌动,甚至霉烂,即使出苗生长也瘦弱。

冬小麦精播高产栽培播种技术要点

小麦精播高产栽培技术是在地力较高,土、肥、水条件较好的基础上,通过减少基本苗,依靠分蘖成穗等综合技术,较好地处理群体与个体的矛盾,建立合理的群体结构,促使个体生长健壮,提高分蘖成穗率,单株成穗多,保证穗大、粒多、粒饱,是实现小麦高产、高效、生态的一条途径。适宜的群体结构:每公顷基本苗 120 万～180 万株,冬前总茎数 750 万～900 万株,春季最高总茎数 900 万～1050 万株,不超过 1200 万株,成穗 600 万株左右。叶面积系数冬前为 1 左右,起身期为 2,拔节期为 3～4,挑旗期为 6～7,开花至灌浆期为 4～5。播种技术要点:

1. 耕作整地 精播高产栽培必须以较高的土壤地力和土、肥、水条件为基础。施足底肥，以有机肥为主，化肥为辅。根据土壤养分状况进行配方施肥，使养分搭配合理；加深耕作层，提高整地质量，足墒下种。

2. 选用良种，精选种子 选用分蘖力强，成穗率高，单株生产力高，抗逆性强，落黄性好的品种。精选种子，选饱满大粒、发芽力强的种子做种用。

3. 适期早播，精量匀播 适期早播，播种至越冬 0℃ 以上积温 600～700℃。应用精播机播种，按每公顷基本苗 120 万～180 万株计算播种量，做到播量均匀、播深一致。

旱地冬小麦高产栽培播种技术要点

旱地冬小麦的主要特点是旱（缺水）、薄（地薄缺肥）、晚（晚种）、粗（耕作粗放）、苗弱、穗少、增产难。其播种技术要点如下：

1. 科学耕作，蓄墒保墒 尽量在小麦前茬作物收获后进行深耕，增强土壤蓄水能力。播期干旱、土壤黏重时，以浅耕为好。可以在前茬收获后，早灭茬、浅耕、随耕随耙，耙透、耙细、耢平，以保墒防旱。深耕可安排在冬闲时进行。还要适时划锄、镇压。

旱地实行二年三作，这样可有效地增加土壤蓄水量，减少消耗，用养结合，利于提高产量和经济效益。

2. 增施肥料，配方施肥 增施肥料是旱薄地增产的关键。在增施有机肥的同时，补充化肥和磷肥。采取"以无机换有机"和"窝里放炮"的办法，连续 2～3 年施用标准氮、磷肥各 450～600kg/hm²，作基肥一次施入，增加秸秆、根茬等有机物，提高肥力。氮、磷配合，氮、磷比调到 1∶1，即 150～160kg/hm² 纯氮、纯磷，结合有机肥作基肥施用，也可留少量集中沟施，促根促壮苗，达到抗旱抗灾的目的。

3. 选用良种，适时播种 旱薄地播种适当提前，充分发挥冬前积温的作用，培育壮苗，增加分蘖，提高成穗率，增加穗数，播量 150～200kg/hm²，基本苗 180 万～270 万株/hm²，穗数 370 万～600 万株/hm²，冬前分蘖 750 万～1000 万株/hm²，春季分蘖略有增加。

4. 采用合理的播种方式，加强管理 旱薄地小麦宜采用沟播方式，以利于挡风、防积雪、防冻、防旱和集中施肥，提高肥效，促使小麦苗全、苗齐，冻害轻，返青早，根蘖多，穗数够，增产显著。一般是开 10cm 深、宽 40cm 的沟。开沟后在沟内集中施肥，整平沟底，按 17cm 行距种上两行小麦，顺垄镇压保墒。冬春两季注意保温，可适当在冬季浇肥，以增墒增肥。

晚茬冬小麦高产栽培播种技术要点

晚茬麦一般播种出苗晚、苗小、蘖少、根弱、吸收能力差、穗数少。

1. 精耕细作，施足基肥，足墒下种 晚茬麦一般冬前不进行肥水管理，所以整地、施肥、足墒就显得格外重要。施优质土杂肥 30000～60000kg/hm²，标准氮肥和过磷酸钙各 450～600kg/hm²。进行精细耕翻整地，保证土壤含水量在适宜范围，以促进小麦早出苗，要争取早耕、早播，适当浅播（3～4cm），提高播种质量，一次全苗。

2. 适当增加播量 适当增加播量，以弥补分蘖不足。

拓展知识4

盐碱地冬小麦高产栽培播种技术要点

盐碱地具有"碱、寒、湿、板、薄"五大特点，小麦表现为难全苗、易死苗、生长弱、产量低。

1. 增肥围堰平地，改土蓄淡压碱 耕前增施有机肥，配合化肥，可改良土壤，控制返盐。追肥在冬前或早春进行。旱地还可以在耕前田间筑埂建畦，积雨保水，渗水洗盐压碱。有条件的可浇水压碱，保证出苗。

2. 选用良种，适期早播 选用有较强耐盐碱能力的品种，盐碱地小麦可比一般麦田早播 7d 左右，播量比一般麦田多 10%～15%。要注意药剂拌种防治害虫，以保全苗。

模块四　小麦田间管理技术

学习目标

了解小麦各生育阶段的生育特点；掌握前期、中期、后期的田间管理措施；能正确诊断小麦苗情。

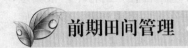

前期田间管理

工作任务1　查苗补种

（一）具体要求
检查有无缺苗现象，如有缺苗则要采取措施进行补种，以确保全苗。

（二）操作步骤
麦苗出土后，要及时查苗，发现缺苗应立即用浸泡过的种子补种。对播后遇雨板结的麦田，应及时耙地，破除板结，以利于出苗。

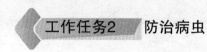

工作任务2 防治病虫

（一）具体要求

较早播种的麦田，灰飞虱、土蝗、蚜虫等虫害常发生较重，除危害麦苗生长以外，还易引起病毒病的发生，应及时防治。

（二）操作步骤

见《植物保护》教材相关内容。

工作任务3 酌情浇水

（一）具体要求

根据墒情，出苗后浇水。

（二）操作步骤

对抢墒播种的麦田或秸秆还田耕地浅、整地质量差，且播后未镇压的麦田，在未浇蒙头水的情况下，出苗后应及时浇水，以踏实土壤、补充土壤水分，保证苗期正常生长。浇水后要及时中耕松土，防止土壤板结。

工作任务4 冬灌

（一）具体要求

根据麦田墒情，进行冬季灌水。

（二）操作步骤

冬灌以"夜冻昼消"时进行最为适宜，大面积生产上要提早进行，一般以日均温7～8℃时开始。浇水过晚，地面积水结冰，使麦苗窒息造成死苗，还会由于土壤表层水分饱和，因冻融而产生的挤压力使分蘖节受伤害，甚至把麦苗掀起断根，形成"凌抬"死苗。浇水过早，失墒较多，易受旱冻危害。浇水量一般每公顷600～750m³，浇水后应及时锄划。越冬前土壤含水量为田间持水量的80%以上，或底墒充足的晚麦田，可不冬灌，但要注意保墒。

（三）相关知识

适时冬灌可以缓和地温的剧烈变化，防止冻害；为返青保蓄水分，做到冬水春用；可以踏实土壤，粉碎坷垃，防止冷风吹根；可以消灭地下害虫。总之，冬灌是冬小麦在越冬期和早春防冻、防旱的关键措施，对安全越冬、稳产增产有重要作用。

（四）注意事项

对于因基肥不足而苗弱的麦田，可以结合冬灌追施少量化肥。这次追肥实际上是冬施春用，比返青追肥效果好，因为返青浇水容易降低地温，影响小麦生长。

工作任务5　酌施返青肥水

(一) 具体要求

根据小麦苗情诊断结果，酌情施好返青肥水。

(二) 操作步骤

在冬前肥水充足的情况下，返青期不追肥、不浇水。但对于失墒重，水分成为影响返青正常生长的主要因素的麦田，应浇返青水，俗称为"救命水"。但不可过早，宜在新根长出时浇水。浇水量不宜过大，以每公顷 600m³ 左右为宜。越冬前有脱肥症状的，可以结合浇返青水少量追肥。浇水后要适时锄划，增温保墒，促苗早发。

工作任务6　镇压

(一) 具体要求

根据小麦田间长势情况进行镇压。

(二) 操作步骤

1. 苗期压麦　在表土较干或播种后镇压不实的情况下，于三叶期或分蘖期进行镇压，可增加土壤紧实度，促进毛管水上升，有提墒、促根、增蘖和壮苗的作用。但在土壤过湿、盐碱以及弱苗的情况下，不宜镇压，以免造成土壤板结、返碱，不利于麦苗生长。

2. 冬季压麦　北方麦区在土壤上冻后，选择晴天下午进行压麦，可压碎坷垃、弥合裂缝、保墒、保苗安全越冬。注意不要在早晨霜冻时压麦，以免伤苗过重。

工作任务7　化学除草

(一) 具体要求

喷洒除草剂，及时防除麦田杂草。

(二) 操作步骤

化学除草是麦田除草经济有效的措施。冬小麦田一般年份有冬前和春后 2 个出草高峰期，以冬前为主，冬前杂草发生量占总草量的 80% 左右。麦田化学除草应以冬前为主、春季为辅。

在小麦 3～5 叶期、杂草 2～4 片期、气温 5℃ 以上时，是冬前化学除草的关键时期，杂草处于幼苗期，耐药性差，防除效果好。无论冬前或春季，宜在土壤湿润、晴天 9～16 时用药，此时气温高、光照足，可增强杂草吸收药剂的能力。用水量要足，冬前每公顷用水量 450～600kg，春季每公顷用水量 600～750kg。春季杂草草龄较大，要适当增加用药量。

(三) 注意事项

小麦拔节后严禁用药，以免产生药害。目前，麦田除草剂的种类很多，各地可根据当地麦田杂草优势种类和杂草群落，选用相应的除草剂。

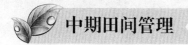

中期田间管理

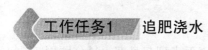

工作任务1　追肥浇水

(一) 具体要求

根据苗情适时实施起身拔节肥水，保证孕穗期水分供应。

(二) 操作步骤

1. 起身期追肥浇水　对于群体较小、苗弱的麦田，要在起身初期施肥、浇水，以促进春季分蘖增加，提高成穗率；对于一般麦田在起身中期施肥、浇水；对旺苗、群体过大的麦田，应控制肥水，促进分蘖两极分化，防止过早封垄发生倒伏。

2. 拔节期追肥浇水　对于地力水平和墒情较好、群体适宜的壮苗，春季第1次肥水应在拔节期施用；对旺苗需推迟拔节水肥的时间；起身期已追肥浇水的麦田，在拔节期控制肥水。拔节期肥水的时间，应掌握瘦地、弱苗宜早，肥地、壮苗和旺苗宜晚的原则。

3. 孕穗期追肥浇水　小麦孕穗期是四分体形成、小花集中退化时期，为需水临界期，缺水会加重小花退化、减少穗粒数，影响千粒重。良好的水肥条件，能促进花粉粒的正常发育，提高结实率，增加穗粒数，还有利于延长上部绿色部分功能期，促进籽粒灌浆。因此，孕穗期必须保证水分的供应。此期一般不再追肥，如叶色较淡，有缺肥表现，可补施少量氮肥。

(三) 相关知识

1. 起身期肥水的作用

(1) 延缓分蘖两极分化，促大蘖成穗，提高成穗率，增加单位面积穗数。

(2) 能促进小花分化，减少不孕小穗，有利于争取穗大粒多。

(3) 能促进中部茎生叶面积增大，利于增加中后期光合产物，提高粒重。但起身肥水同时可促进茎基部一、二节间伸长，在群体较大时引起倒伏；也可能造成叶面积过大而郁蔽。

因此，起身期肥水对群体小的麦田弊少利多，对群体适中的利弊皆有，对群体大的有弊无利。

2. 拔节期肥水的作用

(1) 减少不孕小穗和不孕小花数，有效提高穗粒数。

(2) 促进中等蘖赶上大蘖，提高成穗整齐度。

(3) 促进旗叶增大，延长叶片功能期，提高生育后期光合作用和根系活力，延缓衰老，增加开花后干物质积累，提高粒重。

(4) 促进中上部节间伸长，有利于形成合理株型和大穗。

(四) 注意事项

施肥量不可过大，以免造成小麦贪青晚熟。施肥时宜在麦叶无露水时进行。

工作任务2　控制旺苗

（一）具体要求

采取不同的措施，对旺苗进行控制。

（二）操作步骤

1. 化学控制　选用壮丰安、多效唑等化控产品，在小麦返青到起身期，每公顷用15％多效唑可湿性粉剂750g或壮丰安（即20％甲多微乳剂）450～600ml，对水375～600kg稀释后喷洒。要求在无风或微风天气喷施。在小麦拔节中后期不宜使用，以免形成药害和影响抽穗。

2. 镇压　在分蘖高峰过后，节间未拔出地面时进行压麦，可使主茎和大分蘖生长受到暂时抑制，基部节间粗壮、缩短，株高降低，还可加速分蘖两极分化，成穗整齐，有明显的抗倒增产效果。

（三）相关知识

旺长麦田群体偏大，通风透光不良，麦苗个体素质差，秆高茎弱，根冠失衡，抵抗能力下降，尤其是抗倒伏能力降低，后期遇风雨天气易倒伏减产。控制小麦旺长的传统措施主要是镇压、深中耕断根、限制肥水等方法，但耗时费工，控制期短。使用植物生长延缓剂进行化控是目前最常用的较为经济有效的手段，可调节小麦茎叶生长，使小麦基部节间缩短、粗壮，防止后期"茎倒"和后期根系早衰，提高小麦抗旱、抗寒、抗风的能力。

工作任务3　防治病虫

（一）具体要求

及时防治白粉病、纹枯病、蚜虫、吸浆虫等病虫害。

（二）操作步骤

小麦返青至拔节前，重点防治小麦纹枯病；孕穗至扬花期，重点防治小麦吸浆虫、麦蚜、小麦白粉病，监控赤霉病的发生。

详见《植物保护》教材相关内容。

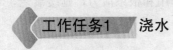**后期田间管理**

工作任务1　浇水

（一）具体要求

对土壤干旱的麦田补充水分。

（二）操作步骤

小麦开花期间是体内新陈代谢最旺盛的时期，日耗水量最多，对缺水反应敏感。开花后的籽粒形成期对水分要求较多，缺水会导致籽粒退化。此期土壤含水量应保持在田间持水量的 75％左右。因此，土壤干旱时应浇一次抽穗扬花水。小麦进入灌浆以后，适时浇好灌浆水，有利于防止根系衰老，达到以水养根、以根保叶、以叶促粒的目的。后期浇水应注意天气变化，防止浇后遇风雨倒伏。

（三）注意事项

遇风要停止浇水，以防小麦倒伏。

工作任务2　　根外追肥

（一）具体要求

通过根外追肥措施补充小麦后期生长所需的营养。

（二）操作步骤

小麦后期还需要一定数量的氮素和少量的磷素营养。对有脱肥现象的麦田，可于抽穗开花期喷施 1％～2％的尿素溶液或 2％～3％的过磷酸钙浸出液，有贪青晚熟趋势的麦田，可喷施 0.2％的磷酸二氢钾溶液，以加速养分向籽粒中运转，提高灌浆速度。

工作任务3　　防治病虫

（一）具体要求

赤霉病、白粉病、锈病、蚜虫、黏虫、吸浆虫等，是小麦后期常发生的病虫害，对于粒重和品质影响很大，应及时防治。

（二）操作步骤

见《植物保护》教材相关内容。

 相关理论知识

提高小麦粒重的途径

1. 增加籽粒干物质的来源　籽粒干物质来源有两方面：一是抽穗前在茎、叶鞘中的贮藏物质，约占 1/4。二是抽穗后绿色部分所形成的光合产物，约占 3/4。其中，上部叶片起重要作用，尤其是旗叶，其光合产物约占籽粒干物质重的 1/3。因此，在后期应保持一定绿叶面积，防止青枯早衰，延长其功能期。

2. 扩大籽粒容积　粒重高低与籽粒容积的大小密切相关。籽粒形成期水分供应充足，可促进胚乳发育，扩大籽粒容积。

3. 延长灌浆时间，提高灌浆强度　灌浆时间和灌浆强度是直接影响干物质积累的关键，除品种特性外，受灌浆过程环境条件的影响。充足的光照条件，昼夜温差较大，日均温较低，则灌浆时间长，粒重较高。后期浇灌浆水及叶面喷磷、钾肥等措施，均有增加粒重的效果。

小麦看苗诊断技术

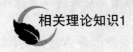 **工作任务　小麦看苗诊断**

（一）具体要求

掌握小麦越冬期、起身期看苗诊断方法，学会分析苗情并提出相应的田间管理措施。

（二）操作步骤

（1）准备米尺、手铲等。

（2）在小麦越冬期和起身期分别进行调查。

（3）调查单位面积茎数。每块地依对角线取有代表性的 5 个样点，查数样点内总茎数，换算成单位面积茎数。

（4）进行个体调查。在所定样点外挖取有代表性的麦苗 10 株，进行以下项目考查：

① 苗高。从地面量至最长叶尖，单位为 cm。

② 主茎叶片数。包括展开叶和心叶。

③ 单株茎蘖数。含主茎在内的露出叶鞘 1cm 以上的所有分蘖数。

④ 单株次生根数。长 1cm 以上的次生根数。

⑤ 单株叶面积。单株全部绿色叶片的总面积，单位为 cm^2。可用叶面积测定仪测得，或用叶长和叶宽的乘积除以系数 1.2 求得。叶长自叶片基量至叶尖端，叶宽量叶片中部的宽度。根据单株叶面积和单位面积基本苗数，可计算出叶面积系数，作为衡量群体大小的指标。

⑥ 春生 1、2、3 叶的长和宽。起身期苗情调查时须调查此项。

（5）设计一张表格，将调查结果进行汇总。

（三）相关知识

高产麦田冬前的壮苗标准是：根系、叶片和早期分蘖应按期出生，低位蘖不缺位。常规栽培下（每公顷基本苗 300 万株左右），冬前主茎长出 5～6 片叶，单株分蘖 3～5 个，次生根 5～8 条，根洁白粗壮，叶色深绿。冬前每公顷总茎数为 1050 万～1350 万株，叶面积系数 1.0 左右。

起身期每公顷总茎数为 1350 万～1650 万株，叶面积系数 2 左右。

（四）注意事项

（1）调查时布点要随机且有代表性，计数要准确，尽量减少误差。

（2）能用所学的相关知识分析调查麦田的苗情及其成因，提出相应管理意见。

相关理论知识1

小麦各生育阶段的特点和栽培目标

1. 小麦前期生育特点和栽培目标　小麦前期一般是指从出苗到起身期。其特点是以长叶、长根、长蘖的营养生长为中心，到起身期，分蘖几乎全部出现。所以，此期是决定每 $667m^2$ 穗数的关键时期，尤其是冬前分蘖成穗率高。

栽培目标：在全苗、匀苗的基础上，促根、增蘖，促弱控旺，培育冬前壮苗，使麦苗安全越冬；促早返青，提高冬前分蘖成穗率，狠抓穗数，为穗大粒多打下良好基础。

2. 小麦中期生育特点和栽培目标 小麦中期指从起身期到抽穗期。此期是营养生长与生殖生长同时并进时期，即根、茎、叶等营养器官与小穗、小花等生殖器官分化、生长、建成同时并进。此期生长速度快，尤其是拔节到孕穗是小麦一生中生长速度最快、生长量最大的时期。植株对水肥要求十分迫切，反应也很敏感。

起身期之前，生长中心以营养生长为主，光合产物主要供植株分蘖生长，起身期后进入生长并进阶段，生长中心转入茎、穗为主，光合产物主要供给茎、穗的发育。所以，此期是决定成穗率和争取壮秆大穗的关键时期。起身期后，植株个体体积迅速增大，群体通风透光差，所以，群体与个体的矛盾以及群体生长与栽培环境的矛盾比较突出。

栽培目标：在前期管理的基础上，根据小麦中期的生育特点，掌握小麦同伸器官与穗分化的对应关系，准确地实施肥水等管理措施，满足小麦生长发育的需要，协调群体与个体之间、器官与器官之间的关系，从而实现穗大粒多、壮秆不倒，同时为籽粒形成和成熟奠定良好的基础。

3. 小麦后期生育特点和栽培目标 小麦后期是指从抽穗期到成熟期。生育后期不再形成新的器官，生育中心转移到籽粒上来。小麦籽粒产量大部分来源于后期的光合产物，产量越高密度越大。所以，此期是决定穗粒数、粒重和籽粒品质的关键时期。小麦茎叶和根系功能逐渐由盛而衰，如果管理措施不力，容易造成贪青或早衰，影响籽粒灌浆和产量。

栽培目标：保持根系的正常生理机能，延长上部叶片功能期，防病虫，防干热风，减少籽粒退化，提高光合效率和灌浆强度，延长灌浆时间，实现粒多、粒重的目标。

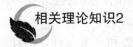 相关理论知识2

小麦生长发育所需的水分条件

1. 耗水量 小麦一生的耗水量，指从播种到成熟的总耗水量。耗水量的多少在很大程度上取决于自然条件和栽培水平。据测定，黄淮冬麦区，麦田地面蒸发占总耗水量的 $30\%\sim40\%$，植株蒸腾则占总耗水量的 $60\%\sim70\%$。小麦起身以前，苗株小，田间覆盖度低，麦田耗水主要是通过株间蒸发；之后，植株长大，覆盖度增加，逐渐变为以植株蒸腾耗水为主。一般每产 $1kg$ 干物质麦叶蒸腾水 $400\sim600kg$。

小麦耗水量与产量关系密切。一般是耗水量随着产量提高而增加，但耗水系数，即每生产 $1kg$ 籽粒的耗水量却相对降低。这说明高产小麦比中低产小麦用水效率更高、更经济。

2. 小麦的耗水特点 小麦一生耗水的一般规律是：拔节以前，气温低，苗株小，耗水量较少。冬小麦此阶段耗水量占生育期耗水总量的 $30\%\sim40\%$；春小麦占 $22\%\sim25\%$。拔节到抽穗，小麦进入旺盛生长阶段，耗水量急剧增加，冬小麦在这约一个月的时间内耗水量占一生耗水总量的 $20\%\sim35\%$。从抽穗到成熟期间，耗水量占一生耗水总量的 $26\%\sim42\%$，日耗水量较前一阶段也略有增加，抽穗前后日耗水量达最大值。由于各麦区气候条件不同，耗水规律也有差异。

根据小麦一生耗水特点，麦田土壤含水量应保持在田间持水量的70%左右，苗期和抽穗前后保持在75%以上为宜。

模块五　小麦收获技术

 学习目标

熟练进行小麦田间测产，掌握小麦收获技术。

工作任务1　小麦测产技术

（一）具体要求

掌握小麦测产方法，根据测产结果及产量结构分析栽培措施的效应。

（二）操作步骤

1. 准备工作　确定小麦测产田块，准备皮尺、直尺、计算器、种子袋、脱粒机等用品。

2. 选取样点　样点要有代表性。样点数目可根据面积大小、生长整齐度等灵活掌握，一般采用对角线法，每块地选5个点。样点面积一般取 $1m^2$。条播可取 $3\sim4$ 行，根据行距计算样点长度。样点长度（m）=1/平均行距（m）×3（或4）。撒播地块，则计算并量出样点的长、宽。

3. 求单位面积有效穗数　在每个样点内数其有效穗数，然后计算单位面积穗数。

4. 求每穗粒数　每个样点随机取 $20\sim30$ 穗，计算出平均每穗粒数。

5. 估计千粒重　根据常年该品种的平均千粒重，参照当年小麦长势和气象条件，估计出千粒重。

6. 计算理论产量　计算公式为：

单位面积理论产量（kg）=单位面积穗数×穗粒数×千粒重（g）$\times10^{-6}$

7. 实测　按估测方法选取若干样点，收割，脱粒，晒干，称重，计算产量。由于小麦收打有一定损失，此结果常比实际产量高10%左右。

8. 记录结果　将测产结果整理填入表 $2-2-1$ 中。

表 2-2-1　小麦测产记录

测产日期：＿＿＿＿＿＿

地块（品种）	每公顷有效穗数	平均每穗粒数	千粒重（g）	理论产量（kg/hm²）

（三）注意事项

小麦测产根据时间早晚可分为估测和实测。估测在乳熟中期后进行，实测在蜡熟期进行。

工作任务2　适时收获

（一）具体要求

适时收获，减少产量损失。

（二）操作步骤

（1）根据小麦生长状况、近期天气预报、机械、人力等确定收获期。

（2）根据收获日期，提前准备机械、用具等。

（3）实施田间收获，及时脱粒、晾晒、入仓。

（三）相关知识

小麦收获过早，千粒重低、品质差，脱粒也困难；收获过晚，易掉穗、掉粒，还会因呼吸作用及遇雨淋洗，使粒重下降。在小麦植株正常成熟情况下，粒重以蜡熟末期最高。

在大田生产条件下，适宜收获期因品种特性（落粒性）、天气、收割工具等不同而有所变化。使用联合收割机则宜在完熟初期进行收获，收获过早籽粒含水量高，导致脱粒过程的机械损伤和脱粒不净；过晚会因掉穗、掉粒等增加损失。人工收割的，从割后至脱粒前，有一段时间的铺晒后熟过程，可在蜡熟中期到末期收割。用作种子的适宜收获期应在蜡熟末期和完熟初期。

（四）注意事项

以小麦生长成熟状况为主决定收获期，但同时须密切关注天气变化。若收获前后有雨，要根据小麦生长状况适当调整收获日期。

收获后小麦应及时干燥，待籽粒含水量降至13%以下方可入仓。

拓展模块　大麦栽培技术

学习目标

了解大麦的特点和栽培技术。

大麦因籽粒是否带稃，可分为皮大麦和裸大麦2类。一般习惯所称大麦是指皮大麦；裸大麦又称为裸麦、元麦，西藏高原等地称为青稞。

栽培大麦属禾本科大麦属普通大麦种。根据穗轴的脆性、侧小穗育性等特性分为5个亚种：野生二棱大麦亚种、野生六棱大麦亚种、多棱大麦亚种、中间型大麦亚种、二棱大麦亚种。多棱大麦亚种按照侧小穗排列的角度，又分为六棱大麦和四棱大麦2个类型。

工作任务1　选地与整地

（一）具体要求

选择适合种植大麦的土壤，精细整地，为播种做好准备。

（二）操作步骤

大麦对土壤适应范围较广，各类土壤均可种植，但土壤理化性状良好，对大麦生长发育更为有利。大麦的耐旱、耐盐碱能力比小麦强，在某些较干旱、较瘠薄、小麦生长比较困难的土地上，种植大麦也可以获得一定的收成。大麦耐湿性较弱，不宜在沼泽地上种植。土壤含水状况对大麦根系影响较大，土壤水分过多、通气不良，易造成僵苗、烂根；反之，土壤干旱缺水，则根毛易脱落，根系停止生长。

大麦不耐连作，若连作期超过2~3年，则土壤肥力下降，病虫害、杂草发生严重。大麦适宜的前作有绿肥、豆类、玉米、油菜、蔬菜、甜菜等。

大麦根系发育较小麦弱，胚芽顶土能力差，整地须精细，为全苗、匀苗和壮苗打好基础。整地要做到"齐、平、松、碎、净、墒"六字标准。春播大麦适合在冷凉条件下生长，适期早播增产显著。为此，春播大麦种植时，冬前应做好准备，形成"待播状态"，尽量减少春季田间整地作业，以利于土壤保墒和抢时播种，切忌春季耕翻整地。由于大麦不耐湿，在多雨地区的麦田还应建立田间排水系统。

 工作任务2　施底肥

（一）具体要求

施好底肥，打好大麦高产基础。

（二）操作步骤

大麦特别是啤酒大麦在施肥技术上，除达到高产外，还必须考虑其品质。春大麦比春小麦生育期短，分蘖发生快，幼穗分化早。施肥原则一般为"重施基肥、用好种肥、早施苗肥"，有机肥与无机肥相结合，除少量的磷肥作种肥外，应将全部有机肥和80%左右的氮肥在耕地之前全部施入土壤中。大麦需肥量较春小麦经济。各地应依据土壤供肥能力、产量指标等确定适宜的施肥种类和施肥量。

氮肥与产量有一定的关系，施肥水平高，产量也高。但后期氮肥供应较多时，籽粒中蛋白质含量增高，酿造品质有所下降。磷肥较足时，蛋白质含量低，能提高淀粉含量和浸出率。生产中应施足磷肥，既有利于发挥肥效，又有利于产量和品质的提高。

 工作任务3　种子准备

（一）具体要求

选好良种，进行种子处理。

（二）操作步骤

1. 选用良种　应根据栽培目的选用良种。适宜酿造啤酒的大麦良种应具备以下4个条件：一是品质好，适合于酿造；二是产量高，增产潜力大；三是品种要适应当地的种植制度和土壤条件；四是对当地病虫草害及自然灾害有较大的抗御能力。

2. 种子处理　播前应对种子进行精选。精选后的种子，通过药剂拌种消毒，可以防治多种由种子传播的病害。

工作任务4 播种

（一）具体要求
确定好播种期，提高播种质量。

（二）操作步骤
春大麦适期早播，苗期温度低，生长时间长，有利于根、茎、叶、蘖、穗等器官的形成与发育，是增加产量和提高品质的重要措施。一般土壤解冻时采用"顶凌播种"较好。在冬季较短的地区，也可以临冬种植"抱蛋麦"，开春后加强田间管理，促进生长。

播种量是确定群体大小和合理密植的起点，与基本苗、分蘖成穗率及产量高低有密切的关系。播种量应适宜。不同类型的大麦产量构成因素的主攻方向不同。二棱大麦一般矮小，穗粒数少，千粒重较高，播种量应适当增加；而多棱大麦，穗粒数多，单位面积容纳的穗数少，播种量不宜过大。肥水条件好、播种早的地块，播种量适当降低，反之则应适当增加。

由于大麦胚芽的顶土能力较弱，播种不宜过深，一般为2～3cm。可根据气候与土壤条件适当调整。播种时应深浅均匀一致，种子与土壤接触良好，便于出苗。

工作任务5 田间管理

（一）具体要求
根据不同田块的长势长相，采取相应的栽培技术措施。

（二）操作步骤
春大麦比春小麦生育期短，生长发育速度快，田间管理措施应适当提前。但群体较大的麦田，在拔节期应适当控制生长，防止倒伏。生育期灌水要采取早灌、轻灌、勤灌的原则，抓住幼苗、拔节、孕穗、灌浆的4个时期灌水。头水一般在"二叶一心"时进行。

春大麦与春小麦追肥措施不同。大麦苗期断乳早、需肥多，追肥应提前。为确保产量和品质，氮肥施用应"前重后轻"，中后期须严格控制氮肥的施用量。大麦抽穗以后，适当喷施磷酸二氢钾，有利于减轻干热风影响，增加千粒重。

大麦比小麦易倒伏，群体过大、肥水条件较高的麦田，应在拔节前适当化控，防止倒伏。由于各地气候、土壤、栽培条件和种植制度不同，麦田病、虫、杂草种类及危害程度也不同，应注意防止病虫害，防除各类杂草。

工作任务6 收获

（一）具体要求
适期收获。

（二）操作步骤
大麦从抽穗到成熟一般经历30～35d。在蜡熟末期灌浆停止，完熟期时表现出本品种的特性，籽粒体积缩小，收获易落粒、断穗，而且由于呼吸养分消耗较多、雨水淋溶等，导致产量下降，籽粒发芽，品质降低。大麦在蜡熟末期至完熟期收获较为适宜。收获以后，应及时晾晒，防止雨淋，保证其品质。

作 物 栽 培

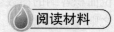

工作任务7　　贮藏

（一）具体要求

安全贮藏。

（二）操作步骤

大麦要安全贮藏，防止霉变、损耗和降低酿造品质。收获后，利用夏季高温烈日暴晒籽粒，选用通气良好的麻袋或布袋包装，保证清洁无杂物，或者粮堆贮藏。麦子进仓后，要保持通风透气，防止堆内温度升高、吸潮，含水量增加。进仓前后对库房应进行熏蒸，防止贮藏过程中遭受贮粮害虫危害。此外，还应防止鼠害。

黑　麦

黑麦（*Secale cereale*），禾本科一年生栽培谷物。秆直立，分蘖多，成熟期不一。叶片线形扁平。穗状花序细长。小穗含3～5朵花，单生于穗轴各节；颖片狭窄呈锥状，具1脉；外稃粗糙具脊，顶端有长芒；雄蕊3枚，具伸长的花丝和花药；雌蕊柱头外露，异花传粉；颖果狭长圆形，淡褐色，腹面具纵沟，成熟后与内、外稃分离。

黑麦能制成黑麦面粉，富有营养，含淀粉、脂肪和蛋白质、维生素B和磷、钾等。因蛋白质弹性较差常与小麦掺和做成黑面包，也可用来酿酒、饲养家畜。麦秆还可作编帽和造纸之用。但黑麦子房较易感染麦角菌，形成有毒的麦角。

黑麦属有12种，分布于欧亚大陆的温寒带。栽培黑麦可能是从野生山黑麦等种类演化而来的，具有耐寒、抗旱、抗贫瘠的特性。它的分布向北可达北纬48°～49°。前苏联黑麦栽培面积最大，产量占世界黑麦总量的45％，其次是德国、波兰、法国、西班牙、奥地利、丹麦、美国、阿根廷和加拿大。中国较少，分布在黑龙江、内蒙古和青海、西藏等高寒地区或高海拔山地。

黑麦与小麦的亲缘关系比较近，并且容易形成属间杂种，现已将六倍体小麦与二倍体黑麦杂交成功，育成了八倍体小黑麦属。

观察与实验1

小麦田间出苗率和基本苗数调查

（一）目的要求

（1）学会小麦基本苗和田间出苗率的调查方法。

（2）了解小麦基本苗数，明确其对群体动态的影响及在栽培上的意义，为科学管理提供依据。

（二）材料用具

小麦生产田（或试验地）、皮尺、卷尺等。

（三）方法步骤

1. 基本苗调查　小麦基本苗调查应在出齐苗后到分蘖前进行。调查方法有多种，本实践教学采用单位面积调查法。

（1）选取样点。选取的样点要有代表性，应避开条件特异的地方。样点的数目及面积要依麦苗生长整齐度、要求调查的精确度以及地块大小、人力等而定。一般试验小区选 2 个点，生产田选 5 个点或更多些。样点应为梅花形或对角线分布。

（2）求平均行距。在每个样点处量取一个畦宽度，用畦内行数去除（畦作时），或量取 21 行宽度，以 20 除之得出平均行距。重复 2～3 次。

（3）数样点内苗数。本实习每样点取 2 行，样点行长 1m。两端插棍，数其内苗数。

（4）计算基本苗数。计算公式为：

$$1m^2\ 苗数 = \frac{样点内苗数}{2 \times 行距\ (m)}$$

$$单位面积基本苗数 = 1m^2\ 苗数 \times 单位面积\ (m^2)$$

2. 田间出苗率调查　田间出苗率即单位面积实际出苗数占理论出苗数的百分率。可结合基本苗调查进行。将样点面积内按一定深度将苗和土全部挖出置于铁筛中，用水洗净，数苗数和未成苗种子粒数，两者之和即为播种粒数。

$$田间出苗率 = \frac{出苗数}{播种粒数 \times 发芽率} \times 100\%$$

生产调查时，样点内播种粒数往往根据实际播种量和千粒重计算求得。

（四）自查评价

根据调查结果，分析苗情，撰写一篇 500 字左右的小麦苗期田间管理意见。

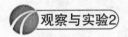

小麦出叶和分蘖动态观察记载

（一）目的要求

（1）了解小麦出叶速度、分蘖动态和叶蘖同伸规律；

（2）掌握观察记载个体出叶及分蘖动态的方法。

（二）材料用具

生长正常的麦田植株、吊牌、号码章（或套圈）、记载表、铅笔等。

（三）方法步骤

1. 定点记载　主要利用平时课余时间，每 2 人 1 组，选定正常生长的 5 株麦苗进行系统观察记载。

2. 出叶动态观察　从出苗到孕穗，对每片叶的出生期和定型期分别记载，并用号码章（或套圈）标记叶龄（可从 4 叶期开始）。

3. 分蘖动态观察 对 5 株小麦观察、记载每个分蘖的出生日期、出生时的母茎叶龄、消亡日期、最后成穗情况等。记载时要挂塑料牌，牌上写明分蘖位次和见蘖日期。

（1）分蘖位次。见蘖时对此蘖的级次和所处的叶位进行记载。

（2）见蘖日期。分蘖露出 1cm 的日期。待此蘖伸出 2～3cm 时，将写明分蘖位次和日期的塑料牌扣上。

（3）母茎叶龄。见某分蘖时，若此蘖为一级分蘖，则产生此分蘖的母茎叶龄即主茎叶龄；若此蘖为二级分蘖，母茎叶龄即产生此蘖的一级分蘖的叶龄。

（4）消亡日期。分蘖呈喇叭口状的日期。

（5）成穗蘖位次及叶龄。成穗分蘖的级次和所处叶位、自身叶龄。

（四）自查评价

对记载资料进行整理，写一篇小结。

生产实践

主动参与小麦播种和田间管理等实践教学环节，以掌握好生产的关键技术。

信息搜集

通过阅读《作物杂志》《××农业科学》《××农业科技》《麦类文摘》《中国农技推广》《耕作与栽培》等科普杂志或专业杂志，或通过上网浏览与本项目相关的内容，或通过录像、课件等辅助学习手段来进一步加深对本项目内容的理解。也可参阅大学本科《作物栽培学》教材的相关内容，以提高理论水平。了解近两年来适合当地条件的有关小麦栽培新技术、研究成果等资料，制成学习卡片或笔记。

练习与思考

1. 小麦一生可分哪几个生育时期？分哪几个生长阶段？

2. 外界环境条件对小麦幼穗分化有何影响？

3. 外界环境条件对籽粒发育有何影响？

4. 小麦阶段发育的概念是什么？在生产上有何实践意义？

5. 选用小麦良种的原则是什么？说出 3 个适宜当地推广的小麦品种。

6. 小麦适时播种有什么意义？确定适宜播种期的依据有哪些？

7. 小麦基本苗的确定要考虑哪些因素？

8. 小麦前期、中期、后期管理的主攻目标是什么？有哪些工作任务？

9. 试述大麦栽培技术要点。

总结与交流

1. 结合小麦某一生育时期的苗情考查，就小麦的苗情诊断技术进行小组讨论交流。

2. 通过小麦田间实际测产，讨论造成测产误差的主要原因。在操作上应如何避免测产误差。

3. 以"小麦返青期到拔节期田间管理"为内容，撰写一篇生产技术指导意见。

项目三　玉米栽培技术

学习目标

明确发展玉米生产的意义；了解玉米的一生；了解玉米栽培的生物学基础、玉米产量的形成；掌握玉米播种技术、玉米田间管理和看苗诊断技术、玉米测产和收获技术。

模块一　基本知识

学习目标

了解玉米的一生，了解玉米栽培的生物学基础，了解玉米产量的形成过程。

玉米又称为玉蜀黍、苞谷、棒子、珍珠米。禾本科玉米属（*Zea mays* L.），一年生草本植物。须根系强大，有支持根。秆粗壮。雌雄同株。雄穗为顶生圆锥花序，雌穗为着生在叶腋间的肉穗花序（图 2-3-1）。按籽粒形状可分为马齿型、硬粒型、糯质型、甜质型、爆裂型、粉质型、有稃型等类型。原产于墨西哥或中美洲。

玉米籽粒含淀粉 72%、蛋白质 9.8%、脂肪 4.9% 和丰富的维生素，具有较高的营养价值，是人们主要的食粮之一。用玉米制成的膨化食品，也是人们可口的食品。玉米除了食用之外，还是重要的饲料和工业原料。玉米是 C_4 作物，光合效率高，呼吸消耗少，增产潜力大。提高玉米生产水平，对粮食增产和工业原料的增加、促进畜牧业的发展、提高人民生活水平都有重要的意义。

一、玉米的一生

（一）生育期

玉米从出苗到成熟所经历的天数称为生育期。玉米生育期的长短与品种特性、播种期、栽培水平及气候条件等有关。品种叶数多，播种期较早，温度较低或日照

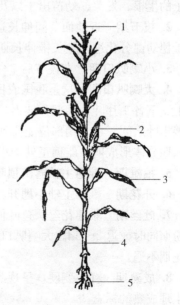

图 2-3-1　玉米植株
1. 雄穗　2. 雌穗　3. 叶片　4. 茎　5. 根系

较长的，生育期较长；反之，则生育期较短。

（二）生育时期

玉米一生中，可划分为若干个生育时期（图 2-3-2）。

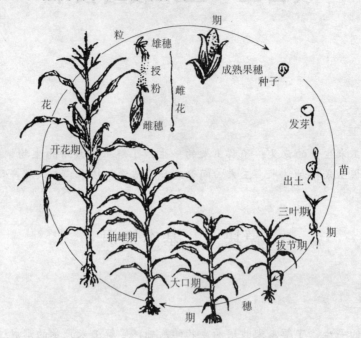

图 2-3-2 玉米的一生

（于振文，2003，作物栽培学各论，北方本）

1. 出苗期 幼苗的第一片叶出土，苗高 2～3cm 的日期。此期虽然较短，但外界环境对种子的生根、发芽、幼苗出土以及保证全苗有重要作用。

2. 拔节期 近地面节间伸长达 2～3cm，靠近地面用手能摸到茎节的环形突起。此时玉米雄穗幼穗分化进入生长锥伸长期。

3. 小喇叭口期 在拔节后 7～10d，通常与雄穗小花分化期，雌穗生长锥伸长期相吻合。

4. 大喇叭口期 这是我国农民的俗称。此时玉米植株外形大致是棒三叶（即果穗叶及其上、下各 1 片叶）大部分伸出，但未全部展开，心叶丛生，形似大喇叭口，最上部叶片与未展出叶之间，在叶鞘部位能摸到发软而有弹性的雄穗。该生育时期的主要标志是雄穗分化进入四分体形成期，雌穗正处于小花分化期，叶龄指数为 60，距抽雄一般 15d 左右。

5. 抽雄期 雄穗主轴露出顶叶 3～5cm 的日期。

6. 开花期 雄穗主轴小穗开花散粉的日期。

7. 吐丝期 雌穗花丝从苞叶伸出 2cm 左右的日期。在正常情况下，吐丝期与雄穗开花散粉期同时或迟 2～5d。大喇叭口期如遇干旱会使这两个时期的间隔天数增加，严重时会造成花期不遇。

8. 成熟期 籽粒变硬，呈现品种固有的形状和颜色。胚基部尖冠处出现黑层，这是达到生理成熟的标志。

（三）生育阶段

1. 苗期阶段 从出苗到拔节，是以生根、长叶为主的营养生长阶段。此期根系生长较快，茎叶生长较慢。

2. 穗期阶段　从拔节到抽雄，是玉米营养生长和生殖生长并进阶段。此期茎叶生长旺盛，植株高度和茎粗都在迅速增大，根系也不断扩大；同时雄穗和雌穗相继分化和形成，但仍以营养生长为主。穗期阶段是决定果穗大小、每穗粒数多少的关键时期，也是田间管理的关键时期。

3. 花粒期阶段　从抽雄到种子成熟，是生殖生长阶段。此期茎叶生长逐渐减弱乃至停止，经过开花、受精进入以籽粒充实为中心的生殖生长时期，是决定籽粒大小、籽粒质量的阶段。

二、玉米栽培的生物学基础

（一）种子萌发与出苗

1. 种子的构造　玉米种子或籽粒在植物学上称为果实，又称为颖果。由皮层、胚乳和胚组成。玉米种子的外皮由果皮和种皮组成，两者紧密相连，不易分离，习惯上合称为种皮。种皮比较坚硬，外面覆盖角质层，可防止病菌侵入，有保护作用。种皮一般占种子质量的 5%～8%。

胚乳贮有丰富的营养物质，占种子质量的 80%～85%。胚乳最外面一层细胞内充满了糊粉粒和蛋白质，称为糊粉层。糊粉层以内含有角质胚乳和粉质胚乳，角质胚乳蛋白质含量比粉质胚乳多，淀粉粒小，淀粉粒间充满了蛋白质和胶状的糖类，故组织致密，呈半透明状；粉质胚乳位于中央，淀粉粒大，组织疏松，不透明。硬粒种角质胚乳含量高，马齿种角质胚乳含量低，半马齿种介于两者之间。

玉米胚较大，占种子质量的 10%～15%，个别可达 20%。胚由盾片、胚芽、胚轴、胚根组成。玉米的盾片实际上是内子叶，贮藏丰富的营养物质。

玉米种子的大小差别很大，千粒重最小的只有 50g 左右，最大的在 400g 以上，一般在250～350g。种皮的颜色有黄、白、紫、红、花斑等色。

2. 种子萌发与出苗　玉米种子萌发出苗，经历吸胀、萌动、发芽、出苗几个连续的过程。

首先，胚和胚乳吸水膨胀；其次随着吸胀作用的进行，种子内自由水含量增加，酶活性增强，代谢旺盛，胚乳内贮藏的营养物质分解为简单的有机物质运输给胚，并转化能量。胚根鞘首先扩大，胚根伸长穿破种皮进入萌动过程。当胚根露出 1～2d 后，胚芽鞘突破种皮长出幼芽。一般胚根长度与种子大小相等，胚芽长约为种子长度一半时，称为发芽。

种子发芽后，初生胚根扎入土中，同时在下胚轴处长出 3～7 条初生不定根（次生胚根）。中胚轴和胚芽鞘伸长钻出地面，然后第 1 片真叶从胚芽鞘中伸出、展开即为出苗，一般把苗高2～3cm 作为出苗标准。当全田有 50% 以上的幼苗达到出苗标准时，称之为出苗期。

3. 影响种子萌发与出苗的因素

（1）种子生活力。种子生活力是指种子能够发芽形成幼苗的能力。正常成熟的种子能保持的发芽年限主要决定于贮藏条件。由于玉米种子胚大、组织松软、脂肪含量高、吸湿性强，所以呼吸消耗大，胚容易发霉而丧失生活力。在一般贮藏条件下，玉米种子寿命为 2～3 年。

（2）温度。温度高低直接影响酶的活性、物质转化和细胞的分裂、生长。所以温度与种子萌发以及幼苗健壮生长关系密切。玉米种子发芽最低温度一般为 $7 \sim 8℃$，但在此温度下发芽缓慢，$10 \sim 12℃$ 能迅速发芽，最适温度为 $25 \sim 35℃$，高于 $40℃$ 则不能发芽。

（3）水分。水分是种子发芽的重要条件，当种子吸水达到自身风干重的 $35\% \sim 37\%$（绝对含水量的 $48\% \sim 50\%$）时才能发芽，通常土壤含水量 $16\% \sim 18\%$ 时出苗快、出苗率高，土壤含水量低于 13% 不能出苗，14% 开始出苗，超过 19% 时出苗率下降。

（4）氧气。玉米种子脂肪含量较多，发芽需要较多氧气，若播种过深或土壤水分过多，或播后遇雨土壤板结即会引起土壤氧气不足，致使在缺氧条件下进行无氧呼吸，转化效率低，甚至造成酒精积累过多中毒而不能萌发。

（二）玉米的根系

玉米根系属于须根系。按其发生先后、着生部位和所起的作用，把它们分为初生根、次生根和支持根（图 $2-3-3$）。

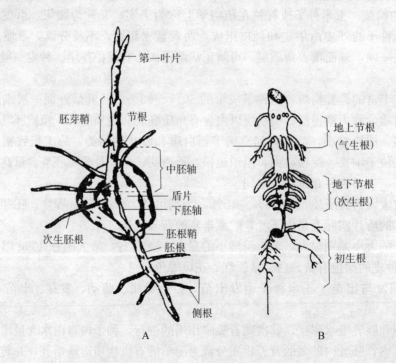

图 $2-3-3$　玉米根的种类

A. 玉米种子发芽时的初生根　B. 玉米的根层

1. 初生根　初生根又称为胚根、种子根。种子萌发时从胚根鞘中伸出 1 条幼根，称为初生胚根。经过 $1 \sim 3d$，在下胚轴处又长出 $3 \sim 7$ 条幼根，称为次生胚根。随后在其上又长出很多支根和根毛，构成了玉米的初生根系。初生根系在生育初期供给幼苗水分和养分。次生根形成以后，其功能逐渐减弱，由次生根所代替。

2. 次生根　次生根又称为节根。着生在地表下密集的茎节上，呈一层层的轮生状态，当玉米展开 $3 \sim 4$ 片真叶时，长出第一层次生根，以后每长出 $1 \sim 2$ 片叶，由下向上依次形成一层新的次生根。1 株玉米一般有 $5 \sim 9$ 层次生根，每层根有 4 条以上。1 株玉米总根数可达 $50 \sim 120$ 条，并产生大量分枝和根毛，形成强大而密集的根群。这些根在土壤中水平伸展为

1m 左右，垂直入土达 1.5～2m。85％以上的根分布在 0～40cm 的耕作层内。次生根数量大，活动时间长，对玉米的生长发育影响最大。

3. 支持根　支持根又称为气生根。支持根是玉米拔节后于近地表茎节上长出的，一般有 2～3 层。支持根开始在空气中生长而后入土，入土浅而陡，形如支柱，故称为气生根。支持根比次生根粗壮坚韧，表皮角质化，厚壁组织特别发达，入土前在根的尖端常分泌黏液，入土后产生大量分枝和根毛，能吸收水分和养分。此外，支持根还有固定植株、增强抗倒伏能力、合成氨基酸的作用。

（三）玉米的茎

玉米为高秆作物，茎秆高大粗壮。玉米茎的高度，因品种、土壤、气候和栽培条件不同而有很大差异。最矮的在 0.5m 左右，高的在 4m 左右，巨高类型的可达 7m 以上。一般按植株高度分为 3 种类型：低于 2m 的为矮秆型；2～2.7m 的为中秆型；2.7m 以上的为高秆型。通常矮秆的玉米生育期短，单株产量低；高秆的生育期长，单株产量高。但矮秆型玉米具有田间通风透光好，种植密度大的优点。所以选育优良矮秆品种或以适当栽培措施降低玉米株高是提高玉米光能利用率、增加产量的有效途径之一。

茎秆由节和节间组成。一般玉米有 15～24 个节，其中 3～7 个茎节位于地面以下。地下节密集，节间极短。地上节节间伸长，节数依品种不同而异。节间的长度，由基部到顶端渐次加长，但有些品种表现出上部节间比中部节间短，而节间粗度则逐渐减小。

玉米的茎秆在拔节后开始显著伸长，各节间伸长顺序是由下而上依次进行。其伸长速度在雄穗形成之前较慢，每日仅为 3cm 左右。当雄穗进入小花分化期，茎的生长速度加快，每昼夜平均增长 4～6cm。当雄穗进入花粉形成期，雌穗进入小花分化期，茎的生长速度最快，每昼夜可达 7cm 以上，以后速度减慢，至散粉期停止。

节间的伸长有一定的顺序性和重叠性，即植株下部节间首先伸长，然后渐次向上。但在同一时期内，却有 2～3 个节间同时伸长，只是每个节间的生长速度不同，通常新展开叶着生的那个节间生长速度最快。

茎的功能除了担负水分和养分的运输外，也是贮藏养分的器官，后期可将部分前期贮存的养分转运到籽粒中去。茎又是果穗发生和支持器官。茎具有向光性和负向地性，当植株倒伏后，它又能够弯曲向上生长，使植株重新站起来，减少损失。茎的基部节上的腋芽长成的侧枝称为分蘖。分蘖的多少与品种类型、土壤肥力、种植密度和播种季节有关。一般情况下，分蘖结穗的经济意义不大。但许多青饲玉米具有多分蘖是高产的特征。

（四）玉米的叶

1. 叶的形态特征　玉米叶着生在茎节上，呈互生排列。玉米一生中主茎出现的叶片数目因品种不同而不同，多数在 13～25 片。早熟品种通常为 14～16 片，中熟品种 17～19 片，晚熟品种 20～24 片。

玉米一生主茎各节位叶面积的大小因品种而异。但所有品种各叶面积在植株上分布都是以中部叶片为最大。一般果穗叶及其上下叶（棒三叶）叶片最长、最宽，叶面积最大，单叶干重最高。这种叶面积分布有利于果穗干物质的积累。

2. 叶的分组与功能　玉米全株叶片可根据着生节位、特征和生理功能划分为 4 组：基部叶组（根叶组）、下部叶组（茎叶组）、中部叶组（穗叶组）、上部叶组（粒叶组）。

（1）基部叶组。一般着生在非拔长茎节上。叶面积、增长速度、干物重和光合势均小，功能期短，多无茸毛。本组叶片是从出苗至拔节期逐渐伸展形成的。其叶片制造的光合产物主要供给根系生长，故又称为根叶组。

（2）下部叶组。着生在地面以上的数个拔长茎节上。叶面积、增长速度、干物重、光合势均迅速增长，功能期长，叶片上有茸毛。本组叶片是从拔节期至大喇叭口期（雌穗小花分化期）伸展形成的。叶片制造的光合产物主要供给茎秆，其次是满足雄穗生长发育的需要，故又称为茎（雄）叶组。

（3）中部叶组。着生在果穗节及其上下几个茎节上。叶面积、增长速度、干物重、光合势均表现为大而稳，功能期长。本组叶片是从大喇叭口期至孕穗期伸展形成的。叶片制造的光合产物主要供给雌穗生长发育，故又称为穗叶组。

（4）上部叶组。着生在雄穗以下的几个茎节上。叶面积、增长速度、干物重、光合势均逐渐下降，功能期缩短。本组叶片是从孕穗至开花期伸展形成的。叶片制造的光合产物主要供给籽粒生长发育，故又称为粒叶组。

（五）玉米的穗

玉米是雌雄同株异位、异花授粉作物，其天然杂交率高达95％以上。

1. 雄花序 雄花序又称为雄穗，属圆锥花序，着生于茎秆顶端。由主轴、分枝、小穗和小花组成。主轴较粗，与茎连接，其上有4～11行成对着生的小穗。主轴中、下部有若干分枝，分枝数因品种不同而不同，一般有15～25个，也有40多个的。分枝较细，通常仅着生2行成对排列的小穗。

（1）雄小穗构成。每对雄小穗中，一个为有柄小穗，位于上方；一个为无柄小穗，位于下方。每个雄小穗基部两侧各着生1个颖片（护颖），两颖片间生长2朵雄性花。每朵雄性花由1片内稃（内颖），1片外稃（外颖）及3个雄蕊组成。每个雄蕊的花丝顶端着生1个花药。正常发育的每1株雄穗，有2000～4000朵小花，能产生1500万～3000万个花粉粒。

（2）雄花开花特点。玉米雄穗抽出2～5d开始开花。开花的顺序是从主轴中上部开始，然后向上向下同时进行。各分枝的小花开放顺序同主轴。一个雄穗从开始开花到结束，一般需7～10d，长者达11～13d。天气晴朗时，以上午开花最多，下午显著减少，夜间最少。

玉米雄穗开花的最适温度是20～28℃，温度低于18℃或高于38℃时，雄花不开放。开花最适相对湿度为65％～90％。

2. 雌花序 雌花序又称为雌穗，属肉穗花序，受精结实后即为果穗。雌穗由茎秆中部或中上部叶腋中的腋芽发育而成，着生在穗柄顶部（图2-3-4）。

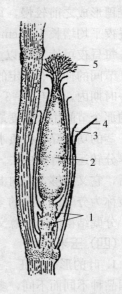

图2-3-4 玉米雌穗的构造
1. 在苞叶内的幼芽 2. 雌穗
3. 苞叶 4. 叶片 5. 花丝

（1）腋芽与果穗发育。玉米除上部4～6节外，全部叶腋中都能形成腋芽。一般推广品种的基部节（地下节）的腋芽不发育或形成分蘖，地面以上数节（地上节）上的腋芽进行穗分化到早期阶段停止，也不能发育成果穗，只有中部1～2个腋芽能正常发育形成果穗。玉米的果穗为变态的侧茎，果穗柄为缩短的茎秆，节数随品种而异，各节着生1片仅具叶鞘的变态叶即苞叶，包着果穗，起保护作用。

（2）果穗的构成。果穗由穗轴和雌小穗构成。穗轴呈白色或紫红色，其质量占果穗总质量的20％～25％。穗轴中部充满髓质。穗轴节很密，每节着生两个无柄小穗，成对排列。每小穗内有两朵小花，一般上位花结实，下位花退化，故果穗上的籽粒行数常呈偶数。每穗籽粒行数一般为12～18行。每穗粒数有200～800粒或更多些，一般多为300～500粒。果穗的行数、每行粒数和穗粒数的多少，均因品种和栽培条件不同而异。

（3）雌小穗构成。每一雌小穗的基部两侧各着生一个革质的短而稍宽的颖片（护颖），颖片内有两个小花，其中一个是退化的小花，仅留有膜质的内外颖和退化的雌、雄蕊痕迹；另外一个是结实小花，包括内外颖和一个雌蕊及退化的雄蕊。雌蕊由子房、花柱和柱头组成。通常将花柱和柱头总称为花丝。花丝顶端分叉，密布茸毛分泌黏液，有黏着外来花粉的作用，花丝的任何部位都有接受花粉的能力。

（4）雌穗的吐丝与授粉。雌穗一般比同株雄穗开始开花晚2～5d，亦有雌雄同时开花的。一个雌穗从开始抽丝到全部花丝抽出，一般需5～7d。花丝长度一般为15～30cm。同一雌穗上，一般位于雌穗基部往上1/3处的小花先抽丝，然后向上下伸展，顶部小花的花丝最晚抽出，花粉来源不足时，易因顶部花丝得不到授粉而造成秃尖。有些苞叶长的品种，基部花丝要伸得很长才能露出苞叶，抽出很晚，也会影响授粉，造成果穗基部缺粒。所以，玉米开花后期加强人工辅助授粉，对增加粒数很重要。

玉米雄花序的花粉传到雌穗小花的柱头上称为授粉。微风时，花粉散落范围约方圆1m，风力较大时，可传播500～1000m。从花丝接收花粉到受精结束一般需要18～24h，从花粉管进入子房至完成受精作用需2～4h。花丝在受精后停止伸长，2～3d变褐枯萎。

（六）开花与授粉

一般在抽雄后第2～5天开花散粉，可持续7～9d，以开花后第3～4天散出的花粉数量多，质量高，受精能力强。雌穗一般在雄穗开花后的第2～6天抽出花丝，即为雌穗开花。在同一个雌穗上，由于各小花的着生部位和花丝生长速度不同，花丝伸出苞叶的时间可相差2～5d。一般位于雌穗基部向上1/5～1/3处的花丝最先伸出苞叶，然后向上向下同时进行。1个雌穗上全部花丝伸出苞叶，一般需要5～7d。雌穗顶部的小花分化发育最晚，虽然它们伸出的距离最近，但往往最后伸出，所以有些品种顶端花丝伸出苞叶时，已是群体散粉的末期，花粉数量少，授粉效果不好，易形成秃尖。雌穗基部的小花虽然分化发育较早，但伸出距离远，所以抽出苞叶也比较晚，加之在苞叶内生长时间长削弱了其生活力，因而影响受精，致使果穗基部容易缺粒，尤其是长果穗、长苞叶的品种更是如此。

花粉的生活力与环境条件关系密切。据测定，在温度为28.6～30℃、相对湿度为65％～81％的田间条件下，以散粉后2～3h生活力最强，8h后生活力显著下降。玉米散粉期遇雨，花粉粒极易吸水膨胀，甚至胀破而丧失生活力，花丝上有利于花粉萌发和生长的物质也能被雨水冲掉，不利于花粉粒发芽和生长。在高温干旱环境下，不仅开花散粉时间短，而且花粉粒寿命也缩短，影响受精结实。花丝的生活力及其维持时间的长短与植株的内部因素、外界条件都有关，越晚抽出的花丝，生活力越弱。这可能是果穗秃尖的原因之一。花粉落到柱头上，经过24h完成受精过程。受精后2～3d花丝变成褐色，并逐渐干枯。

（七）籽粒的生长发育过程

玉米种子发育期间按其特征大致可分为以下4个时期，各时期所需天数因品种和环境条件不同而异。

1. 籽粒形成期　自受精至乳熟期止，一般为 15d 左右。果穗和籽粒体积迅速增大，籽粒呈胶囊状，胚乳呈清浆状。至此期末，籽粒体积达到成熟期体积的 75％左右，粒重为 10％左右，籽粒含水量在 80％～90％。

2. 乳熟期　自乳熟初期到蜡熟初期止，需 15～20d。籽粒和胚的体积均接近最大值，每日增加干物质质量最多，籽粒积累干物质总量占最大干物重的 70％～80％，胚的干重约占成熟期的 70％，已具正常的发芽能力。籽粒含水量在 50％～80％，胚乳逐渐由乳汁状变为糊糊状。

3. 蜡熟期　自蜡熟初期至完熟以前，10～15d。籽粒干物质积累速度慢，数量少。籽粒含水量下降为 40％～50％，籽粒内的胚乳因失水而由糊状变为蜡状。

4. 完熟期　干物质积累停止，含水量下降到 20％左右，籽粒变硬，表面呈现鲜明光泽，用指甲不易划破，籽粒基部尖冠处出现黑层。另外，由于在灌浆过程中的内充物由尖冠至籽粒顶部逐渐沉积并呈乳状，其沉积界面称为"乳线"。乳线消失为籽粒成熟的另一特征。此时苞叶干枯，进入成熟期，此时收获，籽粒产量最高。

三、玉米产量的形成及其调控

（一）光合特性与物质生产

1. 玉米的光合特性　玉米高光效的特点与其 C_4 的结构和功能有关。玉米的光合作用由维管束鞘细胞和叶肉细胞协同完成。在叶肉细胞中存在着 C_4 途径的高效二氧化碳同化机制，以保证维管束鞘细胞的叶绿体在相对低的 CO_2 条件下维持较高的光合速率。除了具有高的光饱和点和高光合速率特点外，还具有低光呼吸、低 CO_2 补偿点等 C_4 植物的高光效特征。

2. 最适叶面积系数及其动态变化　一般认为平展型品种的最适叶面积系数为 4～5，紧凑型品种为 6～7。尽管不同品种的最适叶面积系数不同，但达到最适叶面积系数时的光截获率都在 95％左右。

在玉米的生育期内，群体叶面积的变化可分为 4 个时期：指数增长期、直线增长期、稳定期和衰亡期。

（1）指数增长期。从出苗至小喇叭口期。此期的特点是群体叶面积的相对增长速度很高，与时间成指数规律增加。叶面积基数小，绝对量增长很慢，叶面积系数低，群体与个体矛盾小，群体叶面积与密度成正比。

（2）直线增长期。从小喇叭口期至抽雄期。此期的特点是群体叶面积增长速度很快，与时间成正比增加，至抽雄期叶面积系数接近最高值。群体与个体矛盾逐渐激化，种植密度对叶面积增长速度影响最大。

（3）稳定期。从抽雄至乳熟末期。此期的特点是群体叶面积进入高而稳的时期。至开花期，叶面积系数达最大值。此期持续时间的长短受品种、肥水、密度（光照）等条件的影响。这期间的光合产物，绝大部分用于籽粒形成，此期叶面积的大小对产量起关键作用。一般来说，最大叶面积稳定时间越长，光能利用率和产量也就越高。所以生产上应采取措施，保证较长的叶面积稳定期。

（4）衰亡期。从乳熟末期至完熟期。此期的特点是下部叶片开始死亡，绿叶面积迅速减少，其下降速度因品种、密度、肥水等因素而异。此期正值籽粒有效灌浆期的后半段，约

50％的果穗干重是在此期积累的。此期如果叶面积迅速减少，对产量极为不利。多保持一些绿叶，可以积累更多的干物质。

3. 生物产量与经济系数 要提高单位面积产量，一方面必须积累更多的干物质，即取得较高的生物产量；另一方面，要使积累的干物质尽可能多地转移分配到籽粒中去。玉米的经济产量与生物产量呈显著正相关。玉米的经济产量不仅取决于生物产量，也取决于经济系数。生产中经济系数为 0.3～0.5。在一般情况下，生物产量随密度增加而增加，达到一定密度后，生物产量不再增加或增加较少，而经济系数和产量则随密度的增加而有降低的趋势。

（二）源、库、流与产量形成

要获得玉米高产，一是光合产物的供应要充足，即"源"要足；二是籽粒能容纳较多的光合产物，即"库"要大；三是将光合产物运送给籽粒库的转运系统要通畅，即"流"要畅。

1. 源 光合产物的供应是子粒产量形成的根本来源。在籽粒产量形成过程中，源的重要作用表现在两个方面：一是为库的建成提供了物质基础。光合产物供应充足时，库的数量、大小明显增加。二是为库的充实提供了物质保证。光合产物充足时，建成的库能够迅速充实；反之，则穗小、粒瘪甚至败育。因此，一般认为影响当前玉米产量提高的限制因素是同化物的供应，即"源"的不足。

2. 库 玉米库的能力和库强度（籽粒多少、大小和代谢活性）在产量形成中起着重要作用。库的强度直接决定干物质在籽粒中的贮存数量和分配比例。库的强度高，同化物转化为籽粒产量的潜力大。库的强度对光合源也有很大的反馈调节作用。库强度大能促进光合速率的提高，反之则削弱。库的强度控制着灌浆速度。在籽粒灌浆期间，如果光合作用受到严重抑制，籽粒能从其他器官得到一定有机物质，维持一定的灌浆速度。试验证明，在低产条件下，灌浆期间的同化物是供过于求的。因此在某种条件下，库也可能成为限制产量的主要因素。

3. 流 源与库之间的输导系统是物质运输的通道，其运输效率对产量起重要作用。从光合源制造的有机物装载进入叶脉韧皮部，通过叶柄、叶鞘和茎的运输，然后进入籽粒卸载，都有可能因不同原因而受到阻碍。如干旱、高温、低温等逆境因素都可能降低灌浆速率。对"流"的研究相对较少。大多数试验证明，输导系统对玉米籽粒产量影响不大，说明正常条件下的运输能力能够满足籽粒灌浆的要求。

相关实践知识1

玉米种子、根系、茎叶和穗的形态观察

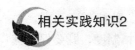

相关实践知识2

玉米出叶动态观察记载

以上两个观察实践的具体操作见本项目【观察与实验】部分相关内容。

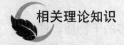

玉米雄、雌穗分化形成

玉米雄、雌穗的分化与形成，是个连续发育的过程。根据变化过程中形态发育特点，均可分为生长锥未伸长期、生长锥伸长期、小穗分化期、小花分化期和性器官发育形成期5个时期。

一般来说，玉米雄穗分化先于雌穗分化8～12d，雄穗小花分化期与雌穗生长锥伸长期对应；雄穗分化进入雄蕊生长、雌蕊退化和四分体期，雌穗分别进入小穗分化期和小花分化期。

一般来说，叶龄指数达到30左右，雄穗进入生长锥伸长期，雌穗尚未分化，此时玉米正处于拔节期。当叶龄指数达到60左右时，雄穗进入四分体形成期，雌穗进入小花分化期，此时玉米正处于大喇叭口期。据此，可以掌握肥水等管理措施的适宜时期。

$$叶龄指数＝[主茎叶龄（即主茎展开叶片数）/主茎总叶片数]×100$$

采用叶龄指数判断玉米穗分化时期和生育进程，必须了解品种的总叶片数，掌握展开叶片标准。为详细记载叶龄，对新展开叶的上位邻叶目测，把伸出部分计为小数一并记入。如新展开叶为8叶，第9叶伸出全叶长的6/10，则叶龄记为8.6。

模块二　玉米播前准备

学习目标

掌握玉米播种前的各项准备工作。

播种质量的好坏不仅直接影响苗全和苗壮，而且影响玉米一生的生长发育。做好玉米播前准备工作是提高播种质量的关键。

工作任务1　选用良种

（一）具体要求
选择适合当地环境栽培的优良品种。

（二）操作步骤

1. 根据当地种植制度选用生育期适宜的品种　我国各地气候条件、种植制度不同，对品种生育期长短的要求也不一样。生产上所选用的品种要符合当地的种植制度，既要保证其正常成熟，不影响下茬作物的播种，又要充分利用热量资源。春播玉米要求选用生育期较长、单株生产力高、抗病性强的品种；夏播玉米要求选用早熟、矮秆、抗倒伏的品种；套种玉米则要求选用株型紧凑、幼苗期耐阴的品种。

2. 因地制宜选用良种　如在水肥条件好的地区，宜选用耐肥水、生产潜力大的高产品种；在丘陵、山区，则应选用耐旱、耐瘠、适应性强的品种。

3. 选用抗病品种　要根据当地常发病的种类选用相应的抗病品种。

此外，还要根据生产上的特定需要如饲用玉米、甜玉米、黑玉米、笋玉米等选用相应良种。

（三）相关知识：玉米品种熟期类型的划分

玉米品种熟期类型的划分是玉米育种、引种、栽培以至生产上最为实用和普遍的类型划分。依据联合国粮农组织的国际通用标准，玉米的熟期类型可分为 7 类：

（1）超早熟类型。植株叶数 8～11 片，生育期 70～80d。

（2）早熟类型。植株叶数 12～14 片，生育期 81～90d。

（3）中早熟类型。植株叶数 15～16 片，生育期 91～100d。

（4）中熟类型。植株叶数 17～18 片，生育期 101～110d。

（5）中晚熟类型。植株叶数 19～20 片，生育期 111～120d。

（6）晚熟类型。植株叶数 21～22 片，生育期 121～130d。

（7）超晚熟类型。植株叶数 23 片以上，生育期 131～140d。

（四）注意事项

不同的栽培制度需选用不同生育类型的玉米品种，若不了解这点，会使生产遭受损失。有的把适合春播的晚熟玉米品种如白马牙于 5 月下旬套种在小麦行间，由于后期低温，灌浆成熟不好，导致玉米减产。还有的把适合夏播的玉米品种如京早 2 号于 5 月中旬套种在小麦行间，结果玉米在与小麦共生期间就开始了雌雄穗分化而严重减产。

工作任务2　种子处理

（一）具体要求

在精选种子、做好发芽试验的基础上，要进行晒种和拌种。晒种可提高发芽率，早出苗。药剂拌种，可根据当地常发生的病虫害确定药剂种类。对于缺少微量元素的地区，可根据缺少的元素种类进行微肥拌种。有条件的应利用种衣剂进行包衣。

（二）操作步骤

1. 晒种　晒种 2～3d，对增加种皮透性和吸水力、提高酶的活性、促进呼吸作用和营养物质转化均有一定作用。晒种后可提高出苗率，早出苗 1～2d。

2. 药剂拌种　对于地下害虫如金针虫、蝼蛄、蛴螬等，可用 50％辛硫磷乳油，用药量为种子量的 0.1％～0.2％，用水量为种子量的 10％，稀释后进行药剂拌种，或进行土壤药剂处理或用毒谷、毒饵等随播种随撒在播种沟内。

3. 种子包衣　包衣的方法有两种：一是机械包衣。由种子部门集中进行，适用于大批量种子处理。另一种是人工包衣。即在圆底容器中按药剂和种子比例，边加药边搅拌，使药液均匀地涂在种子表面。

（三）相关知识

包衣剂由杀虫剂、杀菌剂、复合肥料、微量元素、植物生长调节剂、保水剂和成膜物质加工制成。能够在播种后抗病、抗虫、抗旱，促进生根发芽。

工作任务3　整地

（一）具体要求

通过适当的土壤耕作措施，为播种、种子萌发和幼苗生长创造良好的土壤环境。

（二）操作步骤

1. 春玉米整地　春玉米地应进行秋深耕，既可以熟化土壤、积蓄雨雪、沉实土壤，又可以使土壤在经冬春冻融交替后其耕层松紧度适宜、保墒效果好、有效肥力高。有条件的地方，结合秋季耕地施入有机肥，效果更好。高产玉米深耕应达23～27cm，具体深度还要视原来耕层深度和基肥用量灵活掌握。秋耕宜早不宜晚。但对积雨多、低洼潮湿地、土壤耕性差、不宜耕作的地块，可在早春耕地。春季整地，要求尽量减少耕作次数，对来不及秋耕必须春耕的地块，应结合施基肥早春耕，深度应浅些，并做到翻、耙、压等作业环节紧密结合，防止跑墒。

2. 夏玉米整地　夏玉米生育期短，争取早播是高产的关键，一般不要求深耕。如深耕，土壤沉实时间短，播后出苗遇雨土壤塌陷易引起断根及倒伏。深耕后土壤蓄水多，遇雨不能及时排除，易引起涝害，发生黄苗、紫苗现象。目前夏玉米整地有3种方法：一是全面整地，即前茬收获后全面耕翻耙耢，耕地深度不应超过15cm；二是局部整地，按玉米行距开沟，沟内集中施肥，再用犁使土肥混匀，平沟后播种；三是板茬播种，即在前作收获后，不整地、不灭茬，劈槽或打穴直接播种。目前，随着机械化水平的提高，板茬播种面积逐年扩大。

（三）相关知识：高产玉米对土壤条件的要求

1. 土层深厚结构良好　据观察，玉米根系垂直深度达1.5～2m，水平分布也在1m左右，要求土壤土层厚度在80cm以上，耕作层具有疏松绵软、上虚下实的土体构造。熟化土层渗水快，心土层保水性能好，抗涝、抗旱能力强。土壤孔隙大小比例适当，湿而不黏，干而不板。

2. 疏松通气　通气不良会使根系吸收养分、水分的功能降低，尤其影响对氮和钾的吸收。

3. 耕层有机质和速效养分含量高　土壤速效养分高且比例适当，养分转化快，并能持续均衡供应，玉米不出现脱肥和早衰，是获得玉米高产的基础。

4. 酸碱度适宜　土壤过酸过碱对玉米生长发育都有较大影响。据研究，氮、钾、钙、镁、硫等元素在pH 6～8时有效性最高，钼、锌等元素在pH 5.5以下时溶解度最大。玉米适宜的pH范围为pH 5～8，但以pH 6.5～7.0最好。玉米耐盐碱能力低，盐碱较重的土壤必须经改良后方可种植玉米。

（四）注意事项

北方地区秋耕后因冬季雨水少、春季干旱，应及时耙耢，不需晒垡。南方地区雨水较多、气温高、土壤湿度大，一般耕后不耙不耢，晒垡以促进土壤熟化。播种前要进行早春耙地，以利于保墒、增温。

工作任务4　施用基肥

（一）具体要求

玉米的基肥以有机肥为主，化肥为辅，氮、磷、钾配合施用。基肥的施用方法有撒施、条施和穴施，视基肥数量、质量不同而异。

（二）操作步骤

春玉米在秋、春耕时结合施用。夏玉米在套种时对前茬作物增施有机肥料而利用其后效。旱地春玉米或夏玉米施用部分无机速效化肥，增产显著。

（三）相关知识：玉米各生育时期对氮、磷、钾元素的吸收

玉米氮、磷、钾的吸收积累量从出苗至乳熟期随植株干重的增加而增加，而且钾的快速吸收期早于氮和磷。三要素在不同时期的累积吸收百分率不同：出苗期 $0.7\%\sim0.9\%$，拔节期 $4.3\%\sim4.6\%$，大喇叭口期 $34.8\%\sim49.0\%$，抽雄期 $49.5\%\sim72.5\%$，开花期 $55.6\%\sim79.4\%$，乳熟期 $90.2\%\sim100\%$。玉米抽雄以后吸收氮、磷的数量均占 50% 左右。因此，要想获得玉米高产，除要重施穗肥外，还要重视粒肥的供应。

从玉米每日吸收养分百分率看，氮、磷、钾吸收强度最大时期是在拔节期至抽雄期，即以大喇叭口期为中心的时期，拔节期至抽雄期的 28d 吸收氮 46.5%、磷 44.9%、钾 68.2%。可见，此期重施穗肥，保证养分的充分供给是非常重要的。此外，从开花期至乳熟期，玉米对养分仍保持较高的吸收强度，这个时期是产量形成的关键期。

从籽粒中的氮、磷、钾的来源分析，在籽粒中的三要素的累积总量约有 60% 是由前期积累转移进来的，约有 40% 是由后期根系吸收的。因此，玉米施肥不但要打好前期基础，也要保证后期养分的充分供应。

（四）注意事项

基肥应重视磷、钾肥的施用。随着玉米产量的提高和大量元素施用量的增加，土壤中微量元素含量日渐缺乏，因此应根据各种微量元素的土壤临界浓度值适当施用微肥。

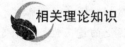相关理论知识

我国玉米主产区栽培的主要玉米优良品种介绍

1. 先玉 335 该品种属中早熟杂交种，在黄淮海地区夏播生育期 98d，在东北华北地区春播生育期 127d，全生育期需 $10℃$ 以上有效积温 $2750℃$。幼苗长势较强，叶鞘紫色，成株株型紧凑、清秀，气生根发达，叶片宽大上举。穗位 1.03m 左右，全株叶片数 19 片左右。花丝紫红色，果穗较大、筒形，籽粒长、穗轴细、红色，出籽率高。籽粒黄色、半马齿型，籽粒均匀、脱水快，商品性好，百粒重 34.3g。高抗茎腐病，中抗黑粉病、弯孢菌叶斑病，感大斑病、小斑病。籽粒中含粗蛋白质 9.55%、粗脂肪 4.08%、粗淀粉 74.16%、赖氨酸 0.3%。

2. 郑单 958 幼苗叶鞘紫色，叶色淡绿，叶片上冲，穗上叶叶尖下披，株型紧凑，耐密性好。黄淮海地区夏播生育期 96d 左右，春播 128d 左右。夏播株高 240cm，穗位 100cm 左右，叶色浅绿，叶片窄而上冲，果穗长 20cm，果穗筒形，穗轴白色，籽粒黄色、半马齿型，穗行数 14~16 行，行粒数 37 粒，百粒重 33g，出籽率高达 $88\%\sim90\%$。该品种根系发达、抗倒性强、耐旱、耐高温、活秆成熟。高抗矮花叶病、黑粉病，抗大、小斑病。品质优良。籽粒中含粗蛋白质 8.47%、粗淀粉 73.42%、粗脂肪 3.92%、赖氨酸 0.37%。由于该品种抗性好、结实性好、耐干旱、耐高温，所以非常适合我国夏玉米区种植，另外在东北华北春玉米中晚熟区、东北部分地区及新疆各玉米产区春播种植表现也很好。

3. 德美亚1号 幼苗出苗快，茎秆紫色，活秆成熟，株型半收敛。花药黄色，花丝淡绿色，成株株高240cm，穗位高80cm。果穗锥形，穗轴红色，穗长18～20cm。穗行数14行。籽粒为硬粒型，百粒重30g。籽粒中含粗蛋白质9.06%～9.11%、粗脂肪4.17%～5.17%、淀粉72.28%～74.12%、赖氨酸0.24%～0.29%。在适宜种植区生育期110d左右，从出苗到成熟需活动积温2100℃左右。感大斑病，感弯孢菌叶斑病，中抗茎腐病，中抗玉米螟。

4. 吉单27 幼苗叶鞘紫色，叶色深绿。株高260cm，穗位95cm，花丝绿色，果穗筒形，穗长22～24cm，穗行14～16行，穗轴白色，籽粒半马齿型，黄粒，灌浆速度快，百粒重40g。出苗至成熟118d左右，需≥10℃活动积温2400～2450℃，属吉林省优质早熟品种。该品种在一般中等肥力地块每公顷产量为9800kg左右。抗穗腐病、中抗丝黑穗病、粗缩病，感大斑病、矮花叶病，高感青枯病。籽粒中含粗蛋白质8.78%、粗脂肪4.06%、总淀粉73.72%、赖氨酸0.27%。

5. 绥玉10 生育日数为115d，需≥10℃积温2350℃，属早熟型杂交种。株高240cm，穗位高80cm，叶色浓绿，活秆成熟，适于粮饲兼用。果穗呈圆柱形，穗长24cm，穗粗5.0cm，穗行数14～18行，多为16行，行粒数45～50粒，百粒重35g，籽粒呈黄色、半马齿形，成熟后脱水快。籽粒品质较好，平均含粗蛋白质10.02%、粗脂肪4.31%、淀粉70.89%、赖氨酸0.31%。根系发达抗倒，耐旱能力强，生育后期持绿性好。抗大斑病、丝黑穗病，耐瘤黑粉及青枯病；耐旱性强，并具有较好的生态适应性和高产、稳产特性。

6. 龙单38 在适宜种植区域生育日数为120d左右，需≥10℃活动积温2400℃左右。幼苗期第一叶鞘紫色，第一叶尖端形状圆到匙形、叶片绿色，茎绿色；株高270cm，穗位高100cm，果穗圆柱形，穗轴粉红色，成株叶片数15片，穗长25cm，穗粗5.1cm，穗行数14～16行，籽粒半马齿类型、呈黄色。该品种具有较强的抗逆性，在不同生态条件下均具有广泛的适应性，活秆成熟。中抗大斑病，丝黑穗病发病率6.3%～8.5%。籽粒平均含粗蛋白质10.24%～10.30%、粗脂肪5.07%～5.21%、粗淀粉73.03%～73.29%、赖氨酸0.28%～0.32%。

7. 龙单32 幼苗生长健壮，发苗快，株高260cm，穗位高90cm，果穗圆柱形，穗长24cm，穗粗4.9cm，穗行数14～18行，穗轴粉红色，籽粒半马齿型、金黄色，轴细粒深，百粒重38g，商品品质好。高抗玉米大斑病、丝黑穗病，抗旱，抗倒伏，活秆成熟，玉米成熟时茎秆仍青枝绿叶，可以作青贮饲料，是理想的粮饲兼用型高产玉米品种。该品种生育日数115d左右，需≥10℃活动积温2300～2350℃。籽粒中含粗蛋白质10.04%～10.67%、粗脂肪4.19%～4.38%、淀粉72.97%～73.04%、赖氨酸0.28%～0.30%。

8. 农华101 在东北华北地区出苗至成熟128d，需≥10℃有效积温2750℃左右；在黄淮海地区出苗至成熟100d。幼苗叶鞘浅紫色，叶片绿色，叶缘浅紫色，花药浅紫色，颖壳浅紫色。株型紧凑，株高296cm，穗位101cm，成株叶片数20～21片。花丝浅紫色，果穗长筒形，穗长18cm，穗行数16～18行，穗轴红色，籽粒黄色、马齿型，百粒重36.7g。中抗丝黑穗病、茎腐病、弯孢菌叶斑病和玉米螟，感大斑病。籽粒中含粗蛋白质10.36%、粗脂肪3.10%、粗淀粉72.49%、赖氨酸0.30%。适宜在北京、天津、河北北部、山西中晚熟区、辽宁中晚熟区、吉林晚熟区、内蒙古赤峰地区、陕西延安地区春播种植，山东、河南（不含驻马店）、河北中南部、陕西关中地区、安徽北部、山西运城地区夏播种植，注意防止倒伏（折）。

9. 中科 11　在黄淮海地区出苗至成熟 98.6d，需≥10℃有效积温 2650℃左右。幼苗叶鞘紫色，叶片绿色，叶缘紫红色，雄穗分枝密，花药浅紫色，颖壳绿色。株型紧凑，叶片宽大上冲，株高 250cm，穗位高 110cm，成株叶片数 19～21 片。花丝浅红色，果穗筒形，穗长 16.8cm，穗行数 14～16 行，穗轴白色，籽粒黄色、半马齿型，百粒重 31.6g。高抗矮花叶病，抗茎腐病，中抗大斑病、小斑病、瘤黑粉病和玉米螟，感弯孢菌叶斑病。籽粒中含粗蛋白质 8.24%、粗脂肪 4.17%、粗淀粉 75.86%、赖氨酸 0.32%。

10. 浚单 22　株型紧凑，夏播生育期 103d。株高 258cm，穗位高 112.8cm 左右。果穗筒形，结实好，穗长 17.6cm，穗粗 5.1cm，穗行数 16。行粒数 38，穗轴白色。籽粒黄色、半马齿型，百粒重 34～36g，出籽率 90%。籽粒中含蛋白质 10.48%、粗脂肪 4.44%、粗淀粉 72.33%。抗小斑病、弯孢菌叶斑病、矮花叶病，中抗茎腐病，感瘤黑粉病。适宜在河南省各地夏播种植。

11. 浚单 20　株型紧凑、清秀，叶片上冲，活秆成熟，株高 240cm 左右，穗位高 106cm 左右，夏播穗长 16.8cm，春播穗长 19.5cm，穗行数 16 行。综合抗性好，高抗矮花叶病、抗小斑病、中抗茎腐病、弯孢菌叶斑病、抗玉米螟。结实性好，没有秃尖，果穗筒形，均匀一致。穗轴白色，籽粒黄色，品质好，商品价值高。百粒重 35g 左右，出籽率可达 90% 以上。经试验示范，该品种产量高，稳产性好，抗玉米多种病害，活秆成熟。夏播生育期 97d 左右，需有效积温 2450℃。适合河南、河北、山东、陕西、江苏、安徽、天津、山西运城等广大地区夏玉米麦垄套种和麦后直播，也可在内蒙古部分地区春播种植。

12. 中农大甜 413　超甜玉米新品种。幼苗叶鞘绿色，叶片、叶缘、花药、颖壳也均为绿色。株型松散，株高 200cm 左右，穗位高 64cm 左右，成株叶片数 20～21 片。花丝绿色，果穗筒形，穗长 19cm 左右，穗行数 16～18 行，行粒数 34～36 粒。穗轴白色，籽粒黄白双色，百粒重（鲜籽粒）24.91～27.41g，出籽率 62%。鲜籽粒中含还原性糖 11.36%、水溶性糖 25%，达到部颁鲜食甜玉米一级标准。平均倒伏（折）率 7.74%。在黄淮海地区从出苗至采收需 74.4d。该品种田间表现综合农艺性状优良，高产、稳产、品质优，早熟，抗黑粉病和矮花叶病等主要病害，抗倒性中等。高感茎腐病，感大斑病、小斑病、弯孢菌叶斑病，高感玉米螟。由于超甜玉米受隐性基因控制，因此需要与普通玉米隔离种植。采收时间在授粉后 18～20d。该品种适宜在北京、天津、河北、河南、山东、陕西、江苏北部和安徽北部夏玉米区作鲜食甜玉米种植。

模块三　玉米播种技术

学习目标

掌握玉米播种技术。

工作任务1　确定播种期

（一）具体要求

玉米的适宜播种期主要根据玉米的种植制度、温度、墒情和品种来决定。既要充分利用

作 物 栽 培

当地的气候资源，又要考虑前后茬作物的相互关系，为后茬作物增产创造较好条件。

（二）操作步骤

春玉米一般在5～10cm地温稳定在10～12℃时即可播种，东北等春播地区可从8℃时开始播种。在无水浇条件的易旱地区，适当晚播可使抽雄前后的需水高峰赶上雨季，避免"卡脖旱"。

夏玉米在前茬收后及早播种，越早越好。套种玉米在留套种行较窄地区，一般在麦收前7～15d套种或更晚些；套种行较宽的地区，可在麦收前30d左右播种。

（三）相关知识

无论春玉米还是夏玉米，生产上都特别重视适期早播。适期早播可延长玉米的生育期，充分利用光热资源，积累更多的干物质，为穗大、粒多、粒重奠定物质基础。适期早播对夏玉米尤为重要，因其生育期短，早播可使其在低温、早霜来临前成熟。

春玉米适时早播，能在地下害虫危害之前出苗，到虫害严重时，苗已长大，抵抗力增强，能相对减轻虫害。适期早播还能减轻夏玉米的大、小叶斑病、春玉米黑粉病等危害程度。

夏玉米早播可在雨季来临之前长成壮苗，避免发生"芽涝"，同时促进根系生长，使植株健壮。

 工作任务2　选择种植方式

（一）具体要求

采用适宜的种植方式，提高玉米增产潜能。

（二）操作步骤

1. 等行距种植　种植行距相等，一般为60～70cm，株距随密度而定。其特点是植株抽穗前，叶片、根系分布均匀，能充分利用养分和阳光。播种、定苗、中耕除草和施肥时便于操作，便于实行机械化作业。但在高肥水、高密度条件下，生育后期行间郁蔽，光照条件较差，群体个体矛盾尖锐，影响产量进一步提高。

2. 宽窄行种植　也称为大小垄，行距一宽一窄，宽行为80～90cm，窄行为40～50cm，株距根据密度确定。其特点是植株在田间分布不均匀，生育前期对光能和地力利用较差，但能调节玉米后期个体与群体间的矛盾。在高密度、高肥水的条件下，由于大行加宽，有利于中后期通风透光，使"棒三叶"处于良好的光照条件之下，有利于干物质积累，产量较高。但在密度小，光照矛盾不突出的条件下，大小垄就无明显的增产效果，有时反而减产。

3. 密植通透栽培模式　玉米密植通透栽培技术是应用优质、高产、抗逆、耐密优良品种，采用大垄宽窄行、比空、间作等种植方式，良种、良法结合，通过改善田间通风、透光条件，发挥边际效应，增加种植密度，提高玉米品质和产量的技术体系。通过耐密品种的应用，改变种植方式等，实现种植密度比原有栽培方式增加10%～15%，提高光能利用率。

（1）小垄比空技术模式。采用种植2垄或3垄玉米空1垄的栽培方式。可在空垄中套种或间种矮棵早熟马铃薯、甘蓝、豆角等。在空垄上间种早熟矮秆作物，如间种油豆角或地覆盖栽培早大白马铃薯。当玉米生长至拔节期（6月末左右），早熟作物已收获，变成了空垄，改善了田间通风透光环境，使玉米自然形成边际效应的优势，从而提高产量。

（2）大垄密植通透栽培技术模式。把原 65cm 或 70cm 的 2 条小垄合为 130cm 或 140cm 的一条大垄，在大垄上种植 2 行玉米，两行交错摆籽粒，大垄上小行距 35～40cm。种植密度较常规栽培增加 4500～6000 株/hm²。

4. 单粒播种技术 也称为玉米精密播种技术，用专用的单粒播种机播种，每穴只点播一粒种子，具有节省种子、不需要间苗和定苗、经济效益好的优点。

玉米精密播种（单粒播种）技术适用于土壤条件好、种子纯度高、发芽率高、病虫害防治措施有保证的玉米地块。要求种子净度不低于 99％、纯度不低于 98％、发芽率保证达到 95％、含水量低于 13％。选定品种后，要对备用的种子进行严格检查，去掉伤、坏或不能发芽的种子以及一切杂质，基本保证种子几何形状一致。

（三）相关知识

我国南北各地气候条件不同，玉米种植方式也不同。如东北地区多实行垄作以提高地温，黄淮平原多采用平作以利于保墒，南方地区多采用畦作以利于排水。播种方法主要有条播和点播。条播就是用播种工具开沟，把种子撒播在沟内，然后覆土。点播即按计划的行、株距开穴、点播、覆土。条播和点播两种方法应用机播作业的面积越来越大，机播工效高、质量好。

目前玉米单粒播种面积逐年扩大，已渐成为一种发展方向。我国每年玉米的种植面积约为 0.267 亿 hm²，用传统播种方法平均每公顷需种量约为 45kg，每年需要玉米种子约为 12 亿 kg。制种产量按 5250kg/hm² 计算，每年约需制种田 22.67 万 hm²；而采用单粒播种技术平均每公顷需种量约为 18kg，每年需要玉米种子约为 4.8 亿 kg，每年约需制种田 9.3 万 hm²。这样算来，每年可以节约 13 万 hm² 的土地用于生产商品玉米，按单产 8250kg/hm² 计算，每年我国可以增加商品玉米总量约 11 亿 kg。

（四）注意事项

在生产上，采用哪种种植方式，要因地制宜，灵活掌握。

工作任务3 确定播种量

（一）具体要求

根据种子的具体情况和选用的播种方式确定播种量。

（二）操作步骤

种子粒大、种子发芽率低、密度大，条播时播种量宜大些；反之，播种量宜小些。一般条播播种量为 45～60kg/hm²，点播播种量为 30～45kg/hm²。

工作任务4 种肥施用

（一）具体要求

种肥主要满足幼苗对养分的需要，保证幼苗健壮生长。在未施基肥或地力差时，种肥的增产作用更大。硝态氮肥和铵态氮肥容易为玉米根系吸收，并被土壤胶体吸附，适量的铵态氮对玉米无害。在玉米播种时配合施用磷肥和钾肥有明显的增产效果。

（二）操作步骤

种肥施用数量应根据土壤肥力、基肥用量而定。种肥宜穴施或条施，施用的化肥应通过土壤混合等措施与种子隔离，以免烧种。

（三）注意事项

磷酸二铵作种肥比较安全；碳酸氢铵、尿素作种肥时，要与种子保持 10cm 以上距离。

 工作任务5　确定播种深度

（一）具体要求

玉米播深适宜且深浅一致。

（二）操作步骤

一般播深要求 4～6cm。土质黏重、墒情好时，可适当浅些；反之，可深些。玉米虽然耐深播，但最好不要超出 10cm。

（三）相关知识

确定适宜的播种深度，是保证苗全、苗齐、苗壮的重要环节。适宜的播种深度依土质、墒情和种子大小而定。

工作任务6　播后镇压

（一）具体要求

玉米播后要进行镇压，使种子与土壤密接，以利于种子吸水出苗。

（二）操作步骤

用石头、重木或铁制的碌子于播种后进行。

（三）注意事项

镇压要根据墒情而定，墒情一般时，播后可及时镇压；土壤湿度大时，待表土干后再进行镇压，以免造成土壤板结，影响出苗。

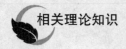 **相关理论知识**

合 理 密 植

根据现有品种类型和栽培条件，春玉米适宜密度为：平展型中晚熟杂交种，45000～52500 株/hm²；紧凑型中晚熟和平展型中早熟杂交种，60000～67500 株/hm²；紧凑型中早熟杂交种，67500～75000 株/hm²。在上述品种适宜密度范围内，肥水条件好的高产田，可采用适宜密度下限，一般田可采用适宜密度的中、上限。夏玉米比春玉米的适宜种植密度应相应增加 4500～5250 株/hm²。

合理密植须遵循如下原则：

1. 根据玉米品种确定种植密度　一般晚熟品种生育期长、植株高大、茎叶繁茂，需要较大的营养面积，密度应稀些；反之，早熟品种应密些。同一品种类型，叶片较挺的紧凑株型品种宜密些，叶片平展的松散株型品种宜稀些。

2. 根据地力、水肥条件确定种植密度　地力水平低、水肥条件较差宜密，地力水平高、水肥条件好宜稀，即瘦地宜密、肥地宜稀。

3. 根据播期确定种植密度　早播或春播，生育期长，单株所占空间较大，单株生产力较高，所以宜稀些；晚播或夏播，生育期短，单株生产力较低，所以宜密些。

4. 根据当地的气候条件确定种植密度　玉米在高温、短日照条件下，生育期缩短，所以，同一品种，南方的适宜密度应高于北方。同一地区，地势高，气温低，玉米生长矮小，宜密些，反之宜稀些。

各地在确定适宜密度时，应根据当地自然条件和品种类型综合考虑。由于品种的不断改良和栽培条件的不断改善，"合理密度"亦随着条件发展而变化。

模块四　玉米田间管理技术

学习目标

了解玉米各生育时期的生育特点，掌握玉米苗期、穗期、花粒期的田间管理措施，能正确诊断玉米苗情。

玉米田间管理是根据玉米生长发育规律，针对各个生育时期的特点，通过灌水、施肥、中耕、培土、防治病虫草害等，对玉米进行适当的促控，调整个体与群体、营养生长与生殖生长的矛盾，保证玉米健壮生长发育，从而达到高产、优质、高效的目标。

苗期田间管理

这一时期的主攻目标是培育壮苗，为穗期生长发育打好基础。

工作任务1　查苗补苗

（一）具体要求

玉米出苗以后要及时查苗，发现苗数不足要及时补苗。

（二）操作步骤

补苗的方法主要有两种，一是催芽补种，即提前浸种催芽、适时补种，补种时可视情况选用早熟品种；二是移苗补栽，在播种时行间多播一些预备苗，如缺苗时移苗补栽。移栽苗龄以2～4叶期为宜，最好比一般大苗多1～2叶。

（三）相关知识

当玉米展开3～4片真叶时，在上胚轴地下茎节处，长出第1层次生根。4叶期后补苗伤根过多，不利于幼苗存活和尽快缓苗。

（四）注意事项

补栽宜在傍晚或阴天带土移栽，栽后浇水，以提高成活率。移栽苗要加强管理，以促苗齐壮，否则形成弱苗，影响产量。

工作任务2　适时间苗、定苗

（一）具体要求

选留壮苗、大苗，去掉虫咬苗、病苗和弱苗。在同等情况下，选留叶片方向与垄的方向垂直的苗，以利于通风透光。

（二）操作步骤

春玉米一般在 3 叶期间苗，4～5 叶期定苗。夏玉米生长较快，可在 3～4 叶期一次完成定苗。

（三）相关知识

适时间苗、定苗，可避免幼苗相互拥挤和遮光，并减少幼苗对水分和养分的竞争，达到苗匀、苗齐、苗壮。间苗过晚易形成"高脚苗"。

（四）注意事项

在春旱严重、虫害较重的地区，间苗可适当晚些。

工作任务3　肥水管理

（一）具体要求

根据幼苗的长势，进行合理的肥料和水分管理。

（二）操作步骤

套种玉米、板茬播种而未施种肥的夏玉米于定苗后及时追施"提苗肥"。

（三）相关知识

玉米苗期对养分需要量少，在基肥和种肥充足、幼苗长势良好的情况下，苗期一般不再追肥。但对于套种玉米、板茬播种而未施种肥的夏玉米，应在定苗后及时追施"提苗肥"，以利于幼苗健壮生长。对于弱小苗和补种苗，应增施肥水，以保证拔节前达到生长整齐一致。正常年份玉米苗期一般不进行灌水。

工作任务4　蹲苗促壮

（一）具体要求

在苗期不施肥、不灌水、多中耕。

（二）操作步骤

蹲苗应掌握"蹲黑不蹲黄，蹲肥不蹲瘦，蹲湿不蹲干"的原则，即苗色黑绿、长势旺、地力肥、墒情好的宜蹲苗；地力薄、墒情差、幼苗黄瘦的不宜蹲苗。

（三）相关知识

通过蹲苗控上促下，培育壮苗。蹲苗的作用在于给根系生长创造良好的条件，促进根系发达，提高根系的吸收和合成能力，适当控制地上部的生长，为下一阶段株壮、穗大、粒多打下良好基础。蹲苗时间一般不超过拔节期。夏玉米一般不需要进行蹲苗。

 工作任务5　中耕除草

（一）具体要求

苗期中耕一般可进行 2～3 次。

（二）操作步骤

第 1 次宜浅，掌握 3～5cm，以松土为主；第 2 次在拔节前，可深至 10cm，并且要做到行间深、苗旁浅。

（三）相关知识

中耕是玉米苗期促下控上的主要措施。中耕可疏松土壤，流通空气，促进根系生长，而且还可消灭杂草，减少地力消耗，并促进有机质的分解。对于春玉米，中耕还可提高地温，促进幼苗健壮生长。

化学除草已在玉米上广泛应用。我国不同玉米产区杂草群落不同，春、夏玉米田杂草种类也略有不同。春玉米以多年生杂草、越年生杂草和早春杂草为主，如田旋花、荠菜、藜、蓼等；夏玉米则以一年生禾本科杂草和晚春杂草为主，如稗草、马唐、狗尾草、异型莎草等。受杂草危害严重的时期是苗期，此期受害会导致植株矮小、秆细叶黄以及中后期生长不良。

目前玉米田防除杂草的除草剂品种很多，可根据杂草种类、危害程度，结合当地气候、土壤和栽培制度，选用合适的除草剂品种。施药方式应以土壤处理为主。

（四）注意事项

中耕对作物生长的作用不仅仅为了除草，即便是化学除草效果很好的田块，为了疏松土壤、提高地温、促进根系发育仍要进行必要的中耕。

 工作任务6　防治虫害

（一）具体要求

苗期虫害主要有地老虎、黏虫、蚜虫、蛴螬、金针虫、蓟马等，应及时防治。

（二）操作步骤

见《植物保护》教材相关内容。

 穗期田间管理

这一时期的主攻目标是促进植株生长健壮和穗分化正常进行，为优质高产打好基础。

工作任务1　追肥

（一）具体要求

在玉米穗期进行 2 次追肥，以促进雌雄穗的分化和形成，争取穗大粒多。

（二）操作步骤

1. 攻秆肥　指拔节前后的追肥，其作用是保证玉米健壮生长、秆壮叶茂，促进雌雄穗的分化和形成。

攻秆肥的施用要因地、因苗灵活掌握。地力肥沃、基肥足，应控制攻秆肥的数量，宜少施、晚施甚至不施，以免引起茎叶徒长；在地力差、底肥少、幼苗生长瘦弱的情况下，要适当多施、早施。攻秆肥应以速效性氮肥为主，但在施磷、钾肥有效的土壤上，可酌量追施一些磷、钾肥。

2. 攻穗肥　指抽雄前 10～15d 即大喇叭口期的追肥。此时正处于雌穗小穗、小花分化期，营养体生长速度最快，需肥需水最多，是决定果穗籽粒数多少的关键时期。所以这时重施攻穗肥，肥水齐攻，既能满足穗分化的肥水需要，又能提高中上部叶片的光合生产率，使运输到果穗的有机养分增多，促使粒多粒饱。

穗期追肥应在行侧适当距离深施，并及时覆土。一般攻秆肥、攻穗肥分别施在距植株 10～15cm、15～20cm 处较好。追肥深度以 8～10cm 较好，以提高肥料利用率。

（三）注意事项

两次追肥数量的多少，与地力、底肥、苗情、密度等有关，应视具体情况灵活掌握。春玉米一般基肥充足，应掌握"前轻后重"的原则，即轻施攻秆肥、重施攻穗肥，追肥量分别占 30%～40%、60%～70%。套种玉米及中产水平的夏玉米，应掌握"前重后轻"的原则，2 次追肥数量分别约占 60%、40%。高产水平的夏玉米，由于地力壮，密度较大，幼苗生长健壮，则应掌握前轻后重的原则。

工作任务2　灌水

（一）具体要求

玉米穗期气温高，植株生长迅速，需水量大，要求及时供应水分。

（二）操作步骤

一般结合追施攻秆肥浇拔节水，使土壤含水量保持在田间持水量的 70% 左右。大喇叭口期是玉米一生中的需水临界期，缺水会造成雌穗小花退化和雄穗花粉败育，严重干旱则会造成"卡脖旱"，使雌雄开花间隔时间延长，甚至抽不出雄穗，降低结实率。所以此期遇旱一定要浇水，使土壤含水量保持在田间持水量的 70%～80%。

玉米耐涝性差，当土壤水分超过田间持水量的 80% 时，土壤通气状况和根系生长均会受到不良影响。如田间积水又未及时排出，会使植株变黄，甚至烂根青枯死亡，所以遇涝应及时排水。

工作任务3　中耕培土

（一）具体要求

拔节后及时进行中耕，可疏松土壤、促根壮秆、清除杂草。

（二）操作步骤

穗期中耕一般进行 2 次，深度以 2~3cm 为宜，以免伤根。到大喇叭口期结合施肥进行培土，培土不宜过早，高度以 6~10cm 为宜。

（三）注意事项

培土可促进根系大量生长，防止倒伏并利于排灌。在干旱年份、干旱地区或无灌溉条件的丘陵地区不宜培土。多雨年份，地下水位高的地区培土的增产效果明显。

 工作任务4 除蘖

（一）具体要求

当田间大部分分蘖长出后及时将其除去，一般进行两次。

（二）操作步骤

于拔节后及时除去分蘖。

（三）相关知识

玉米拔节前，茎秆基部可以长出分蘖，但分蘖量少，玉米分蘖的形成既与品种特性有关，也和环境条件有密切的关系。一般当土壤肥沃，水肥充足，稀植早播时，其分蘖多，生长亦快。由于分蘖比主茎形成晚，不结穗或结穗小，晚熟，并且与主茎争夺养分和水分，应及时除掉，否则会影响主茎的生长与发育。

（四）注意事项

饲用玉米多具有分蘖结实特性，应保留分蘖，以提高饲料产量和籽粒产量。

 工作任务5 使用玉米健壮素等植物生长调节剂防玉米倒伏

（一）具体要求

通过使用乙烯利对玉米的生长发育进行调控，增强玉米抗倒伏性。

（二）操作步骤

最佳施用时期是在玉米雌穗的小花分化末期。从群体看，是田间有 60% 左右的植株还有 7~8 片余叶尚未展开，喷药后的 5~6d 将抽雄，有 1%~3% 的植株已见雄穗。应均匀喷洒到上部叶片上，做到不重喷，不漏喷。对弱苗、小苗避开不喷。如喷后 6h 遇雨应重喷 1 次，但药量减半。

每公顷 15 支（每支 30mL），对水 225~300kg，喷于玉米植株上部叶片。

（三）相关知识

乙烯利是一种植物生长调节剂的复配剂，它被植物叶片吸收，进入体内调节生理功能，使叶形直立，且短而宽，叶片增厚，叶色深，株形矮健节间短，根系发达，气生根多，发育加快，提早成熟，降低株高和穗位，是高密度高产玉米防止倒伏、提高产量的重要措施。

此外，玉米壮丰灵、玉黄金、甲哌镓、吨田宝、达尔丰、维他灵 2 号、矮壮素、多效唑、玉米矮多收、40%乙烯利等，都具有抗倒增产的效果。

（四）注意事项

乙烯利不能与其他农药化肥混合喷施，以防止药剂失效。

用药过早，使植株过于矮小，不仅抑制了节间伸长，还使果穗发育受到很大影响，造成严重减产；用药偏晚，在雄穗抽出后才喷药，那时大多数节间已基本定型，降低株高的作用不明显。此外，由于不同品种、不同播期（春播或夏播）的玉米叶片总数常有一定的变化，以叶片数为喷药标准，应注意品种特性，还应注意基部已经枯萎的叶片。

喷施乙烯利最明显的效果是降低株高防止倒伏。因此，应适当增加密度，靠增穗降秆防倒伏来增加产量，一般可掌握在常规播种密度下再增加 0.75 万～1.50 万株/hm²。在不增密度并且无倒伏危险的情况下，喷施乙烯利的增产幅度较小，甚至不增产或减产。

工作任务6　防治病虫

（一）具体要求

玉米穗期主要病害有玉米大、小斑病，黑粉病；主要虫害有玉米螟、棉铃虫和黏虫，应搞好预测预报，及时防治。

（二）操作步骤

见《植物保护》教材相关内容。

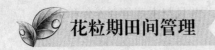 花粒期田间管理

花粒期的主攻目标是：促进籽粒灌浆成熟，实现粒多、粒重。

工作任务1　巧施攻粒肥

（一）具体要求

根据田间长势施好攻粒肥。

（二）操作步骤

在穗期追肥较早或数量少，植株叶色较淡，有脱肥现象，甚至中下部叶片发黄时，应及时补施氮素化肥。

（三）注意事项

攻粒肥宜少施、早施，施肥量为总追肥量的 10%～15%，时间不应晚于吐丝期。如土壤肥沃，穗期追肥较多，玉米长势正常，无脱肥现象，则不需再施攻粒肥。

工作任务2　浇灌浆水

（一）具体要求

通过浇灌浆水，促进籽粒灌浆。

（二）操作步骤

抽穗到乳熟期需水很多，适宜的土壤水分可延长叶片功能期，防止早衰，促进籽粒形成和灌浆，干旱时应进行浇水，以增粒、增重。田间积水时应及时排水。

工作任务3　去雄

（一）具体要求

在玉米雄穗刚刚抽出能用手握住时，进行去雄。

（二）操作步骤

采取隔行或隔株去雄的方法。去雄时，一手握住植株，一手握住雄穗顶端往上拔，要尽量不伤叶片不折秆。同一地块，当雄穗抽出 1/3 时，即可开始去雄，待大部分雄穗已经抽出时，再去 1 次或 2 次。

（三）相关知识

玉米去雄是一项简单易行的增产措施，一般可增产 4%～14%。每株玉米雄穗可产生1500 万～3000 万个花粉粒。对授粉来说，一株玉米的雄穗至少可满足 3～6 株玉米果穗花丝授粉的需要。由于花粉粒从形成到成熟需要大量的营养物质，为了减少植株营养物质的消耗，使之集中于雌穗发育，可在玉米抽雄穗始期（雄穗刚露出顶叶，尚未散粉之前），及时地隔行去雄，能够增加果穗穗长和穗重，使双穗率有所提高，植株相对变矮，田间通风透光条件得到改善，提高光合生产率，因而籽粒饱满，产量提高。

（四）注意事项

去雄不要拔掉顶叶，以免引起减产。去雄株数最多不宜超过 1/2。边行 2～3 垄和间作地块不宜去雄，以免花粉不够影响授粉；高温、干旱或阴雨天较长时，不宜去雄；植株生育不整齐或缺株严重地块，不宜去雄，以免影响授粉。

 工作任务4　人工辅助授粉

（一）具体要求

在玉米散粉期，如果花粉数量不足，可及时进行人工辅助授粉。

（二）操作步骤

人工辅助授粉一般在雄穗开花盛期，选择晴朗的微风天气，在上午露水干后进行。隔天进行 1 次，共进行 3～4 次即可。可采用摇株法或拉绳法授粉，也可用授粉器授粉。

（三）相关知识

正常情况下，一般靠玉米天然传粉都能满足雌穗授粉的需要，但在干旱、高温或阴雨等不良条件影响下，雄穗产生的花粉生活力低，寿命短，或雌雄开花间隔时间太长，影响授粉、受精、结实。此外，植株生长不整齐时，发育较晚的植株雌穗吐丝时，花粉量不足，也会影响结实。因此，人工辅助授粉可保证受精良好，减少秃尖、缺粒。

 工作任务5　站秆扒皮晾晒

（一）具体要求

在玉米蜡熟中期进行。

（二）操作步骤

将苞叶扒开，使果穗籽粒全部露出。扒皮晾晒的适宜时期是玉米蜡熟中期，籽粒形成硬盖以后。过早进行影响穗内的营养转化，对产量影响较大；过晚，脱水时间短，起不到短期内降低含水量的作用。

（三）相关知识

站秆扒皮晾晒，可以加速果穗和籽粒水分散失，是一项促进早熟的有效措施。

（四）注意事项

扒皮晾晒时应注意不要将穗柄折断，特别是玉米螟危害较重、穗柄较脆的品种更要注意。

 玉米看苗诊断技术

 工作任务1　　苗期看苗诊断技术

（一）具体要求

根据幼苗田间长势情况，诊断苗情。

（二）操作步骤

在出苗至拔节期按以下项目进行考查：

（1）株高（cm）。

（2）茎基部宽度（cm）。

（3）叶片与叶鞘长度比。

（4）叶色：浓绿、绿、黄绿。

（三）相关知识

幼苗期丰产长相是：叶片宽大，叶色浓绿，根深，茎基发扁，生长健壮。

（四）注意事项

中、低产田防瘦防弱；高产田则应控制地上部旺长，促进根系发育。

工作任务2　　穗期看苗诊断技术

（一）具体要求

根据穗期田间长势情况，诊断苗情。

（二）操作步骤

分别在拔节期、大喇叭口期调查下列各项：

（1）次生根数，每层根数。

（2）株高（cm）。

（3）可见叶数。

（4）叶色：浓绿、绿、黄绿。

（5）长势：壮株、弱株、徒长株数。

（6）测定叶面积，计算叶面积系数：抽雄时叶面积系数应为 3.5～4.0。

（7）测定鲜重（g）(3 株平均值)。

（三）相关知识

穗期丰产长相是：植株挺健，茎节短粗，叶片宽厚，叶缘呈波浪状，叶色深绿，气生根发达，群体整齐一致，雌雄穗发育良好。

拔节期叶龄指数 30，大喇叭口期叶龄指数 60。

 工作任务3　花粒期看苗诊断技术

（一）具体要求

根据花粒期田间长势情况，诊断苗情。

（二）操作步骤

在花粒期按以下项目进行考察：

（1）株高（cm）。

（2）总叶数。

（3）绿色叶片数。

（4）测定叶面积，计算叶面积系数：成熟时叶面积系数应保持在 2.5 左右。

（5）测定鲜重（g）(3 株平均值)。

（三）相关知识

花粒期丰产长相是：全株保持有较多的绿叶，授粉良好，穗大粒多，子实饱满，群体整齐，生长健壮，不旺长，不早衰。

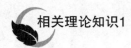 **相关理论知识1**

玉米各生育阶段的特点和栽培目标

1. 玉米苗期生育特点和栽培目标　玉米从出苗到拔节这一阶段称为苗期。一般春玉米经历 30～35d，夏玉米 20～25d。玉米苗期的生育特点是：以根系和叶片生长为中心，属于营养生长阶段。

苗期的栽培目标是：促进根系发育，适当控制地上部生长，使地上、地下协调生长，形成壮苗，为穗期生长发育打好基础。

2. 玉米穗期生育特点和栽培目标　玉米穗期是营养生长与生殖生长并进的阶段。根系继续发生并不断向四周和纵深扩展，茎叶迅速生长，大部分中、上部叶片在此期出现和展开，茎秆也在此期伸长和增重，每天可伸长 5～10cm，雄、雌穗先后分化形成。总之，穗期是玉米一生中生育最旺盛，生长量最大的时期。

穗期对环境条件的反应敏感。

玉米穗期要求较高的温度，适宜温度为 22～24℃。

玉米穗期需水量大，供水不足减产显著，尤其是抽雄前 10～15d，即大喇叭口期，正值雌穗的小穗、小花分化期，需水非常迫切，要求土壤含水量为田间持水量的70%～80%。若此时干旱，则会影响雌穗小穗、小花的分化及雄穗花粉的形成与发育。

玉米穗期由于生长量的急剧增加，吸收养分的速度和数量也迅速增大，此期对养分的吸收量最多，是玉米追肥的重要时期。

玉米穗期要求良好的光照条件。密度过高或阴天较多，通风透光不良，会导致植株生长细弱、倒伏、空秆增多。

穗期的栽培目标是：促进植株生长健壮和穗分化正常进行，实现壮秆、穗多、穗大、粒多。

3. 玉米花粒期生育特点和栽培目标 玉米抽雄开花后，营养器官已建成，根系功能开始衰退，进入开花、授粉、受精、结实的生殖生长阶段。此阶段是决定粒数和粒重的时期。

花粒期对环境条件有较严格的要求。

玉米开花适宜的温度为20～28℃，相对湿度为65%～90%。在高温（32℃以上）和干燥（相对湿度50%以下）气候条件下，开花较少，同时花粉在1～2h便失去活力，花丝也易枯萎，严重影响授粉受精，造成缺粒、秃尖。籽粒灌浆的适宜温度为22～24℃，最低温度16℃，昼夜温差较大对灌浆有利。

抽雄开花期是玉米需水高峰期，对水分反应极为敏感，土壤含水量应保持在田间持水量的70%～80%。干旱会缩短花粉寿命，延迟吐丝时间，影响授粉受精，降低结实率。灌浆期要求土壤含水量保持在田间持水量的75%左右，干旱会降低粒重。

花粒期玉米仍吸收一定数量的养分，高产情况下吸收的比例更大。如高产夏玉米25%～42%的氮素是在此期吸收的。

花粒期要求充足的光照。如光照不足，阴天较多，会降低粒重。

花粒期的栽培目标是：防止茎叶早衰，保持绿叶面积，保证授粉受精良好，促进籽粒灌浆成熟，防止贪青晚熟，实现粒多、粒重。

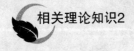　相关理论知识2

玉米需水规律

1. 播种至拔节 此期土壤水分状况对出苗及幼苗壮弱有重要作用。此阶段耗水约占总耗水量的18%。虽然该阶段耗水较少，但春播区早春干旱多风，不易保墒。夏播区气温高、蒸发量大、易跑墒。土壤墒情不足会导致出苗困难，苗数不足。水分过多，则易造成种子霉烂，影响正常发芽出苗。

2. 拔节至吐丝 此阶段植株生长速度加快，生长量急剧增加。此期气温高，叶面蒸腾作用强烈，生理代谢活动旺盛，耗水量显著增加，约占总耗水量的38%。

大喇叭口期是决定有效穗数、受精花数的关键时期，是玉米的水分临界期。水分不足会引起小花大量退化和花粉粒发育不健全，从而降低穗粒数。抽雄开花时干旱易造成授粉不良，影响结实率，有时造成雄穗抽出困难，俗称"卡脖旱"，严重影响产量。因此，满足玉米大喇叭口期至抽穗开花期对土壤水分的需求，对增产相当重要。

3. 吐丝至灌浆 此阶段水分条件对籽粒库容量大小、籽粒败育数量及籽粒饱满程度都有影响。此期同化面积仍较大，耗水强度也较高，阶段耗水量占总耗水量的32%左右。在该阶段应保证土壤水分相对充足，为植株制造有机物质并顺利向籽粒运输，实现高产创造条件。

4. 灌浆至成熟　此阶段耗水较少，但玉米叶面积系数仍较高，光合作用也比较旺盛，阶段耗水量占总耗水量的10%～30%。生育后期适当保持土壤湿润状态，有利于防止植株早衰、延长灌浆持续期，同时也可提高灌浆强度、增加粒重。

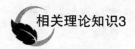

相关理论知识3

玉米倒伏原因及防止途径

　　玉米在我国粮食生产中占有举足轻重的地位，但是近年来由于种植方式的改变，追求高产，盲目增加密度，以及气候环境变化，自然灾害频发等原因，导致玉米田每年都有大面积倒伏，对玉米产量造成了一定的影响。因倒伏发生的时期和轻重程度不同，减产程度也不同，轻者减产5%～10%，重者减产可达30%。

1. 玉米倒伏的原因

　　（1）品种因素。不同品种的抗倒伏性存在很大差异。一般来说，株高较矮、穗位低较、根系发达、茎秆粗壮韧性强的玉米品种抗倒伏能力强；反之，抗倒伏能力弱。郑单958、绥玉23、克单14、利民33等品种较抗倒伏。

　　（2）气象因素。强降雨和大风天气是玉米出现严重倒伏的关键外在因素。

　　（3）施肥因素。氮肥施用偏多是造成玉米倒伏的重要因素。玉米缺磷会造成根系发育不良，玉米缺钾会造成玉米茎秆的韧性变差，这两者都会造成玉米易倒伏。苗期施氮肥过多过早，使玉米根系少，入土浅，对植株的支持固定能力降低；拔节期追施氮肥过多，使玉米拔节快，基部和中部节间细长，植株中上部叶面积增大，造成"头重脚轻"的现象，致使玉米的抗倒伏能力变差。

　　（4）种植密度过大。为追求高产而盲目增加密度，使种植密度过大，群体内部通风透光不良，植株茎秆徒长，茎秆的表皮细胞体积变大，细胞壁变薄削弱了机械组织的强度和韧性。并且株高增加，穗位升高，植株重心上移，茎秆的抗倒伏能力下降，一旦出现大风天气，极易出现倒伏现象。

　　（5）病虫危害较重。拔节期间或抽雄前病虫危害茎秆也易引起倒伏。玉米螟常常会钻到茎秆内部，蛀空茎秆，遇到大风天气，就有可能造成茎秆倒折。茎腐病、纹枯病等病害会使玉米茎秆组织变得软弱甚至腐烂，造成茎秆倒折。

　　（6）整地质量。整地质量差，犁底层过浅，玉米根系入土浅，支持根平展暴露在外，一旦遇到大风易发生倒伏。

2. 防倒伏的方法

　　（1）选用抗倒伏品种。

　　（2）深翻整地。加深耕层，改善耕层理化性状，增强保水保肥能力，促进根系下扎，提高根系支撑固定能力，从而起到防倒伏作用。

（3）合理密植。根据不同品种的生物学特性来合理安排种植密度，在一般生产条件下，尽量不要超过品种推荐的种植密度的上限。

（4）适当蹲苗。苗期适当蹲苗能使地上部节间缩短，促进根系下扎，构建庞大根系群以提高抗倒伏能力。苗期有旺长趋势的田块，可采用控制土壤水分和中耕断根的方法进行蹲苗，从而有效防止玉米倒伏。此方法一般只适用于地力比较好，土壤墒情比较好和有旺长趋势的地块，且蹲苗时间不宜太长，在拔节之前要结束，否则会影响幼穗分化。拔节后第一次灌水量不宜太大，以防徒长。

（5）合理施肥。注意氮、磷、钾肥的合理施用，缺钾地区要特别注意增施钾肥以增强茎秆强度，提高茎秆抗倒伏能力。尽可能避免在拔节期一次性追施氮肥，应分期追肥，最好以优质复合肥或氮钾肥来代替单纯施入氮肥，保证玉米均衡生长，防止偏施氮肥引起的徒长，从而提高抗倒伏能力。

（6）化学调控。种植密度比较大，有倒伏危险的地块，可喷施植物生长抑制剂来抑制株高、降低植株重心、降低玉米穗位，增加玉米气生根数和层数，起到很好的防倒伏作用。但在应用化控技术时，一定要根据药剂说明书严格掌握药剂施用量和施用时间，否则反而会造成减产。

模块五　玉米收获技术

学习目标

掌握玉米测产和收获技术。

工作任务1　玉米测产技术

（一）具体要求

根据玉米的产量构成因素，估测出玉米产量。

（二）操作步骤

采用对角线五点取样法，分别选取代表性样点，四周样点距地边要有一定距离，以避免边际效应。

1. 测每公顷株数　在每个样点测10行的距离，求平均行距；测50～100株的距离，求平均株距。

$$每公顷株数＝\frac{10000(\text{m}^2)}{平均行距（m）×平均株距（m）}$$

2. 测单株结穗率　在每个样点数50～100株玉米，再数其所结果穗数，计算单株结穗率。

3. 测每穗粒数　在每个样点选取若干代表性果穗，脱粒，数总粒数，求每穗粒数。

4. 测千粒重　将所脱籽粒混匀，随机选取1000个籽粒，烘干称重或根据品种的常年千粒重平均值估算。

5. 计算每公顷产量

$$公顷产量（kg/hm^2）=\frac{公顷株数×单株结穗率（\%）×每穗粒数×千粒重（g）}{1000×1000}$$

（三）相关知识

玉米的产量构成因素为：每公顷株数、单株结穗率、每穗粒数、千粒重。

（四）注意事项

测每穗粒数时，对于果穗大小相差较大的双穗型玉米，应根据其单株结穗情况分别选取一定比例的大、小果穗，以降低误差。

 工作任务2　收获

（一）具体要求

及时进行收获，提高品质，减少产量损失。

（二）操作步骤

食用玉米一般以完熟期收获为宜。表现为穗苞叶松散，籽粒内含物已完全硬化，指甲不易掐破。籽粒表面具有鲜明的光泽，靠近胚的基部出现黑层，整个植株呈现黄色。

种子田玉米要在蜡熟末期收获。此时种子已具有较高的发芽能力，干物质积累最多，早收有利于籽粒干燥，提高种子质量。

饲用青贮玉米宜在乳熟末期至蜡熟初期收获，此时全株的营养物质含量最高，植株含水量在75％左右，适于青贮。

玉米收获方法有人工收获和机械收获两种。机械收获能1次完成割秆、摘穗、切碎茎叶及抛撒还田等工序。

（三）相关知识

玉米适宜收获的时期，必须根据品种特性、成熟特征、栽培要求等掌握。黑层是玉米籽粒尖冠处的几层细胞，在玉米接近成熟时皱缩变黑而形成的。黑层的出现是玉米生理成熟的标志。黑层形成后，胚乳基部的输导细胞被破坏，运输机能终止，即籽粒灌浆停止。

 工作任务3　贮藏

（一）具体要求

为了玉米安全贮藏，首先要进行玉米的干燥，使籽粒含水量降到13％以下。

（二）操作步骤

粒用玉米的干燥方法有两种：一种是带穗贮藏于苞米楼（架）上；一种是脱粒在场院晾晒或用烘干机在60℃温度下烘干。种用玉米应挂吊晾晒，至种子水分下降到16％以下时，带穗挂藏于通风仓库，种子水分可继续下降到13％以下，故能安全越冬。如果种子水分较大，可在室内升温并保持40℃，定时通风排湿，经60～80h，种子水分可下降到13％左右，这时即可停止加温，种子便可安全贮藏。

（三）相关知识

13％是玉米种子安全贮藏时的标准含水量。如果高于13％，由于籽粒中有部分游离水，籽粒仍在旺盛呼吸，消耗籽粒内营养物质，降低发芽率。呼吸产生的热量，使有害微生物繁殖侵染，籽粒霉烂，失去使用价值。所以要特别注意种子的贮藏保管。

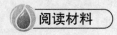 阅读材料

优质专用玉米

1. 高油玉米 高油玉米是一种籽粒含油量比普通玉米高50％以上的玉米类型。普通玉米的含油量一般为4％～5％，而高油玉米含油量为7％～10％，有的可达20％左右。玉米油的主要成分为脂肪酸甘油酯。此外，还含有少量的磷脂、糖脂、甾醇、游离氨基酸、脂溶性维生素A、维生素D、维生素E等。不饱和脂肪酸是其脂肪酸甘油酯的主要成分，占其总量的80％以上，主要包括人体内吸收值较高的油酸和亚油酸，它们具有降低血清中胆固醇含量和软化血管的作用。

玉米的油分85％左右集中在籽粒的胚中，所以高油玉米都有一个较大的胚。玉米胚的蛋白质含量比胚乳高1倍左右，赖氨酸和色氨酸含量比胚乳高2～3倍，而且高油玉米胚的蛋白质也比胚乳的玉米醇溶蛋白品质好。因此，高油玉米和普通玉米相比，具有高能量、高蛋白、高赖氨酸、高色氨酸和高维生素A、维生素E等优点。作为粮食，高油玉米不仅产热值高，而且营养品质也有很大提高，适口性也好。作为配合饲料，则能提高饲料效率。

2. 糯玉米 糯玉米淀粉比普通玉米淀粉易消化，蛋白质含量比普通玉米高3％～6％，赖氨酸、色氨酸含量较高，在淀粉水解酶的作用下，其消化率可达85％左右，而普通玉米的消化率仅为69％左右。鲜食糯玉米的籽粒黏软清香、皮薄无渣、内容物多，一般总含糖量为7％～9％，干物质含量达33％～58％，并含有大量的维生素E、维生素B_1、维生素B_2、维生素C、肌醇、胆碱、烟碱和矿物质元素，比甜玉米含有更丰富的营养物质，具有更好的适口性。

不同的糯玉米品种最适采收期有差别，主要由"食味"来决定，最佳"食味"期为最适采收期。一般春播玉米灌浆期气温在30℃左右，采收期以授粉后25～28d为宜；秋播玉米灌浆期气温在20℃左右，采收期以授粉后35d左右为宜。用于磨面的籽粒，要待完全成熟后收获；利用鲜果穗的，要在乳熟末期或蜡熟初期采收。过早采收糯性不够，过迟采收缺乏鲜香甜味，只有在最适采收期采收的才表现出籽粒嫩、皮薄、渣滓少、味香甜、口感好。

3. 甜玉米 甜玉米是甜质型玉米的简称，是由普通型玉米发生基因突变后，经长期分离选育而成的一个玉米亚种。根据控制基因的不同，甜玉米可分为3种类型：普通甜玉米、超甜玉米和加强甜玉米。

普通甜玉米是由su（sugary 的缩写）基因控制，积累还原糖、蔗糖和可溶性糖。一般糖分含量为8％～10％，是普通玉米的2～5倍。其中su基因可以大量积累水溶性多糖，乳熟期普通甜玉米的水溶性多糖含量可达30％，是普通玉米的10倍以上。

超甜玉米是由sh（shrunken的缩写）突变基因控制的。sh基因的特点是提高蔗糖含量，积累可溶性糖分，减少或抑制淀粉的合成。乳熟期超甜玉米的蔗糖含量可达20％以上，但

不积累水溶性多糖。

加强甜玉米是在 su 遗传背景中引入加强甜基因 se(sugary enhancer 的缩写)。se 基因可以抑制可溶性糖转化为淀粉,维持水溶性多糖较高含量的持续时间。

甜玉米的营养价值高于普通玉米,除含糖量较高外,赖氨酸含量是普通玉米的两倍左右。籽粒中蛋白质、多种氨基酸、脂肪等均高于普通玉米。甜玉米籽粒中含有多种维生素(维生素 B₁、维生素 B₂、维生素 B₆、维生素 C、维生素 PP)和多种矿物质元素。甜玉米所含的蔗糖、葡萄糖、麦芽糖、果糖和植物蜜糖都是人体容易吸收的营养物质。甜玉米胚乳中糖类积累较少,蛋白质比例较高,一般蛋白质含量占干物质的 13% 以上,具有很高的营养价值。甜玉米不含普通玉米的淀粉,冷却后不会产生回生变硬的现象,无论即煮即食还是经过常温、冷藏后,都能鲜嫩如初。因此适于加工罐头和速冻食品。

除了制种留作种子用的甜玉米要到籽粒完熟期收获外,做罐头、速冻和鲜果穗上市的甜玉米,都应在最适食味期(乳熟前期)采收。因为甜玉米籽粒含糖量在乳熟期最高。收获过早,其含糖量少、果穗小、粒色浅、乳质少、风味差;收获过晚,虽然果穗较大,产量高,但其含糖量降低、淀粉含量增加、果皮硬、渣滓多、风味降低。甜玉米收获时期较难掌握,且不同品种、不同地点、不同播期之间也存在差异。一般来说,春播的甜玉米采收期在授粉后 17~22d,秋播的甜玉米在授粉后 20~26d 收获为宜。另外,甜玉米采收后含糖量迅速下降,因此采收后要及时加工处理。

甜玉米应与普通玉米间隔 300m 以上种植,以防止串粉影响甜玉米品质。鲜食甜玉米可以分批播种,以不断连续供应市场,避免一次性成熟数量太大,造成损失。

4. 爆裂玉米 爆裂玉米是玉米种中的 1 个亚种,是专门用来制作爆玉米花的专用玉米品种。其爆裂能力受角质胚乳的相对比例控制。爆裂玉米籽粒中蛋白质、钙质及铁质的含量分别为普通玉米的 125%、150% 和 165%,为瘦牛肉的 67%、100% 和 110%,并富含营养纤维、磷脂、维生素 A、维生素 B₁、维生素 E 及人体必需的脂肪酸等成分。爆裂玉米宜在完熟期采收。

5. 青饲青贮玉米 青饲青贮玉米是专门用于饲养家畜的玉米品种。在乳熟后期至蜡熟初期,将玉米的地上部分收割、切碎并贮藏于青贮窖或青贮塔中,可长时间用作奶牛、肉牛的饲料。青饲青贮玉米按其植株类型可分为分枝多穗型和单秆大穗型;按其用途可分为青贮专用型和粮饲兼用型。分枝多穗型的青贮玉米分蘖性强,茎叶丛生,单株生物产量高,多穗,可以使植株的青穗比例增加,蛋白质含量提高。单秆大穗型的玉米基本无分蘖,一般植株高大,叶片繁茂,茎秆粗壮,着生 1~2 个果穗,单位面积产量主要通过增加种植密度来实现。作为粮饲兼用的玉米,则必须具有适宜的生育期和较高的籽粒、茎叶产量及活秆成熟的性能,以保证在果穗籽粒达到完熟期进行收获时,仍能收获到保持青绿状态的茎、叶,以供青贮。青饲青贮玉米经过贮藏发酵后,茎、叶软化,能长期保持青绿多汁,富含蛋白质和多种维生素,营养价值高,容易消化。经微生物的发酵作用,部分糖类转化为乳酸、醋酸、琥珀酸、醇类及一定量的芳香族化合物,具有酒香味,柔软多汁,适口性好,所含营养物质容易吸收。

为了获得最高的饲料产量,青饲青贮玉米的种植密度要高于普通玉米品种。在我国广泛采用的高产栽培密度为:早熟平展型矮秆杂交种 60000~67500 株/hm²;中早熟紧凑型杂交种 75000~90000 株/hm²;中晚熟平展型中秆杂交种 52500~60000 株/hm²;中晚熟紧凑型杂交种 60000～75000 株/hm²。

6. 优质蛋白玉米 优质蛋白玉米又称为高赖氨酸玉米或高营养玉米,是指蛋白质组分中富含赖氨酸的特殊类型。一般来说,普通玉米的赖氨酸含量仅为 0.20%,色氨酸为 0.06%,而优质蛋白玉米分别达到 0.48% 和 0.13%,比普通玉米高 1 倍以上。另外,优质蛋白玉米籽粒中组氨酸、精氨酸、天门冬氨酸、甘氨酸、蛋氨酸等的含量也略有增加,使氨基酸在种类、数量上更为平衡,提高了优质蛋白玉米的利用价值。

7. 笋玉米 笋玉米指以采摘刚抽花丝而未受精的幼嫩果穗为目的的一类玉米。笋玉米有 3 类:专用型笋玉米、粮笋兼用型笋玉米、甜笋兼用型笋玉米。笋玉米营养丰富,蛋白质含量较高,人体所需氨基酸比较平衡,是一种低热量、高纤维素、无胆固醇的优质高档蔬菜。

笋玉米与普通玉米相比要早收一个生育阶段。春播笋玉米只需 60～80d,夏播笋玉米只需 50～60d。笋玉米一般为多穗型,有效穗 3～6 个,因此必须分期采收。采收的适宜时期,以玉米果穗的花丝刚出苞叶 1～2cm 为宜。从顶穗开始,每隔 1～2d 采 1 次笋,7～10d 内采收完。采笋必须及时。玉米笋采收时,要注意将苞叶一齐采下,防止穗苞扭弯,致使笋条在苞叶内折断。去除苞叶后去净花丝。

玉米出叶动态观察记载

(一) 目的要求
了解玉米出叶速度,掌握观察记载个体出叶的方法。

(二) 材料用具
正常生长的玉米田植株、吊牌、号码章(或套圈)、记载表、铅笔等。

(三) 方法步骤
主要利用平时课余时间,每 2 人 1 组,选定生长正常的 5 株玉米进行系统观察记载。

出叶动态观察:从出苗到抽雄,对每片叶的出生期和定型期分别记载,并用号码章(或套圈)标记叶龄(可从四叶期开始)。

(四) 自查评价
对记载资料进行整理,写一篇小结。

玉米空秆、倒伏、缺粒现象的调查及原因分析

(一) 目的要求
掌握玉米空秆、倒伏、缺粒现象的调查方法,能够分析玉米空秆、倒伏、缺粒形成的原

因，并提出其防治措施。

（二）材料用具

玉米生产田、米尺、计算器等。

（三）方法步骤

1. 空秆、倒伏、缺粒调查 按对角线取 5 个样点（可依地块大小、生长整齐度灵活增减），每点连续选取 50 株有代表性的植株，按以下项目进行调查：

（1）空秆率。记载空秆数，计算空秆率。

（2）倒伏株率。记载倒伏株数并计算倒伏株率。

（3）缺粒穗率。同时调查记载有效穗数及秃尖缺粒穗数，计算秃尖缺粒穗占有效穗的百分数即缺粒穗率。

2. 空秆、倒伏、缺粒原因分析

（1）空秆原因分析。

① 密度方面。密度大小，植株分布的均匀程度，株间荫蔽程度等。

② 地力及施肥情况。地力强弱，施肥种类、数量、时期、方法等。

③ 气候条件。雨量多少与分布，排灌情况。

④ 植株生长状况。植株高矮、生长壮弱及整齐程度、有无徒长和缺肥现象等。

⑤ 病虫害发生情况。

⑥ 品种特性及种子纯度。

（2）倒伏原因分析。

① 品种特性。

② 密度大小及植株分布均匀程度。

③ 施肥浇水情况。营养元素的搭配，施肥时间、方法、数量、种类等，浇水时间及浇水量。

④ 病虫害发生情况。

⑤ 整地质量。

⑥ 气候条件。雨量多少及分布，是否遇风雨袭击等。

（3）缺粒原因分析。

① 品种遗传因素。

② 环境条件。开花结实期气温高低、风力大小、雨量和日照、空气相对湿度、土壤水分状况及营养条件等。

③ 开花授粉情况。雌雄开花期是否协调，散粉、吐丝情况。

④ 栽培管理。肥水管理、病虫防治、植株生长整齐度等。

（四）自查评价

1. 设计表格，将调查结果填表说明。

2. 针对田块的调查情况，分析造成空秆、倒伏、缺粒的原因。

3. 撰写一篇 300 字左右的文字材料，提出防止玉米空秆、倒伏、缺粒的措施。

生产实践

主动参与玉米播种和田间管理等实践教学环节，以掌握好生产的关键技术。

信息搜集

通过阅读《作物杂志》《××农业科学》《××农业科技》《中国农技推广》《耕作与栽培》等科普杂志或专业杂志，或通过上 Internet 网浏览与本项目相关的内容，或通过录像、课件等辅助学习手段来进一步加深对本项目内容的理解，也可参阅本科《作物栽培学》教材的相关内容，以提高理论水平。

练习与思考

1. 玉米各生育时期的记载标准是什么？
2. 玉米一生分为几个生育阶段？各有何特点？
3. 玉米的初生根、次生根、支持根各有什么特点？
4. 玉米花粉的生活力与环境条件有何关系？
5. 春玉米、夏玉米的整地方式有何不同？
6. 一般情况下玉米为什么要求适时早播？
7. 如何提高玉米播种质量？
8. 玉米合理密植的原则是什么？当地推广品种的适宜密度范围分别是多少？
9. 玉米苗期、穗期、花粒期的栽培目标分别是什么？各有哪些工作任务？

总结与交流

调查考察当地玉米大田的生产情况，以"玉米穗期田间管理"为内容，撰写一篇生产技术指导意见。

项目四　棉花栽培技术

学习目标

　　明确发展棉花生产的意义；了解棉花的一生；了解棉花栽培的生物学基础、棉花产量的形成；掌握棉花播种和育苗移栽技术、棉花田间管理和看苗诊断技术、棉花测产和收获技术。

模块一　基本知识

学习目标

　　了解棉花的一生，了解棉花栽培的生物学基础，了解棉花产量的形成。

　　棉花在植物学分类上属于被子植物锦葵科棉属（*Gossypium* L.）。为一年生亚灌木，在热带和亚热带也有多年生灌木或小乔木。依据其形态特征、染色体数目和地理分布分为50个种。其中栽培种 4 个，分别为二倍体栽培种非洲棉（*G. herbaceum*）和亚洲棉（*G. arboreum*），四倍体栽培种陆地棉（*G. hirsutum*）和海岛棉（*G. barbadense*）。

　　棉花是我国重要的经济作物。棉纤维是纺织工业的重要原料和创汇物资；棉籽是重要的食油来源和化工原料，一般脱绒后的棉籽含油率达 22％～25％，脱壳后的棉仁含油率达 35％～45％；棉籽壳是廉价的化工和食用菌生产原料；棉籽饼是优质的饲料和肥料来源，榨油后的棉仁粉含蛋白质 45％～50％，并含有多种维生素。

　　由此可见，棉花的主副产品都有较高的利用价值。它既是最重要的纤维作物，又是重要的油料作物，还是含高蛋白的作物、精细化工原料和经济药源。因此，努力提高棉花产量和质量，搞好综合利用，拉长产业链，不仅可提高棉农收入，也可满足国民经济发展多方面的需要。

一、棉花的一生

（一）棉花的生育期

　　棉花的一生是从种子萌发出苗开始到种子形成结束。一般把棉花从播种到收获结束所需的天数，称为大田生长期，或称为全生育期。把棉花从出苗到吐絮所需的天数，称为生育期。生育期的长短是鉴别棉花品种属性的主要依据。一般生产上将生育期 120d 以下的棉花品种称为早熟品种，120～140d 称为中熟品种，140d 以上称为晚熟品种。

（二）棉花的生育时期

在棉花整个生育期中，依据各器官建成的顺序和形态特征，划分为 4 个主要生育时期。棉花的生育时期常作为试验调查记载的基本项目，体现了棉花生育的速度和程度，各时期都有相应的基本标准。

1. 出苗期　棉苗出土后，2 片子叶平展为出苗，全田（区）出苗达 50％的日期为出苗期。

2. 现蕾期　棉株第一果枝出现直径 3mm 大小的幼蕾为现蕾，全田（区）50％棉株现蕾的日期为现蕾期。当全部棉株第四个果枝现蕾的日期为盛蕾期。

3. 开花期　棉株第一朵花花冠开放为开花，全田（区）50％棉株开第一朵花为开花期。当全部棉株第四个果枝开花的日期为盛花期。

4. 吐絮期　棉株第一个棉铃的铃壳正常开裂见絮为吐絮，全田（区）50％棉株吐絮为吐絮期。

（三）棉花的生育阶段

因为栽培管理的需要，一般将棉花前一生育时期和后一生育时期所间隔的时间划分为一个生育阶段。棉花的一生共划分为 5 个生育阶段，即播种出苗期、苗期、蕾期、花铃期和吐絮期。生产上一般根据各阶段的生长发育特点进行田间管理，各生育阶段经历的时间与品种熟性、气候特点和栽培条件有密切关系。

以直播中熟陆地棉品种为例将生育期和生育阶段划分归纳如图 2-4-1 所示。

图 2-4-1　棉花的一生

二、棉花栽培的生物学基础

（一）棉花的生育特性

1. 无限生长习性，株型可塑性强　无限生长习性是指棉花生长发育过程中，只要有适宜的温度和光照条件，植株就可以不断进行纵向和横向生长，增加果枝，增生果节，现蕾、开花和结铃，生长期不断延长；在各地有限的生长季节和特殊的气候条件下，必须恰当的控制这一特性，合理掌握其应有的果枝数和蕾铃数，充分利用生长季节，既要防止早衰，也要防止贪青晚熟，促使其正常成熟。棉花的株型具有较强的可塑性，棉株的大小、群体的长势、长相等，都受环境条件和栽培措施的影响而发生变化。因此生产上要采取延长棉花生长时间的技术（如地膜覆盖、间、套作、育苗移栽等），通过水肥、密度、整枝和化学调控技术，合理调整群体结构，充分发挥棉花无限生长的特点，同时塑造合理的株型，以便夺取高产。

2. 适应性广，再生能力强，结铃具有自动调节功能　棉花根系发达，吸收肥水能力强，种植遍及各地，从海拔 1000m 以上的高地，到低于海平面的洼地，从黄壤、红壤到旱、薄、盐碱地等，均可很好地适应。棉花的地上地下都有较强的再生习性，因此表现出良好的抗灾能力。地上部分的再生性主要表现在棉花叶腋中有潜伏的腋芽、茎秆有较强的愈伤能力，地下部分的再生性表现在根系有很强的再生能力。所以当棉花地上部分受到危害、地下主根受损或移栽断根时，依靠再生性仍能现蕾、开花和结铃，获得一定的产量；一般棉株越小，再生能力越强。此外，棉株结铃也具有很强的时空调节补偿能力，前、中期脱落结铃少时，后期结铃就会增多；内围脱落多结铃少的棉株，外围结铃就会增多；反之亦然。

3. 喜温好光性　棉花是喜温作物，其生长起点温度在 10℃ 以上，最适温度为 25～30℃，高于 40℃ 组织受到损伤。在适宜的温度范围内，其生育进程随温度的升高而加快。同时，完成其生长发育还需要一定的积温：早熟陆地棉品种为 2900～3100℃，中早熟陆地棉品种为 3200～3400℃。棉花又是喜光作物，棉花单叶的光补偿点为 1000～1200lx，光饱和点为 7 万～8 万 lx。棉花产量潜力及纤维品质优劣与当地太阳辐射强度、全年日照时数及日照百分率密切相关。

4. 营养生长与生殖生长并进时间长　棉花从现蕾开始进入生殖生长，而从现蕾至吐絮期间，棉花既进行根、茎、叶等营养器官的生长，又有现蕾、开花、结铃等生殖器官的发育，营养生长与生殖生长并进时间达 70～80d，约占全生育期的 4/5。生产上要采取适当的措施，使营养生长与生殖生长协调发展，否则会出现徒长或早衰。只有两者协调并进，才能实现早发、稳长、早熟不早衰，获得棉花生产的优质高产。

(二) 棉花器官的建成

1. 根　棉花根系由主根、侧根、支根和根毛组成。主根向下伸长，四周分生侧根，侧根上生支根，支根上再生小支根，根的尖端分生许多根毛，这样形成一个上大下小的圆锥根系。一株棉花的根系质量占全株质量的 10% 左右。

由于生长环境的差异，露地直播、地膜覆盖和育苗移栽棉花根系的形态也不一样（图 2-4-2）。

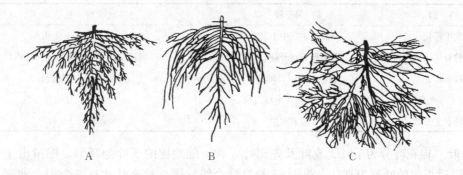

图 2-4-2　棉花的根系
A. 露地直播棉　B. 地膜覆盖棉　C. 育苗移栽棉

棉花是深根作物，比较耐旱。棉花主根入土可深达 2m 左右，侧根横向伸长可达 1m 左右，但大部分根系分布在 30cm 的耕作层内。

根系在苗期生长快，以生长主根为主，现蕾后，主根生长减慢，侧根生长加快，到开花期根系基本建成。开花后，主根和侧根生长都缓慢，但直到吐絮，只要条件适宜，根系还可不断增长。

棉花根系受到损伤后有再生能力，棉苗越小再生能力越强，到开花结铃后显著减弱。这种特性，给棉田中耕及育苗移栽提供了依据。

棉花根系吸收养分和水分供地上部分器官生长，因而根系生长的好坏，直接影响地上部分的生育和产量。所以，要增加棉花产量，必须在生长前期培育一个强大的根系。

2. 茎和分枝 棉花的主茎是由胚轴伸长、顶芽生长点不断向上生长和分化而形成的。胚轴伸长形成子叶节下面的一段主茎；顶芽生长点向上生长和分化形成子叶节以上的一段主茎。主茎生长一方面靠节数的增加，一方面靠节间的延长。生产上要求棉株节数增加快些，节间延长慢些，这样棉株节多，节间短，株型紧凑。株高以子叶节到顶芽的长度来表示，其日增长量是鉴别棉花生长快慢的重要标志，所以是看苗诊断的主要指标。

棉花分枝有果枝和叶枝 2 种：直接着生蕾、铃的，称为果枝；不能直接现蕾结铃，需要再生果枝后才能着生蕾铃的，称为叶枝或营养枝（图 2-4-3）。

一般棉株基部第 1～2 节的腋芽不发育，呈潜伏状态，第 3～5 节的腋芽发育为叶枝，5～7 节以上各节的腋芽发育为果枝，但有时也有出现少量叶枝的可能。叶枝上长出的果枝，一般开花晚，结铃迟，不能正常吐絮。因此，生产上通常在现蕾初期将叶枝去掉，以减少养分消耗，促进果枝发育。为了准确地去叶枝，必须掌握果枝与叶枝的区别（表 2-4-1）。

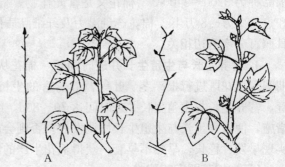

图 2-4-3　棉花果枝与叶枝的比较
A. 叶枝　B. 果枝

表 2-4-1　棉花果枝与叶枝的区别

项　目	果　枝	叶　枝
发生部位	一般在主茎中上部各节	一般在主茎下部几节
蕾铃着生方式	直接现蕾、开花、结铃	间接结铃（在二级果枝上结铃）
枝条形态	枝条曲折（合轴分枝）	枝条较直（单轴分枝）
与主茎夹角	夹角大，几乎成直角	夹角小，成锐角
叶的着生方式	左右对生	呈螺旋形排列

3. 叶 棉花叶分为子叶、真叶及先出叶 3 种。陆地棉的子叶为肾形，棉苗出土后首先展开。以后长出的叶称为真叶，第 1、2 片真叶全缘，第 3 片真叶才有 3 个尖，到第 5 片真叶才有明显的 5 个裂片。先出叶位于枝条基部的左侧或右侧，是每个枝条的第 1 片叶，叶片很小。棉花的真叶是完全叶，有 5 裂掌状的叶片、叶柄和托叶。子叶和先出叶为不完全叶。

棉苗出土后，子叶展开，即进行光合作用。子叶是第 1 片真叶出现前棉苗的唯一制造养分的器官。3 叶前，子叶是棉苗生长的营养来源，保护子叶不受伤害，对根系和幼苗生长十分重要。

4. 现蕾与开花 第一果枝和蕾的出现，标志着棉株由营养生长进入营养生长与生殖生长的并进阶段。蕾的形状为三角圆锥体，由 3 片苞叶包着花的其他部分，其继续发育就成花。一般 1 个果枝上可形成 3～7 个蕾。

第一果枝在主茎上的着生节位，称为果枝始节。通常各品种第一果枝节位比较固定，早熟品种节位低，晚熟品种节位高；若是氮肥较多、苗期温度高、种植密度大、播种期晚，果枝始节则高。果枝节位低，可以早现蕾、开花、结铃，利于获得高产。

棉花现蕾的顺序由下而上，由内向外，以第一果枝第一节位为中心，呈螺旋曲线由内圈向外圈发生。相邻两果枝相同节位现蕾、开花结铃间隔天数短，一般为 3～5d，称为纵向间隔；同一果枝相邻两节现蕾、开花结铃间隔天数较长，一般为 5～7d，称为横向间隔。

棉花现蕾速度与温度等条件有一定关系。据研究，第一个花蕾形成需要 19～20℃的日平均温度，温度不够，棉株只停留在营养生长阶段。但是，第一个蕾形成后，如果温度较低，其余蕾仍能继续形成，不过比较缓慢。

棉花开花前 1d 下午，花冠迅速膨大，伸出苞叶，顶端松软，这是第 2 天要开花的象征。第 2 天 8～10 时开放，温度高开得早些，温度低则晚些。刚开花时花冠为乳白色，由于呼吸加强，细胞内酸度增加，当气温较高时，在开花的当天下午即变成粉红色，开始萎蔫，第 2 天红得更深，一般在第 3 天呈暗紫色，连同雄蕊管、花柱、柱头自然脱落。

5. 棉铃的发育 棉花开花受精后，花冠脱落留下子房，称为幼铃。幼铃在开花受精后的 10d 左右，直径便长到 2cm 左右，即称为成铃（图 2-4-4）。棉铃属蒴果类型，3～5 室。绿色的铃壳内含有叶绿素，能进行光合作用。随着棉铃的成熟，铃壳表面逐渐由绿色变为红褐色。一般铃壳较薄的品种，开絮较畅，便于手工收摘。

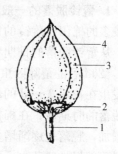

图 2-4-4 棉 铃
1. 铃柄 2. 花萼
3. 腺体 4. 铃尖

棉铃的发育可分为 3 个阶段。开花受精后 25～30d，是棉铃的体积增大时期，含水量大，组织柔嫩，易受虫害。以后是棉铃的充实时期，内部种子和纤维发育成长，干物质增加。当含水量降到 65%～70%，铃壳逐渐变为黄褐色，表明棉铃已经成熟，只待脱水开裂。脱水开裂期，含水量下降到 20% 左右，铃壳脱水，失去膨压而收缩，使铃壳沿裂缝线开裂。

棉铃大小与结铃部位、品种和环境条件有关，棉铃的大小以单铃籽棉重表示，一般铃重为 4～6g。

6. 棉籽的发育 棉籽由受精的胚珠发育而成。一般受精后 20～30d，棉籽体积达到应有大小。再经 25～30d，胚将胚囊中的胚乳吸收贮存于子叶中，剩下一层膜状胚乳遗迹。此时，胚与子叶充满种子，并具有发芽能力，到吐絮前胚完全成熟。未成熟的胚珠及受精发育不良的种子，即成不孕子或秕子，虽不影响产量，但其影响纺纱质量。

轧花后的棉籽外披短绒，称为毛子。短绒颜色多为白色或灰白色。成熟的棉花种子为黑色或棕褐色，壳硬；未成熟棉籽种皮呈红棕色或黄色，壳软。种子的大小常以百粒棉籽重（g）表示，称籽指。陆地棉的子指多为 9～12g，每千克种子 8000～11000 粒。

7. 棉纤维的发育 棉纤维的生长发育与棉铃和种子同步进行。其发育过程可分为伸长、加厚和扭曲 3 个时期。所谓伸长期，是指胚珠受精后经 25～30d，胚珠的表皮细胞可突起伸到最大长度。一般受精后 3d 内伸长的可发育成长纤维，3d 后开始伸长的形成短绒。影响伸长的主要因素是水分。因此，天旱缺墒，会使纤维变短；及时浇水会使纤维变长。加厚期，指纤维细胞完成伸长后，自初生细胞壁，由外向内，每天沉积一层纤维素，称为纤维生长日轮。纤维加厚一般从开花后 20～25d 开始，直到吐絮停止，需 25～30d。纤维加厚生长的速度与厚度，随品种与环境条件的变化而变化。其中温度是影响加厚的主要因素。据试验，在 20～30℃，温度越高，加厚越快。若低于 20℃，就会停止加厚生长。后期棉铃的品质差，原因就在于此。扭曲期，每一根纤维是一个单细胞，在裂铃前为圆筒形活细胞，裂铃后失水干燥死亡，变为扁平带状，使纤维形成不规则的天然扭曲，此期一般需 3～5d 完成。扭曲多的纤维，纺纱时纤维间抱合力大。

棉籽上着生纤维的多少，常以"衣指"或"衣分"表示。衣指即 100 粒籽棉上纤维的质量（g），陆地棉的衣指一般为 5～7g。衣分即皮棉重占籽棉重的百分数。一般棉花的衣分为 35%～45%。

（三）棉花的蕾铃脱落

棉花的蕾铃脱落是本身的特性，也是生产上存在的普遍现象。我国大部分棉区大田生产条件下，棉花的蕾铃脱落率一般为 60%～70%，高者达 80% 以上，生产上应采取积极措施减少脱落。

1. 蕾铃脱落的一般规律 蕾铃脱落包括开花前的落蕾和开花后的落铃。一般棉田和施肥较多的棉田，落铃的比例大于落蕾；瘦地、长期干旱或虫害较重的棉田，则落蕾多于落铃。从蕾铃脱落的日期看，蕾的脱落从现蕾至开花前都会发生，但大多数发生在现蕾后10～20d，20d 后的蕾除因虫害和严重干旱、雨涝引起脱落外，很少有自然脱落；棉铃的脱落主要发生在花后 3～7d 的幼铃，而以开花后 3～5d 最多，花后 8d 以上的棉铃很少脱落。从蕾铃脱落的时期看，在棉花初蕾期除受虫害和自然灾害外，几乎无脱落，随着现蕾数和开花数的增加，脱落也逐渐增多，进入盛花期后出现脱落高峰，以后又逐渐减少。从脱落部位看，一般下部果枝脱落少，中、上部果枝脱落多；靠近主茎的内围果节上的蕾铃脱落少，远离主茎的外围果节上的脱落多。但在棉株徒长或种植过密的情况下，常出现中、下部蕾铃大量脱落，形成高、大、空株型。

2. 蕾铃脱落的原因 棉花蕾铃脱落的原因复杂，受多种因素综合影响。基本上可分为生理脱落、病虫危害和机械损伤。据各地调查，一般棉田生理脱落占 70%，病虫危害占 25%，机械损伤占 5%。

（1）生理脱落。在不良的环境条件影响下，由于棉株某些生理过程的不平衡而引发的蕾铃脱落，称为生理脱落。引起生理脱落的因素很多，主要是有机营养失调、没有受精和激素不平衡等。

一是有机营养失调。由于不适宜的环境条件影响，如施肥过多或过少、土壤水分缺乏或土壤水分过多、光照不足、温度过高或过低等，棉株生长瘦弱或徒长，使营养生长和生殖生长失去协调，引起棉株体内有机养分不足或分配不当，蕾铃得不到足够的有机养分而脱落。

二是没有受精。棉花子房只有在受精后，才能发育成铃。棉花开花时，如遇到降雨、高温、高湿等不良环境条件，就会破坏花粉和影响授粉受精过程，致使子房未能受精而脱落。

三是激素不平衡。棉株体内含有多种激素，一般有生长素、赤霉素、细胞分裂素、脱落酸、乙烯等，它们在蕾铃发育中，起着不同的作用，同时还保持着微妙的动态平衡，只有在棉株体内的各种激素保持平衡状态时，蕾铃才能正常发育，一旦平衡状态被打破，便会引起蕾铃脱落。

（2）病虫危害。棉花受病虫危害后能直接或间接引起蕾铃脱落。如棉铃虫、斜纹夜蛾等害虫能直接蛀食蕾铃引起脱落；棉蚜、盲椿象、红蜘蛛、造桥虫等害虫，能破坏棉叶，影响蕾铃养料的供应而引起脱落；角斑病能侵害茎、叶、蕾和铃，影响光合产物的制造和运输；黄枯萎病主要侵害棉株的输导组织，不仅造成蕾铃脱落，严重时可使整株死亡。

（3）机械损伤。在进行棉田管理时，尤其是在棉株封行前后，田间管理操作不当，就会碰掉或损伤棉叶和蕾铃。另外，大风、暴雨、冰雹等灾害天气，也会直接或间接的造成蕾铃脱落。

3. 增蕾保铃、减少脱落的途径　单位面积所结铃数是决定棉花产量高低的重要因素。减少蕾铃脱落，必须在增结蕾铃，增加单位面积总铃数的前提下提高成铃率才有意义，否则，即使脱落率降低了，单位面积总铃数没有增加，也不会获得高产。

棉花蕾铃脱落的原因是多方面的，不同类型棉田减少蕾铃脱落的途径也不尽相同。在选用结铃性强、抗病虫、丰产优质品种的基础上，首先要改善肥水条件，合理调节肥水供应，协调营养生长和生殖生长；其次是合理密植，建立合理群体结构，改善棉田通风透光条件。另外，加强病虫害的综合防治，减少因病虫危害引起的脱落。

三、棉花产量的形成及其调控

（一）棉花经济产量的构成

棉花的经济产量是指籽棉或皮棉产量，棉花的经济系数，以籽棉计一般为 0.35～0.40，高产棉田可达 0.55 左右；以皮棉计为 0.13～0.16。在提高生物产量的基础上，努力提高或稳定经济系数，即可提高经济产量。皮棉产量的计算公式为：

$$皮棉（kg/hm^2）=总铃数（个/hm^2）×平均单铃重（g）×衣分（\%）×10^{-3}$$

1. 单位面积总铃数　单位面积总铃数是构成棉花产量的重要因素，一般变化幅度较大，低中产条件下是限制棉花产量提高的主要因素。高产田每公顷总铃数可达 120 万～135 万个，低产田只有 30 万～45 万个，单位面积总铃数和产量可相差 4～5 倍。如当单铃重为 4g，衣分 35%～38% 时，每公顷生产 750kg 皮棉时需要成铃 50 万个左右，每公顷生产 1125kg 皮棉时需成铃 75 万个左右，每公顷生产皮棉 1500kg 时，需要成铃 100 万个左右。因此，提高中、低产棉田产量应主攻单位面积总铃数。

一般生产条件下，影响单位面积总铃数的因素包括：①土壤肥力。有关试验证明，在低肥力棉田，随着施肥量的增加，单位面积总铃数会成倍增长，单铃重也有所增加，衣分较稳定；在中等肥力棉田，增施肥料影响产量构成因素的趋势与低肥棉田基本一致，但超过一定施氮量后增产效果就不明显了，过量反而会下降。②种植密度与配置。一般情况是，密度增加，单株结铃数减少，当密度过大时，果节数减少，蕾铃脱落增加，使单株结铃数显著减少，单位面积铃数也相应减少；密度小时，果节数增多，脱落减少，单株结铃数增多，但密度过低，总铃数少，产量势必不高。因此，栽培上要合理密植，在保证单位面积总铃数的前提下，充分发挥单株生产潜力，提高群体产量。③水分。在缺水条件下，生物产量低，群体结铃受到影响。此外，品种、季节、整枝技术、病虫防治和棉株长势等，都能使单位面积总铃数改变。

2. 单铃重　在单位面积总铃数相同的情况下，铃重是决定籽棉产量的主要因素。在高产栽培条件下，要想提高产量，必须挖掘铃重的潜力。

单铃重除受品种遗传特性影响外，主要受温度与热量条件的影响。棉铃发育的最适温度为 25～30℃。在棉铃发育期间，当 ≥15℃的活动积温在 1300～1500℃时，棉铃可以正常开裂吐絮；≥15℃的活动积温少于 1100℃时，大部分棉铃不能正常吐絮，铃重也随有效积温的递减而下降。其次，单铃重还受肥水条件的影响，地力和肥水条件优越，栽培管理水平高，植株有机化合物合成能力强，单铃重高。

3. 衣分　陆地棉品种的衣分一般为 36%～45%。衣分高低主要决定于品种的遗传特性，受外界环境条件影响较小。

（二）棉花成铃时空分布与调控

1. 棉花"三桃"及与产量的关系　棉花在不同时期开花所结的棉铃称为棉铃的时间分布。棉铃按其开花结铃时间的早晚，分为伏前桃、伏桃和秋桃。伏前桃指 7 月 15 日（早熟棉区为 7 月 10 日）前所结的成铃；伏桃指 7 月 16 日至 8 月 15 日（早熟棉区为 7 月 11 日至 8 月 10 日）间所结的成铃；秋桃指 8 月 16 日（早熟棉区为 8 月 11 日）以后所结的有效成铃。秋桃又分为早秋桃（8 月 16 日～8 月 31 日所结的有效成铃）和晚秋桃（9 月 1 日以后所结的有效成铃）。

伏前桃为早期铃，它的多少可作为棉株早发稳长的标志，但由于它着生在棉株下部，光照条件差，故品质较差，烂铃率较高。从高产优质出发，其比例不宜过大，春棉以占总铃数的 10%左右为宜。伏桃是构成产量的主体桃，由于其所处的外界温光水条件适宜，体内有机养料多，故表现为单铃重高，品质好。高产棉田伏桃一般占总铃数的 60%（早熟棉区为70%）左右，占总产量的 60%～70%（早熟棉区占 70%～80%）。所以，多结伏桃是优化成铃结构，夺取高产优质的关键。早秋桃由于所处的环境条件气温较高，昼夜温差大，光照充足，所以只要肥水跟上，早秋桃的成铃率高，铃重较大，品质也较好。一般高产棉田，早秋桃应占 20%（早熟棉区占 10%）左右；两熟棉田和夏棉，早秋桃更是形成产量的主体桃。晚秋桃着生在棉株上部和果枝的外围果节上，是在气温逐渐下降、棉株长势逐渐衰退的条件下形成的棉铃，铃重低、品质差。但晚秋桃的多少可反映棉株生育后期的长势，若晚秋桃过多，表明棉株贪青晚熟；过少，则表示棉株衰退过早，伏桃和早秋桃的铃重和品质也会受到影响，一般晚秋桃以 10%左右为宜（早熟棉区应限制晚秋桃的形成）。

2. 棉花成铃的调控　棉花成铃的空间分布与产量品质也有密切的关系。就空间的纵向分布看，一般以中部（5～10 果枝，早熟及特早熟品种为 3～7 果枝）的成铃率较高，铃大、品质好，下部（1～4 果枝，早熟及特早熟品种为 1～2 果枝）次之，上部（11 果枝以上，早熟及特早熟品种为 8 以上）较低。但如管理不善，营养生长过旺，棉田过早封行，中、下部蕾铃脱落严重。这时由于棉花结铃的自动调节功能，上部成铃率也会提高。如棉田中、后期脱肥脱水，出现早衰，则上部蕾铃大量脱落，即使成铃，其铃重也较轻、品质差。就空间的横向分布看，靠近主茎的内围 1～2 果节，特别是第一果节成铃率高，而且铃大、品质好，越远离主茎的外围果节成铃率越低，铃重越轻。栽培上适当密植之所以能增产的原因，主要就是增加了内围铃的比重。而内围铃之所以优于外围铃，一是内围铃多是伏桃和早秋桃，成铃时间正好与气候条件最有利于棉铃发育的时段同步；二是内围铃靠近主茎，得到的有机和无机养料比外围铃多。

因此在生产上，一是要适当密植，以提高内围铃的数量，获得优质铃；二是适当打顶和去边心，减少后期无效铃的发生，集中营养使中部和内围多结大铃；三是要调节开花结铃期，使大量开花结铃时间的温度与当地最佳成铃温度相一致，如黄河流域棉区优质成铃的最佳温度时段在 7 月上中旬至 8 月中下旬，早熟棉区为 7 月初至 8 月上旬。要应用一切调理手段使棉花内围第一、二果节的成铃比例达到 85％～90％，并且使在 8 月 15 日（早熟棉区为 8 月初）以前开花的成铃比例达到 85％以上，以实现棉花优质高产的目的。

模块二　棉花播种技术

学习目标

掌握棉花直播技术。

播前准备

工作任务1　整地

（一）具体要求

棉田整地须达到墒、平、松、碎、净、齐。"墒"指土壤有足够的表墒和底墒；"平"指地面平整无沟坎；"松"指土壤上松下实，无中层板结；"碎"指表土细碎，无大土块；"净"指表土无残茬、草根及残膜；"齐"指整地到头到边。这六字中"墒"是关键。

（二）操作步骤

一熟制地区通常要进行秋（冬）春两次耕作。秋耕宜早，最好在前作收获后进行。迟耕必须在表层 5cm 土壤结冻前结束。春耕要抓住解冻后返浆期耕翻，并即时耙耢保墒。

（三）相关知识

棉花是直根系作物，深耕是棉花增产的重要环节。据试验，深耕（20～33cm）比浅耕（10～17cm）皮棉增产 6.5％～18.3％。

（四）注意事项

两熟棉区难以春耕，一般是冬作物播种时深耕 1 次，春季棉花播种时在预留棉行上配合施有机肥后深翻。

工作任务2　施基肥

（一）具体要求

根据各地植棉经验，一般肥力水平，基肥占施肥总量的 60％～70％，才能满足棉花高产的需要。

（二）操作步骤

基肥多用有机肥料，北方棉区主要是施用堆肥、土杂肥、厩肥，南方棉区施用河、湖、塘泥或土杂肥、厩肥，也有以绿肥作基肥的。有机肥的施用宜早宜深。磷肥（施总量的50％）、钾肥（一次性施入）可在播前集中条施或穴施。

工作任务3　造墒

（一）具体要求

为确保一次播种达全苗、齐苗、壮苗，在春季偏旱地区应及早浇足底墒水，底墒水的时间应以地表开始昼消夜冻时为好，这样可以保证播种时地温的稳定。

（二）操作步骤

灌水方法多采用沟灌或畦灌，应力求灌透、灌匀。灌后要及时耙糖保墒。

（三）注意事项

南方和复种指数较高的棉区，可在棉花播种前根据土壤蓄水情况决定浇底墒水时间，掌握适墒期抢墒播种。

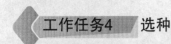**工作任务4　选种**

（一）具体要求

选用良种，精选种子。

（二）操作步骤

1. 选用良种　如在黄河流域中熟棉区，要选择前期生长势较强、中期发育较稳健、中上部成铃潜力大、株型较紧凑、铃重稳定、衣分高、中熟的优质高产品种。如标杂 A_1、豫杂 35 等。夏套棉可选择高产、优质、抗病、株型紧凑的短季棉品种。如中棉所 50 等。新疆南部棉区选择高产、抗枯萎病、优质的中熟或中早熟品种，如新陆中系列品种、中棉所 43、中棉所 52 等；早熟长绒棉，如新海系列品种。新疆北部棉区选择高产、抗枯萎病、优质的早熟或特早熟品种，如新陆早 48、新陆早 50 等。新疆吐鲁番地区的品种主要是岱字 80。

2. 精选种子，做好发芽试验，播前晒种　生产上使用的种子纯度要达到 95％以上，发芽率在 90％以上。试验结果表明，晒种对棉籽有促进后熟、提高发芽率、减轻苗期病害的作用。在播种前选晴天，晒种 4～5d，每天 5～6h，摊均匀并定时翻动，晒到棉籽咬时有响声为准。但不要在水泥地上晒种，以免温度过高，形成硬籽、死籽。

工作任务5　种子处理

（一）具体要求

处理种子、提高种子活力。

（二）操作步骤

1. 浸种

（1）定温定时温水浸种。将种子在 55～60℃温水中浸泡 30min，能杀死附着在种子内外的病菌；促进种子吸水，出苗快而整齐。

（2）药剂浸种。用浓度为 0.3％～0.4％的多菌灵胶悬剂浸泡 14h，可防止枯黄萎病的扩散和苗期病害发生。

2. 药剂拌种 用0.5%的多菌灵，甲基硫菌灵；0.3%～0.4%的三氯硝基苯、呋喃丹等药剂加10%的草木灰或细干土拌种，具有杀菌防虫的作用。

3. 泡沫酸脱绒 具有用酸量少、工效高、无废水、污染轻的优点，有利于种子商品化。

4. 种衣剂包衣 种衣剂组成中包括杀菌剂、杀虫剂、微量元素、激素和成膜剂、稳定剂、防腐剂等。种衣剂包衣处理棉籽，能直接杀灭种子所带病菌，防止土壤带菌传染病菌和地下害虫的危害，同时对棉花有促进生长发育的作用。

（三）注意事项

种子处理应特别注意药物的用量和用法，用量过大会抑制种子萌发。

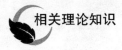 相关理论知识

棉田合理群体结构的确定

1. 密度确定 中国农业科学院棉花研究所等单位的密度试验结果表明，在一定密度范围内，采取密植密管、稀植稀管的条件下，产量并不随密度的高低呈相关变化，但随密度的增加，内围铃的比例增加，伏前桃和伏桃比例显著提高，明显表现为早熟。稀植由于受开花期和开花量的限制，产量构成以秋桃为主体，品质差，但高密度需精细管理，管理用工量增加。

确定合理的种植密度，要充分考虑当地气候、土壤肥力、品种特性、栽培技术水平等因素。目前我国棉区种植密度一般以4.5万～9万株/hm² 为宜，南方棉区因雨水偏多而密度偏小些，北方棉区则密度偏大些。但麦后直播棉、旱薄地、西北内陆棉区等种植密度可提高到10万～13万株/hm²。特早熟棉区如种植早熟品种在15万～18万株/hm²，新疆棉区部分棉田密度甚至高达22.5万～27.5万株/hm²。

2. 株行距的配置 适宜的株行距配置不但有利于棉田通风透光，而且也便于田间管理和棉田机械化作业。

（1）等行距。一般棉田采用等行距种植。生产实践证明，土壤肥力高、肥水条件好、棉花株高可达1.1m以上，行距可放宽为90～100cm，株距26cm左右；中等肥水条件，棉花株高在1m左右，行距在82～90cm，株距在25cm左右；中等以下肥力条件，棉花株高在80cm左右，行距70cm，株距在23cm左右；旱薄地、早熟棉区，株高在60cm以下，行距50～60cm，株距20cm。

（2）宽窄行。宽行与窄行相间种植，通过宽行来改善光照条件，通过窄行来增加密度。一般宽行距60～100cm，窄行距40～60cm。这种配置方式在中等肥力棉田和套作棉田普遍采用。

新疆机采棉模式为宽行66cm，窄行10cm；或采用76cm等行距。

 直 播

直播棉花播种出苗期的栽培目标是一播全苗，并争取早苗、齐苗、匀苗、壮苗。

工作任务1　确定播种期

（一）具体要求

根据当地的生产条件等综合因素确定棉花适宜的播种期。

（二）操作步骤

春播一般在日平均气温稳定在 14℃（5cm 深的土温在 15～16℃）即可播种。在常年情况下，应抓住 3 月底至 4 月中下旬"冷尾暖头"抢晴天播种。夏播则力争早播争时。

 工作任务2　确定播种量

（一）具体要求

根据当地的生产条件等综合因素确定棉花适宜的播种量。

（二）操作步骤

一般播种粒数不少于留苗数的 8～10 倍。条播要求每米内有棉籽 45～60 粒，每公顷播精选种子 75～90kg；点播每公顷用种 35～45kg，每穴播 3～4 粒。集约化精准生产的地块，播种达到单穴单粒。

 工作任务3　选择播种方式

（一）具体要求

根据生产实际选用适合的播种方式。

（二）操作步骤

播种方式分条播和点播两种。条播易于控制深度，苗齐、苗全，易保证计划密度。点播节约用种，株距一致，幼苗顶土力强。采用机械条播或定量点播机播种（每穴播 3～4 粒），能将开沟、下种、覆土、镇压等几项作业 1 次完成。播种深浅一般掌握"深不过寸，浅不露子"，深度以 1.5cm 左右为宜。播种和盖子要保持深浅一致，才能保证出苗整齐。

 工作任务4　加强播后管理

（一）具体要求

根据当地的生产条件等综合因素确定棉花适宜的播种期。

（二）操作步骤

为实现一播全苗，要求播后就管。若出苗前遇雨，土壤板结，应及时中耕松土破除板结，提高地温；对墒情差、种子有可能落干的棉田，应谨慎操作，可采取隔沟浇小水浸润的方法补水（切忌大水漫灌）。出苗后发现缺苗断垄，要及时催芽补种（用原品种种子）。

一般苗期中耕 2～3 次，深 5～10cm。机械中耕要达到表土松碎、无大土块、不压苗、不铲苗、起落一致、到头到边。齐苗后及时间苗，定苗从 1 真叶期开始至 3 真叶期结束，苗要留足留匀，确保种植密度。缺苗断垄处，可适当留双株。

模块三　棉花育苗移栽技术

> **学习目标**
>
> 掌握棉花育苗移栽技术。

 **播　种**

目前多熟制棉区广泛应用营养钵育苗。营养钵是用打钵器制成直径 5～8cm、高 10～15cm 的钵体。其优点是在早播的前提下移栽时，保护根系，缓苗期短，成活率高；缺点是费工。也可用工厂化生产的塑料营养钵，特点是操作简便，费工少，易育壮苗。目前正在推广的工厂化育苗技术，将会给棉农的植棉带来更大的便利。

工作任务1　肥料准备

（一）具体要求
准备好育苗所需营养土和所要添加的肥料。

（二）操作步骤
营养钵用的有机肥料，如充分腐熟的家畜粪肥、人粪尿、饼肥等，过筛后按 1∶9 的比例与熟土配置成营养土。如有机肥不足，也可加入少量氮、磷肥，但应严格控制用量，肥土掺匀，以防烧苗。

（三）注意事项
营养钵土以沙质壤土为好。

工作任务2　建床制钵

（一）具体要求
建好苗床，制好营养钵。

（二）操作步骤
苗床宽度可视塑料薄膜宽度而定，一般床宽 1.3m 左右，长以 10m 为宜，苗床深度 12cm 左右，以摆钵盖土后与地面相平为宜。床底铲平，深浅一致，四周开好排水沟。制作营养钵时，将肥土掺匀喷湿，湿度达到"手握能成团，平胸落地散"为好。

（三）注意事项
苗床地应在棉田内或附近，选排水良好，管理方便，接近水源，背风向阳的地块，有计划地分段建床。

工作任务3 播种

（一）具体要求

精细播种，力争一播全苗。

（二）操作步骤

一般在移栽前 30～45d 播种。播前选好棉种，下种时进行温汤浸种。将营养钵摆正，上齐可下不齐。摆钵后，分次浇透钵块（标准是用小棍能顺利扎透钵块即可），待水下渗后，每钵点种 2～3 粒，然后覆盖 1.5cm 厚湿润细土。播种后，立即搭架盖膜，四周用土封严踏实，防风揭膜。

（三）注意事项

育苗棉播种期要看天气变化情况，抓住"寒尾暖头，抢晴播种"。

工作任务4 苗床管理

（一）具体要求

通过调控温度和湿度进行苗床管理。在苗床管理过程中，要严防低温伤苗，高温烧苗，以及高温高湿形成的高脚苗。

（二）操作步骤

1. 温度管理 出苗前，苗床温度保持在 25～30℃，出苗后 20～25℃，第 1 片真叶后，保持 20℃左右。出苗前不要揭膜，当棉苗出土 80％时，根据天气情况，在向阳面揭开 2～3个小口通风，齐苗后通风口由小变大，进行炼苗。天气好、温度高，可逐渐揭膜至早揭晚盖，阴天则晚揭早盖，晴天中午全部揭开。移栽前 5～7d，将薄膜昼夜揭开，直到移栽。如遇霜冻、阴雨、大风等，还要将薄膜盖好，以防受害。

2. 适当浇水 在浇足底墒水的基础上，出苗前一般不浇水，出苗后尽量少浇水。在苗床干旱时，可适当喷水，以满足棉苗生长的需要。

3. 间苗定苗 为了培育壮苗，防止高脚苗，齐苗后选晴天及时进行间苗，1 片真叶时进行定苗，间定苗可用手掐或剪苗，并注意拔除床内杂草，防治病虫危害。

（三）注意事项

炼苗是关键。要注意苗床温度、湿度的把握，既要有适宜的温、湿度，又要防止高温烧苗或长成高脚苗。

工作任务1 移栽方法

（一）具体要求

适时适龄移栽，奠定好棉花高产的基础。

（二）操作步骤

移栽时的温度条件是棉苗能否长出新根的主要因素。一般移栽期气温要在15℃以上，地温稳定在17℃以上。一熟制棉区春季气温回升快，以4月下旬至5月上旬，苗龄达2～3片真叶时为移栽适期；两熟棉田套栽一般以收麦前15～20d移栽，苗龄达3～4片真叶时为宜。

 工作任务2　提高移栽质量

（一）具体要求

提高移栽质量，缩短棉花栽后缓苗期。

（二）操作步骤

移栽前，浇好起苗水（又称为"送嫁水"）是能否保证不碎钵伤根的关键环节。黏壤土移栽前2d浇水，沙壤土移栽前1d浇水。移栽时要轻起轻运，以免碎钵伤根。按棉田种植要求的株行距开沟挖穴，定距栽苗，保证密度。移栽深度，以钵面稍低于地面为宜。

施足肥、浇好水。开沟移栽时，可施优质农家肥、饼肥和磷肥，三者堆置腐熟成优质的"安家肥"，移栽时，结合开沟，集中条施，注意土肥混匀，以防烧根伤叶。移栽时，先封土2/3，再浇水。待水下渗，封土平沟，盖严钵块，并略高于地面。

（三）注意事项

移栽时要轻起轻运，以免碎钵伤根。除此之外，浇好"送嫁水"和"团结水"是移栽成活的2个关键环节。

模块四　棉花田间管理技术

 学习目标

了解棉花各生育时期的生育特点，掌握苗期、蕾期、花铃期、吐絮期的田间管理措施，能正确诊断棉花苗情。

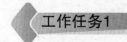 **苗期田间管理**

棉花从出苗到现蕾需40～45d，这段时间称为苗期。在产量构成中，是决定株数的关键时期。栽培目标是：在全苗的基础上，保证密度，培育壮苗，狠抓早管，促早发。

 工作任务1　中耕

（一）具体要求

通过中耕，调节棉花的生长，实现苗期壮苗的目标。

（二）操作步骤

当棉苗现行时，用手锄或耘锄浅中耕（3～5cm）；气温低、土壤含水量较高的地块，提早到播种后浅中耕，利于出苗。中耕次数与深度应灵活掌握。天旱苗小浅中耕，雨后土湿苗旺深中耕，雨后或浇水后要及时中耕，避免土壤板结。锄净棉苗根际杂草，利用锄头下边的"三宝"（有水、有火、能灭草）。

 工作任务2　间苗定苗

（一）具体要求

保证全苗，培育壮苗。

（二）操作步骤

在气温稳定，病虫害轻的正常情况下，在齐苗后间苗，2～3片叶时定苗。在气温变化大、病虫害多的情况下，齐苗后先疏苗，1片叶时间苗，3片叶后定苗。

（三）注意事项

间、定苗要严格选留壮苗、大苗，拔除病、弱、虫、杂苗。如遇缺苗在邻近处留双苗。

 工作任务3　追肥与灌水

（一）具体要求

实现早发、早熟，提高棉花产量和品质。

（二）操作步骤

1. 施肥　若施苗肥应以早施、轻施速效性氮肥为主。土质肥沃、基肥中又增施氮肥的棉田，苗期可不再施氮肥；旱薄地、盐碱地或未施基肥的棉田，均应早施苗肥。凡基肥未施用磷肥的棉田，应适当增施磷肥。在特早熟棉区，早施苗肥是关键措施。

2. 灌溉排水　一般在播种前灌溉过的棉田，苗期不必灌水，而以中耕保墒为主。如遇干旱年份，可以小水轻浇或隔行沟浇，浇后要及时中耕保墒提温。南方棉区苗期多雨，必须做好清沟排渍工作。保证0～40cm土层含水量在田间持水量的55%～70%。

（三）相关知识

棉花苗期吸收N、P_2O_5、K_2O的数量占一生吸收总数量的5%以下。此期虽然吸收比例小，但棉株体内含氮、磷、钾百分率较高。

棉花苗期由于气温不高，植株体较小，土壤蒸发量和叶面蒸腾量均较低，因此需水较少，土壤水分不宜过多。

 工作任务4　防治病虫

（一）具体要求

苗期病害主要有炭疽病、立枯病、红腐病、茎枯病等，在多雨年份，猝倒病、红腐病、角斑病会突然发生。虫害有棉蚜、地老虎、盲椿象、蓟马等，应做好防治工作。

（二）操作步骤

见《植物保护》教材相关内容。

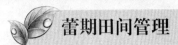
蕾期田间管理

从现蕾到开花需 25～30d，这一段时期称为蕾期。此期是增果枝、增蕾数，搭丰产架子的时期。

工作任务1　中耕培土

（一）具体要求

实现控上促下增蕾稳长。

（二）操作步骤

生长正常和长势弱的棉田，应多中耕以促进生长。在雨后或灌水后应及时中耕，深度应逐渐加深到 10～14cm。土壤肥沃、长势旺的棉田，可隔行近苗进行深耕，以切断部分侧根，促进根系深扎，抑制地上部旺长。中耕结合培土，应在开花前分几次完成，这样可防止倒伏，且有利于沟灌和排水。

工作任务2　去叶枝

（一）具体要求

减少营养消耗，改善棉田通风透光条件。

（二）操作步骤

棉花现蕾后，将第一果枝以下的叶枝幼芽及时去掉。去叶枝应保留果枝以下的 2～3 片叶，它们对根系提供有机养料有一定作用。在西北特早熟棉区，由于采用"矮、密、早"的栽培模式，不采用此项技术措施。

（三）注意事项

生长过旺的棉田，为抑制营养生长，防止徒长，除深耕断根进行控制长势外，可留取果枝以下的一个叶枝，待叶枝出现一个果枝时打去顶芽。在缺苗处要保留 1～2 个叶枝，可充分利用空间，多结铃。

工作任务3　追肥

（一）具体要求

培育壮苗，促进发棵稳长。

（二）操作步骤

蕾期追肥的时间和数量要根据苗情、土壤肥力和总追肥量来决定。土壤肥沃、基肥足、生长旺盛的棉田，不施或少施速效性氮肥；土壤瘠薄，基肥不足，长势弱的棉田，要适当偏施氮肥，施肥量应占追肥总量的 1/3。在北部特早熟棉区，南方两熟棉区，一般棉田瘠薄，蕾期追肥是关键措施之一。早追肥，有利于壮苗发棵。高密度栽培的棉田，蕾期应少施或不施速效氮肥，缺硼、锌的棉田，可叶面喷硼、锌。

（三）注意事项

要强调稳施蕾肥。

工作任务4　灌水

（一）具体要求

满足棉花蕾期对水分的需求。

（二）操作步骤

蕾期灌水要因地因苗制宜。一般棉田，为了缓和"三夏"农活集中和夏种用水的矛盾，常把本应在蕾期灌的一次水提到麦收之前。但是，高肥力的丰产田，则应适当迟浇头水。尤其在干旱灌溉棉区，灌好第 1 次水尤为重要。一般在浇足底墒水的基础上，适当推迟浇头水的时间和减少头水的灌水量，有利于蹲苗。据研究结果，应掌握 0～60cm 土层内的含水量保持在田间持水量的 55%～60% 为蹲苗的适宜水分。土壤含水量低于田间持水量的 55% 时，表示缺水，即应小水隔沟浇，以维持棉株正常生长为度，切忌大水漫灌。

（三）注意事项

在南方多数棉区常年正逢雨季，要加强清沟排水工作。

工作任务5　摘除早蕾

（一）具体要求

通过摘除早蕾，调节结铃空间。

（二）操作步骤

采用人工或化学方法适当除去棉株下部 1～4 果枝 4～8 个蕾。

（三）相关知识

生产上，伏前桃易霉烂，晚秋桃又成熟不好。伏前桃过多，并不能实现高产优质。据中国农业科学院棉花研究所等单位协作研究的结果，优质高产棉花的最佳结铃模式是，集中多结伏桃和早秋桃，不要或少要伏前桃和晚秋桃。根据棉花具有无限生长习性和结铃补偿能力强的特性，在棉花早发的基础上，摘除早蕾可以使棉株营养生长加快，营养体增大，中部现蕾数和成铃数增多。结果总铃数、铃重均超过常规栽培法，一般增产皮棉 10%～20%，品级也提高 0.5～1 级。

（四）注意事项

去早蕾技术适用于无霜期较长的棉区，以及采用地膜覆盖或育苗移栽的早发棉田，但还要注意重施花铃肥，遇旱及时灌水。由于除去部分早蕾后棉花长势加快，要注意喷洒植物生长调节剂，以控制徒长。

工作任务6 喷施生长调节剂

(一) 具体要求

通过正确使用甲哌鎓等植物生长调节剂，促进叶绿素合成，抑制主茎与果枝节间的伸长和赘芽的生长，增强棉根系活力，促进营养生长和生殖生长协调发展。

(二) 操作步骤

目前生产上化调的时期和剂量，主要根据"叶龄模式"和"全程化调"进行。"叶龄模式"调控技术是：在7～8叶龄期，每公顷用7.5g甲哌鎓进行第一次化控；16～17叶龄期，每公顷用量20～30g；20～21叶龄期，每公顷用量30～45g。全程化调技术是：分别在盛蕾期、初花期和盛花期使用甲哌鎓等生长调节剂。

 工作任务7 防治病虫

(一) 具体要求

蕾期主要害虫有棉蚜、棉铃虫、盲椿象、玉米螟、红蜘蛛等。此期也是枯萎病的重发期，应注意做好防治工作。提倡选用生物农药或植物性杀虫剂。

(二) 操作步骤

见《植物保护》教材相关内容。

 花铃期田间管理

从开花到棉铃吐絮的这一段时期称为花铃期。花铃期50～60d，是决定棉花产量的关键时期。

 工作任务1 重施花铃肥

(一) 具体要求

争取桃多桃大，不早衰。

(二) 操作步骤

一般掌握在棉株基部坐住1～2个大桃时施肥为宜。以速效氮肥为主，用量占追肥总量的1/2～2/3，一般用标准氮肥150～300kg/hm²。

(三) 注意事项

土壤瘠薄、长势弱的棉田，应早施、重施。土质肥、旺长的棉田，可适当晚施、少施、深施（穴施或开沟施），但不宜迟于7月底。西北内陆棉区和北部特早熟棉区，花铃肥提早到初花期施用，有利于促进早熟。后期如脱肥，采取根外喷施较为有效。缺肥并有早衰趋势或中下部脱落严重的，可在立秋前少量施肥促进。

工作任务2　灌水与排水

（一）具体要求

满足棉花生长发育对水分的需求。

（二）操作步骤

有伏旱的地区和年份，应适量灌水，但要避免灌水太多，或灌后遇雨而引起蕾铃大量脱落。西北内陆等干旱棉区，棉花生育期间降雨少，花铃期应每隔 7～10d 灌水 1 次。如果雨季遇雨，还要注意排水。

（三）相关知识

花铃期棉花生育旺盛，叶面积指数和根系吸收都达高峰，需水量最大。如果土壤含水量低于田间持水量的 55%，不仅影响肥效的发挥，而且容易产生乙烯等抑制物质，从而导致蕾铃大量脱落，减轻铃重，降低产量。

工作任务3　中耕松土、盖草

（一）具体要求

改善棉花后期根系生长条件。

（二）操作步骤

棉花开花以后根系再生力弱，故中耕不能深，次数也不宜多。为此可在重施花铃肥后，在棉花行内覆盖秸秆，既可保墒、防止土壤板结，又可弥补棉田有机肥之不足；还可增加棉田 CO_2 浓度，提高光合速率。

工作任务4　摘心整枝

（一）具体要求

改善棉田通风透光条件。

（二）操作步骤

1. 摘心（打顶）　正确的打顶时间，应根据气候、地力、密度、长势等情况决定。棉农的经验是"以密定枝，以枝定时；时到不等枝，枝到看长势"。一般黄河流域和长江流域棉区棉田在每公顷总果枝数达到 90 万个左右时打顶较为适宜；在常年长势正常的情况下，在大暑至立秋摘心为宜。西北内陆早熟棉区棉田在每公顷总果枝数达到 150 万时打顶较为适宜；在常年长势正常的情况下，特早熟区在 7 月 10 日前、早熟区在 7 月 15 日前完成摘心。

2. 抹赘芽　在棉田赘芽出现后及早抹净。

3. 打边心　把棉花分枝顶叶摘除。

4. 剪空枝、摘除无效蕾　立秋后剪去无蕾铃的空果枝，摘除 8 月中旬以后长出的无效蕾。

（三）相关知识

适时摘心，能改变棉株体内营养物质运输分配方向，使养料运向生殖器官，有利于多结铃，增加铃重。若摘心过早，上部果枝过分延长，增加荫蔽，妨碍中部果枝生长，增加脱落率，且赘芽丛生，徒耗养料；摘心过晚，上部无效果枝增多，消耗的养料多，反而减轻早秋桃的铃重。

抹除赘芽对棉花优质高产也具有重要意义。土壤含氮水平高，过早摘心或棉盲椿象危害，均会促使赘芽丛生，不仅徒耗养分，且影响棉田通风透光，故应及早抹净。

打边心可以改变果枝顶端优势，控制棉株横向生长，改善通风透光条件，使养料集中，提高铃重，减少烂铃及病虫危害。

立秋后剪去无蕾铃的空果枝，摘除 8 月中旬以后长出的无效蕾，可以改善棉田通风透光条件，提高棉花光能利用效率。

（四）注意事项

摘心应掌握轻摘、摘小顶（即 1 叶 1 心），反对大把揪。同一块田摘心应分次进行，先高后矮。晴天摘心有利于伤口愈合。

生长正常棉株的主茎和果枝上的腋芽，在光照和养分充足的条件下，也能分化发育成椏果，不要全部抹除，应适当保留。

在棉株长势不旺、无荫蔽的棉田，不必打边心。

工作任务5　化学调控

（一）具体要求

控制后期无效果枝、赘芽生长，促进蕾铃发育。

（二）操作步骤

生长正常的棉株，初花期每公顷用甲哌鎓 30g，结铃期用 45～60g，对水喷雾，贪青旺长的棉花，还可以增加喷雾次数，适当加大用量。

（三）注意事项

夏季高温季节最好在 10 时以前和 15 时以后喷施，以防药液蒸发干燥，影响吸收，降低药效。

工作任务6　防治病虫

（一）具体要求

重点做好红铃虫和棉铃虫的防治工作。

（二）操作步骤

见《植物保护》教材相关内容。

（三）相关知识

花铃期虫害种类多，数量大，危害重，对增蕾保铃威胁很大。危害最大的主要是红铃虫和棉铃虫，应以这两种虫害的防治为重点，兼治其他虫害。棉花红叶茎枯病（凋枯病）是一种生理性病害，一般初花期开始发病，花铃期或吐絮期盛发。可通过改良土壤、增施钾肥、加强田间管理等办法进行防治。

吐絮期田间管理

从棉铃开始吐絮到收花结束的这段时间称为吐絮期，持续 60～70d，吐絮期是决定铃重和纤维品质的关键时期。

 工作任务1　灌排水

（一）具体要求

满足棉花生长发育对水分的需求。

（二）操作步骤

当连续干旱 10～15d，土壤含水量低于田间持水量的 55％时即应灌水。但水量宜少，以免土壤水分过多，造成贪青晚熟，增加烂铃。如遇秋雨较多，要及时清沟排渍，降低田间湿度，防止烂铃和贪青迟熟。

（三）相关知识

吐絮期由于气温逐渐降低，叶面蒸腾强度减弱，对水分的要求也逐渐减少。但此时水分不足，不仅会造成幼铃大量脱落，甚至迫使棉株早衰，降低铃重和绒长、衣分，对产量和品质影响很大。

 工作任务2　整枝和"推株并垄"

（一）具体要求

改善通风透光条件，增加光照和通风，促进棉铃吐絮。

（二）操作步骤

吐絮后，及时打去枝叶繁茂荫蔽的棉田的赘芽、老叶，剪除上部空果枝。同时采取"推株并垄"方法，趁墒将相邻两行棉株分别向左右两边推开，使棉株倾斜。

 工作任务3　化学催熟

（一）具体要求

使已熟未裂或接近成熟的棉铃加快开裂，促进成熟，提早吐絮，提高霜前花的比重。

（二）操作步骤

贪青晚熟的棉田，喷洒乙烯利。喷洒时间，一般在当地枯霜来临之前 20d 左右。喷洒浓度以 500～1000mg/L 为宜。新疆大面积采用机械采摘棉花，一般在 9 月初，上部棉铃生长期达到 40d 以上，喷施脱落剂，施药后 3～5d 最低温度不应低于 15℃。

 工作任务4　防治病虫

（一）具体要求

吐絮期主要虫害有棉铃虫、小造桥虫、卷叶虫等，应及时防治。

（二）操作步骤

见《植物保护》教材相关内容。

工作任务5　根外喷肥

（一）具体要求

增加铃重。

（二）操作步骤

肥力不足棉田可在吐絮初期根外喷施 1‰ 尿素溶液、1‰ 的磷肥或 0.2‰ 磷酸二氢钾溶液。

棉花看苗诊断技术

工作任务1　苗期看苗诊断

（一）具体要求

掌握棉花苗期看苗诊断方法，学会分析苗情并提出相应的田间管理措施。

（二）操作步骤

观察主茎粗细、子叶形态、地下根、红绿茎比和叶色。

（三）相关知识

1. 苗期壮苗标准　子叶平展，地下根系健壮、白根多、扎的深、分布匀。地上部出叶快，株矮、主茎粗壮、宽大于高，红绿茎比各半，叶色油绿，顶芽凹陷。

2. 苗期弱苗标准　棉苗叶片小，叶色浅，出叶速度慢，根系入土浅，茎秆细长，红茎比例大于 50％。

3. 苗期旺苗标准　棉苗叶片肥大，叶色浓绿，茎秆细长，整个茎秆呈绿色，顶芽肥嫩，容易招致病虫害和蕾期疯长。

工作任务2　蕾期看苗诊断

（一）具体要求

掌握棉花蕾期看苗诊断方法，学会分析苗情并提出相应的田间管理措施。

（二）操作步骤

观察棉株、果枝和蕾生长速度，红绿茎比，叶色。

（三）相关知识

1. 蕾期壮苗标准　从现蕾至盛蕾期，株高日增量在 1～1.5cm，盛蕾至初花期，株高日增量达 2～2.5cm，至开花时，株高达最终株高的一半（50～60cm）；红茎比由苗期的 50％上升到 60％～70％，节间长度在 3～5cm 比较适宜；叶色油绿发亮，现蕾后 2～3d 长 1 个果枝，每 1.5～2d 长 1 个蕾。

2. 蕾期弱苗标准 棉株现蕾后，植株仍比较矮小，株高日增量不足 1cm，茎秆细弱，红茎比例过大；果枝出生慢，一般 3d 以上才能长出 1 个果枝，现蕾速度慢，2d 以上才能产生 1 个蕾，且蕾小、脱落较多。

3. 蕾期旺苗标准 株体高大，松散，茎秆红茎少，节间长，一般都在 5cm 以上；株高在现蕾至盛蕾期，日增量超过 1.5cm，盛蕾至开花，株高日增量超过 3cm；叶片肥大，向上窜；现蕾速度慢，蕾小，下部 1～2 台果枝，往往只长 1 个小蕾，且易脱落。

工作任务3　花铃期看苗诊断

（一）具体要求
掌握棉花花铃期看苗诊断方法，能够分析苗情并提出相应的田间管理措施。

（二）操作步骤
测量株高、日增量、红茎比，观察单株果枝数、果节数和主茎展开叶片数，注意株型。

（三）相关知识
1. 花铃期壮苗标准 开花时株高 50cm 左右，日增量为 2～2.5cm，红茎比 70%～80%，单株果枝 10 台左右，果节 25～30 个，主茎展叶在 16～17 片。盛花后保持一定的长势，主茎日增量 1～1.5cm，打顶前降至 0.5～1.0cm，红茎比例逐渐加大至 90%，最终株高 100cm 左右。在 7 月 30 日至 8 月 30 日集中成铃期，单株日增铃 0.3～0.5 个，成铃占总铃数的 70% 以上。株型呈宝塔形，7 月底至 8 月初带大桃封行。

2. 花铃期弱苗标准 植株矮小瘦弱，果枝细短，果节少，花蕾少而小，叶片发黄，株高日增量初花期在 2cm 以下，盛花期不足 1cm；红茎比在初花期达 80% 以上，盛花期红茎到顶，后期早衰，产量低。

3. 花铃期旺苗标准 植株高大、松散，茎秆上下一般粗，节稀，节间长，红茎比例小，低于60%；叶片肥厚，叶色深绿，花蕾小，脱落多；田间荫蔽，通风透光不良，极易遭受病虫危害。

工作任务4　吐絮期看苗诊断

（一）具体要求
掌握棉花吐絮期看苗诊断方法，能够分析苗情并提出相应的田间管理措施。

（二）操作步骤
观察棉铃充实度、吐絮是否顺畅、叶色及果枝果节生长情况。

（三）相关知识
1. 吐絮期壮苗标准 处暑看双花（下部吐絮，上部开花），青枝绿叶托白絮，国庆前夕一半桃，叶绿脉黄不贪青；棉株老健清秀，顶部果枝平伸，叶色褪淡，棉铃充实，吐絮畅。一般要求顶部 3 台果枝都长 3～4 果节，果枝长 20～30cm。

2. 吐絮期弱苗标准 顶部果枝伸展不开，上部花弱、花少、铃小，脱落严重，叶色褪色早，叶黄叶薄，落叶早；中部棉铃小，不充实，吐絮不畅。

3. 吐絮期旺苗标准 植株高大，茎秆青绿，节稀、节间长，赘芽丛生，上部蕾多花多，中部铃少，铃壳厚，铃期长，吐絮不畅，脱落和烂铃多。

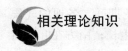

相关理论知识

<h1 style="text-align:center">棉花各生育阶段的特点和栽培目标</h1>

1. 棉花苗期生育特点和栽培目标 苗期是以长根、长茎、长叶为主的营养生长阶段，并开始进行花芽分化。苗期地上部茎、叶生长缓慢，苗小，抗逆力弱，易遭受低温冷害或感染病害。苗期根的生长较快，是这一时期的生长中心。

棉苗生长和根系的发育均要求充足的光照、较高的温度和良好的土壤通气条件。棉苗对养分和水分的需要量少，但对肥水反应却十分敏感。

苗期的管理目标：在全苗的基础上，保证密度，培育壮苗，狠抓早管，促早发。

2. 棉花蕾期生育特点和栽培目标 棉花现蕾后，植株生长加快，进入营养生长和生殖生长并进时期，但仍以营养生长为主。根、茎、叶的生长和花蕾的增长也日益加快。主根和侧根的生长速度达到高峰。主根的增长速度仍比株高快。此期仍是根系建成的重要时期。

蕾期由于气温增高，光照充足，地上地下营养和生殖生长均在加快，但仍以营养生长为主。棉苗吸收肥水数量相应增多。

蕾期的管理目标：搭好丰产架子，实现增蕾、稳长。在栽培上应采取促控结合的措施，使营养生长和生殖生长协调发展，达到壮而不旺、发而不疯、生长稳健、力求蕾多脱落少。

3. 棉花花铃期生育特点和栽培目标 花铃期是棉株营养生长和生殖生长齐头并进，也是其一生中生长最快的时期。初花期仍是营养生长占优势，而盛花期以后，营养生长明显减弱，生殖生长逐渐占优势，开花量占一生总开花量的 60%～70%。

花铃期营养生长和生殖生长矛盾尖锐化，极易引起棉株徒长或早衰。只有营养生长和生殖生长相协调，方能多结"三桃"。

花铃期是棉花一生中需肥水最多的时期，需水占一生需水总量的 45%～65%，需肥占一生需肥总量的 70%以上。

花铃期的栽培目标是：促进棉株健壮，长出足够的果枝和果节，充分延长结铃期，提高成铃率和铃重。控制棉株旺长晚熟，达到早熟不早衰。

4. 棉花吐絮期生育特点和栽培目标 吐絮期棉株营养器官生长逐渐减弱，生殖器官生长也逐渐减慢，棉株体内有机营养的分配，90%以上供给棉铃生长。

吐絮期的栽培目标是：防止棉株早衰、晚熟和烂铃；实现秋桃盖顶、桃多、桃大、成熟充分、吐絮顺畅的要求。

<h1 style="text-align:center">模块五　棉花收花技术</h1>

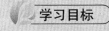

学习目标

了解棉纤维和种子成熟的规律，掌握收花的最佳时期，知道不同品质纤维的"五分"内涵，熟练进行田间测产。

收花是保证获得高产、优质棉纤维的重要环节。我国主要棉区从 8 月中、下旬棉花开始吐絮，一直要延续到 11 月才能收花完毕。在这大约 3 个月的吐絮、收花期间，各地的气候条件大体表现为北方降雨渐少、日照较充足，但低温降霜限制了棉铃的生长；南方在吐絮前期温度还较高，有利于棉铃的生长，但往往有时常秋雨连绵，给收花工作带来困难。必须注意适时收花，以提高棉花质量和品级，确保丰产丰收。在收花时，应注意分批次晾晒，分别存放和出售，以便获得优质优价。

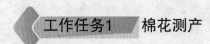

工作任务1　棉花测产

（一）具体要求

学会独立测产计产。

（二）材料用具

不同类型的棉田、皮卷尺、计算器、估产用表等。

（三）操作步骤

1. 测产时间　测产时间要适时，一般应在棉株结铃基本完成、下部 1~2 个棉铃吐絮时较为适时。棉花的有效铃数，到 9 月的 10~15 日已基本定型。故可在 9 月中下旬进行测产。

2. 分类选取样点　生产上在测产前，先将预测的棉田分为好、中、差 3 个类型。取样点要有代表性，样点数目取决于棉田面积。一般情况下采取对角线五点取样法。

3. 测定 667m² 收获株数　先测定行距。具体做法是：在行距大体相同的田块，横向连续测量 11 行宽度，之后除以 10，求出平均行距；纵向测 30~50 株距离，求平均株距。计算 667m² 的株数：

$$株数 = \frac{667 \times 10000}{行距（cm）\times 株距（cm）}$$

4. 测单株铃数　根据每点连续数 10~30 株的结铃数，求出单株平均结铃数（包括已摘过的棉铃，幼铃和蕾不计在内）。

5. 测单铃重　每点摘取 20 朵充分开裂的棉花并称其质量，求出平均单铃籽棉重，以 g 为单位。

6. 计算每 667m² 产量　在测产时，平均单铃重和衣分可根据同一品种历年的情况和当年棉田的具体情况决定。计算 667m² 的产量：

$$667m² 籽棉产量（kg）= \frac{667m² 株数 \times 平均单株铃数 \times 平均单铃籽棉重（g）}{1000}（kg）$$

$$667m² 皮棉产量（kg）= 667m² 籽棉产量 \times 衣分（g）$$

（四）相关知识

进行产量预测，可为棉花的收获、贮藏和总结棉花生产经验做好准备。棉花的产量构成因素有单位面积总铃数、单铃重和衣分。单位面积的总铃数涉及单位面积的株数和平均单株铃数。因此，测产时要分步进行。

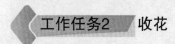

工作任务2　收花

（一）具体要求

适时采摘，防止乱收乱存，不混入异性纤维。

（二）操作步骤

一般在棉铃裂嘴后 6～7d 进行采摘。但在生产上遇雨时，必须在雨前抢摘，生产上可安排每 7～10d 采摘 1 次。收摘应选择晴天晨露干后进行。气温较高时，吐絮较快，收花间隔应短些，采摘后期间隔可稍长些，但不宜长过半月，要参照各地风、雨等条件确定。遇有大风或连续阴雨，应及时抢收。

（三）相关知识

棉铃的正常开裂是生理上成熟的外部特征。过早摘花，铃壳内养分便不能完全转移到纤维中，使铃重下降、纤维成熟度不足，细胞壁加厚不充分，强度变弱；过晚摘花，纤维组织是多糖结构，受光氧化时间过长，纤维则收缩变短、变脆，强度变弱，色泽变差（黄、灰）。

（四）注意事项

由于棉株不同部位的棉铃成熟时期和纤维品质不同，收摘时必须把好花、次花区分开来，以保证优质棉售得优价。一般实际生产中提出了具体要求，即：分收、分晒、分存、分售。

1. 分收　为了提高棉花的品级，对不同部位的棉花要实行分期、分批采收。棉株底部果枝的棉铃纤维粗短，称为根花或头喷花。由于其铃位靠近地面，受日照少，吐絮不畅，棉绒易为雨露、泥土及微生物污染侵害，所以僵瓣、污棉较多，色暗而强力弱，质量不好。棉株中部所结的棉铃纤维品质最好，称为腰花或中喷花。这些籽棉纤维成熟好，棉铃室多而重，棉绒色泽好，是各期采收籽棉中质量最好的。棉株顶部的铃结于开花末期，称为稍花或末喷花，有些是在枯霜后开裂的，称为霜后花。它们成熟不好，质量较差。霜后花有时因受铃壳染色变黄成为黄花，质量更低。但霜前已裂，霜后 3～4d 可采收的，仍属霜前花。棉花拔秆时从棉株上摘下的棉铃，晒干后剥取的籽棉，称为剥桃花，其成熟最差，质量最低。在分次收花时，应将好、坏花分收；霜前、霜后花分收；田间收的花与剥桃花分收。同时要用布做的袋采装，防止异型纤维混入，影响纺织质量。

2. 分晒　刚采收的籽棉含水一般较多，必须晒干后方可贮藏。不然，在贮藏期间容易使纤维变色，降低品质，甚至发热霉烂，造成更大损失。

晒花时，仍应本着分收的要求分类分级进行。提倡用帘架晒花，既可避免混杂，又利于籽棉干燥，还便于随时清拣非本组籽棉和杂质。晒花标准以口咬棉籽有清脆响声、手摸纤维干燥为度。遇连续阴雨天气、日照不足时，应设法烘干。

3. 分存　各时期采收的棉花应标明时间，分别存放。避免混杂，防止受雨受潮。注意消灭越冬害虫。

4. 分售　不同品级的籽棉要分别出售，以利于收购时优棉优价和满足纺织工业对原棉品级不同的需要。

 阅读材料1

棉花工厂化育苗

近年来，棉花营养钵育苗移栽技术发挥了巨大的增产作用，但劳动强度大，技术环节烦琐。随着农村劳动力转移和棉花实行规模化和区域化种植、提高我国棉花品质一致性的发展目标，迫切需要具有轻型化、简单化、规模化特点的棉花工厂化育苗新技术。因此，棉花工厂化育苗技术的研究一直是棉花科技界十分关注的热点。

从1992年开始研究，到2003年进入工厂化育苗实践期以来，工厂化育苗的特点和优势充分显现。

该技术的核心包括：

1. 工厂化无土育苗技术　在机械化控湿的简易温室内，选择适宜的播种时间在育苗盘或培养基内播种，经专用培养剂培养，使棉苗根表皮层得以活化、生长潜能得以积累。目前已基本实现了棉花工厂育苗技术指标化、工艺流程规范化、控湿机械化、育苗设施标准化等内容。

2. 棉苗无土移栽技术　主要通过对植株生理过程的诸多分析，找到了以"增长生长能积累量、提高棉苗根系活化度"为核心的一系列营养生化手段；实现了棉花育苗规程化、喷雾设施机械化、育苗盘标准化、育苗棚规格化、播种机械化等一系列规程。按照这套技术规程，可以使无土棉苗在离床的情况下，商品化棉苗存放保质期在3d以上，成活率在95%以上，缓苗期在5d以下。从而为棉花育苗实行工厂化集中育苗提供了可靠的技术保证。5年来的实践已经证实，按照这套标准去做就会成功，偏离这套技术规程就出问题。

3. 合格棉苗控制技术体系　包括育苗过程中温光肥水控制、生长速度控制、生产成本控制、育苗风险控制等诸多理论控制体系。通过这套技术控制体系，目前可以保证合格棉苗产出率不低于85%。

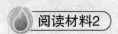

新疆机采棉花主要高产栽培技术环节

为实现机采棉的早熟、高产、优质、高效的目标，遵循"早、密、矮"栽培技术路线，特制订本技术措施。

1. 机采棉花品种选择　早熟，吐絮集中，含絮性好，以利于提高采棉机的采净率。株型紧凑，叶片不要过大，以利于脱叶；在棉花内在品质上，纤维长度30mm以上，抗枯耐黄。

2. 播种　膜内5cm地温稳定通过12℃可播种，适播期4月5日至4月20日。播深2～3cm，种子入土0.5～1cm，下籽均匀，穴下籽1～2粒，空穴率小于2%，覆土良好，铺膜平展、到头到边。

3. 化学调控　由于机采棉需要第一果枝自然高度不低于20cm(20～22cm)，因此，第1次化调（0～1真叶期）时，甲哌鎓的用量应少一些，一般可按当地棉花正常量的2/3施用。

4. 打顶　由于机采棉9月1日至9月5日要喷脱叶剂，喷前要求最后1个棉铃的日铃在45d以上。打顶越早，中、下部果枝坐铃率越高，顶部棉铃的铃龄越长，棉纤维成熟度越好，吐絮越畅，采净率越高。

5. 水肥管理及病虫害综合防治技术　与膜下滴灌高密度植棉技术相同。

6. 脱叶催熟　脱叶催熟剂的喷施必须在采收前 18～25d 进行。

喷施脱叶剂的最佳温度是：日平均温度 18～20℃，一般为 9 月 1 日至 9 月 5 日；可适当延展为 8 月 28 日至 9 月 8 日。最佳施药期：上部铃达 40～45d。棉花自然吐絮率达到 40% 左右时，喷施脱叶剂为宜。每 667m² 最佳施药量：①脱落宝 600g＋乙烯利 1500g/hm²；②哈威达 1200ml＋乙烯利 1500g/hm²。喷施脱叶剂 18～20d，脱叶率达 90%，吐絮率达 90% 以上时进行机采。

喷施脱叶剂时要求雾滴要小，喷量要大（每 667m² 加水不少于 30kg），喷洒均匀，使上下层、高低叶片的正反面都能喷有脱叶剂。喷雾器以机引风送式喷雾效果最好，风力大、雾滴小、附着均匀。飞机喷施也可，但因速度快、水量小、雾滴附着不均匀，地头地边不易喷上，要进行人工补喷。喷施作业时间应以早晨为佳。

生产实践

主动参与棉花播种育苗和田间管理等实践教学环节，以掌握好生产的关键技术。

信息搜集

通过阅读《棉花学报》《××农业科学》《种子》《中国纤维作物学报》《耕作与栽培》等科普杂志或专业杂志，或通过上网浏览与本项目相关的栽培内容，同时了解近两年来适合当地条件的有关棉花栽培新技术、审定新品种、研究成果等资料，制成卡片或写一篇综述文章。

练习与思考

1. 棉花一生可以分为哪几个生育阶段？各有何特点？
2. 棉花播前准备包括哪些具体内容？
3. 育苗移栽棉花有何特点？如何有针对性地进行管理？
4. 试述棉花各生育阶段的栽培目标，各有哪些工作任务？
5. 试述棉花花铃肥施用和化调的原理和技术。
6. 何时收花为佳？

总结与交流

1. 调查当地棉花生产中生物农药应用情况，并进行分组交流。
2. 以"棉花花铃期田间管理"为内容，撰写一篇生产技术指导意见。
3. 调查限制当地棉花生产中产量和效益提高的因素，提出可行的改进建议。

项目五 油菜栽培技术

学习目标

明确发展油菜生产的意义；了解油菜的一生；了解油菜栽培的生物学基础、油菜产量的形成；熟练掌握油菜播种和育苗移栽技术、油菜田间管理、看苗诊断技术、油菜测产和收获技术。

模块一 基本知识

学习目标

了解油菜的一生、油菜栽培的生物学基础、油菜产量的形成。

油菜是我国主要的冬季油料作物。油菜籽含油丰富，含油率在 $35\%\sim45\%$，菜籽中含有丰富的脂肪酸和多种维生素，是良好的食用植物油；其在工业上也有多种用途；菜籽饼是一种优质肥料，经过处理或含硫代葡萄糖苷低的饼物，又可作良好的精饲料；油菜根系所分泌的有机酸，能提高土壤中磷的有效性，因此是一种用地与养地相结合的作物；油菜花又是养蜂的重要蜜源。故发展油菜生产，对满足人民生活需要，促进农牧业生产和支援工业建设都具有十分重要的意义。

油菜为十字花科芸薹属（*Brassica* L. sp）一年生或越年生草本作物。根据染色体数及其同源性，把与油菜有密切亲缘关系的种分为两类：基本种有芸薹（北方小油菜，*B. campestris*）、甘蓝（*B. oleracea* L.）和黑芥（*B. nigra*）；复合种有甘蓝型的欧洲油菜（*B. napus*）、芥菜型的大叶芥油菜（*B. juncea* Coss.）和埃塞俄比亚芥（*B. carinata*）。中国栽培的油菜可分为白菜型油菜、芥菜型油菜和甘蓝型油菜三类。

一、油菜的一生

从播种到新的种子成熟称为油菜的一生。油菜一生中要经历发芽出苗期、苗期、蕾薹期、开花期和角果发育成熟期等5个生育时期（图2-5-1）。油菜出苗至角果发育成熟所经历的天数称为油菜的全生育期，也称为生育期。由于油菜类型、品种特性、气候条件和播期的不同，其生育期相差较大。甘蓝型油菜生育期较长，一般为 $200\sim230d$；白菜型油菜生育期较短，一般为 160～200d；芥菜型油菜介于两者之间，为 170～220d。

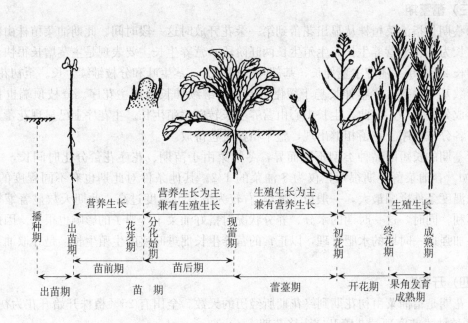

图 2-5-1　油菜生育进程示意

(周孟常，1998，经济作物栽培)

（一）出苗期

出苗期是指油菜从播种到全田有 75％子叶出土展平这一段时间。在水分和土壤氧气等条件良好时，这一阶段的长短由温度决定。在一定范围内，温度越高，发芽出苗越快。一般日平均气温在 3℃左右时，油菜种子虽可萌动，但发芽出苗很慢，出苗需 20d 以上；日平均气温在 7～8℃时，需 10d 以上；日平均气温在 12℃左右，需 7～8d；日平均气温在 16～20℃的适温时，仅需 3～5d。

油菜种子小，播种浅，发芽时吸水量又大，播种时维持一定的土壤湿度是保证全苗的关键。要求土壤含水量为田间持水量的 60％～70％。另外，整地质量差，表土坷垃过大或播种过深、过浅，都将会影响油菜出苗的进程和质量。

（二）苗期

苗期是指从出苗到现蕾这一段时间。春油菜苗期短，在 1 个月左右，而冬油菜苗期长，一般从头年秋季延续到第二年春季，苗期约占全生育期的 1/2，通常把油菜苗期分为苗前期（幼苗期）和苗后期（开盘期）。苗前期是指从出苗到开盘（幼苗顶端开始花芽分化之前）这段时间，主要是长根出叶，为纯营养生长阶段。这时由于气温高，地上部比地下部增长快。苗后期是指从开盘到现蕾这段时间。这段时间油菜除继续长根长叶等营养器官外，同时又开始进行花芽分化，是营养生长与生殖生长并进期。开盘是油菜发根、分枝和积累养分的重要时期。地上部生长渐趋缓慢，根颈开始迅速膨大，叶片的光合产物以糖的形式大量积累于根颈和根部，同时叶腋间大量抽生腋芽，大部分花序先后进行分化。

冬油菜一般在旬平均气温下降到 0℃左右时进入越冬期，经 70～80d 至次年春季返青。在越冬期间，植株处于休眠或半休眠状态，主要依靠主根短缩茎贮藏的养分维持生命，抵御寒冷。如果冬前植株细弱，或因播种过早，主根过粗，根质松软"糠心"，会使养分贮藏不足而造成越冬死苗。所以，冬前培育壮苗是确保安全越冬的关键。

(三) 蕾薹期

蕾薹期是指油菜植株从显出花蕾到第一朵花开放时这一段时间。此期油菜植株由苗期以营养生长为主转入营养生长与生殖生长两旺阶段。营养生长主要表现是主茎增长很快，平均每天伸长 2～3cm。随着主茎伸长，基部叶面积增大，茎生叶和分枝继续生长。至初花期前，主茎叶数基本生齐，主茎伸长趋于缓慢，但顶端继续伸长形成主花序。分枝顶端也相继伸长，形成分枝花序，至此，生长中心由营养生长转向生殖生长。主花序上已显现花蕾并迅速增大；各分枝花序上花蕾相继出现，整个植株含苞待放。

蕾薹期的长短因品种类型不同而异，冬油菜由于苗期、花序花蕾分化时间长，一般为20～30d，春油菜蕾薹期很短，仅为冬油菜的 1/2。其他条件对此期也有不同程度的影响，其中以温度条件影响最大，一般以 12℃ 左右较为适宜。温度过高，此期天数显著缩短，对增产不利。同时，这一时期的水分、养分状况对搭好油菜丰产架子的影响也很大。因此，生产上要加强这一时期的水肥管理，以正常的营养生长促进旺盛的生殖生长，是夺取油菜高产的关键。

(四) 开花期

开花期是指油菜由初花期到终花期所经历的天数。全田有 25% 植株开始开花为初花期，有 85% 植株主花序顶端花蕾开完为终花期。

油菜开花期无论冬油菜还是春油菜均较为一致，30d 左右。开花期温度高，天气晴朗干燥，花期稍有缩短；反之，则相对延长。开花期适宜温度范围在 14～18℃，10℃ 以下开花数减少；5℃ 以下便不能正常开花。如果气温过高，达 25℃ 以上时，虽然可以开花，但所开的花结实不良，角果数减少，且易脱落。

油菜开花期对土壤水分要求十分迫切，故这一时期保证田间不缺水和供给充足的养分也是夺取丰产的重要措施。

油菜进入开花期后，营养生长逐渐减弱，叶片由上而下逐渐枯黄脱落，株高及分枝数基本定型，生殖生长则逐渐转化为主要方面，体内的糖分大部分集中于长花和长角。因此，这段时间是充实丰产架子的重要时期。栽培上促、控结合，既防止花期脱肥早衰，又要注意防植株疯长猛发，转移生长中心，并要防止病害发生蔓延。

(五) 角果成熟期

角果成熟期是指从终花到角果成熟这一段时间。一般油菜终花后 15d 角果长度基本长足，宽度则到第 21 天基本定型。

油菜角果成熟期无论冬、春油菜，约 1 个月时间。这一时期的温度以 18～20℃ 为最适宜。25℃ 以上或 9℃ 以下，往往影响角果的正常发育，产生秕粒，甚至形成无效角果而脱落。这时油菜大部分叶片枯黄脱落，但数量众多的角果皮能进行光合作用。据测定，成熟种子内 40% 左右的贮藏物质就是靠后期角果皮的光合作用积累的。

油菜角果成熟期还要求适宜的水分和养分条件，这一时期吸收的矿质养分逐渐减少，故养分不宜太高，尤其氮肥不能太多。否则，贪青晚熟，并对种子油分的积累不利，但磷素和其他微量元素的补充对产量提高有重要作用。此期土壤水分过多或天气阴湿多雨，则会延长成熟时间，且易遭病虫侵袭，秕粒增多。但土壤水分过少时，对角果种子的发育不利，并影响油分的积累。

二、油菜栽培的生物学基础

（一）油菜的形态特征

1. 根 油菜的根系属于直根系，由主根和侧根组成，侧根包括支根和细根。主根上粗下细呈圆锥形。侧根按着生状态和疏密分布情况，可分为密生根系和疏生根系，冬油菜多属于密生根系，芥菜形油菜和春油菜大多数品种基本属于疏生根系。

2. 茎和分枝 幼苗期油菜主茎短缩不伸长，抽薹后，主茎节间迅速伸长呈直立型。主茎色泽随品种的不同而不同，有绿色、微紫色和深紫色多种。茎面光滑或生稀疏刺毛，密被或薄被蜡粉。主茎按其茎上节间的长短以及节上着生叶的特征，可分为缩茎段、伸长茎段和薹茎段三段（图2-5-2）。分枝根据一次分枝在主茎上的着生和分布情况，可分为下生、上生和匀生三种类型（图2-5-3）。

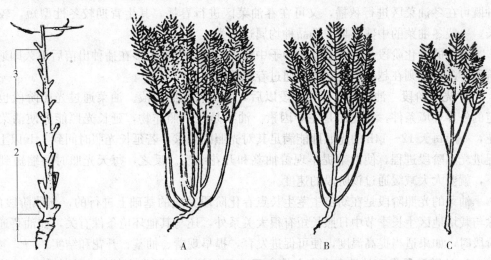

图2-5-2 胜利油菜主茎茎段划分
　1. 缩茎段　2. 伸长茎段　3. 薹茎段
　　（刘玉凤，2005，作物栽培）

图2-5-3 油菜的分枝习性
　A. 下生分枝　B. 匀生分枝　C. 上生分枝
　　（陈煜，1999，作物栽培学）

3. 叶 油菜的叶分为子叶和真叶两种。子叶有心脏形、肾形和权形3种。真叶为不完全叶，仅具叶柄和叶片，或无叶柄。一般油菜在不同生育时期出现以下3种不同形态的叶，即长柄叶（着生在缩茎段上）、短柄叶（着生在伸长茎段）和无柄叶（着生在薹茎段）（图2-5-4）。

4. 花 花序为总状无限花序。花由4枚狭长的萼片、4枚花瓣、6枚雄蕊（4长2短）、1枚雌蕊和4枚蜜腺组成。

5. 果实 为角果。由果喙、果身和果柄3部分组成。

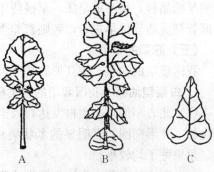

图2-5-4 胜利油菜各个茎段叶形的变态
　A. 长柄叶　B. 短柄叶　C. 无柄叶
　　（陈煜，1999，作物栽培学）

（二）阶段发育特性

油菜在系统发育过程中，需要经历多个不同质的发育阶段，才能进行花芽分化和开花结实。目前已确定的油菜发育阶段有春化阶段和光照阶段。

1. 春化阶段 油菜通过春化阶段要求一定的外界环境条件，但低温是主导因素。根据我国油菜类型和品种不同春化阶段对温度条件的反应不同，可以将其分为 3 种类型。

（1）冬性型。这类油菜对低温要求严格，需要在 0～5℃ 的低温下，15～45d 以上才能进行发育。冬性型油菜的生育期较长，如甘蓝型冬油菜晚熟品种、白菜型冬油菜和芥菜型冬油菜晚熟品种均属这一类。

（2）春性型。这类油菜可以在 10℃ 左右，甚至更高温度下很快发育。春性型油菜生育期都较短，如西北地区的白菜型和芥菜型春播品种、西南地区白菜型早熟和极早熟品种、华南地区的甘蓝型极早熟品种均属这一类。

（3）半冬性型。这类油菜对低温的反应介于冬性型和春性型之间，许多半冬性型油菜品种既可在冬油菜区进行秋播，又可在春油菜区进行春播，其生育期较冬性型短，较春性型长。一般冬油菜的中熟、早中熟品种均属这一类。

油菜的春化阶段一般在萌动的种子中即可进行。春油菜多在播种出苗后不久即通过春化阶段；冬油菜则在越冬后或越冬前通过春化阶段。

2. 光照阶段 油菜通过春化阶段以后，便进入光照阶段。油菜通过光照阶段也要求一定的外界环境条件，但光照是主导因素。油菜是长日照作物，延长光照能促使油菜提前开花，一般每天 12～14h 的光照即能满足其对光照的要求，若延长光照时间到 14h 以上，就能促进光照阶段进程，使油菜提早现蕾抽薹和开花结实。反之，每天光照时间缩短到 12h 以下，就要大大减缓通过该阶段的速度。

油菜的光照阶段是在幼苗主茎生长点春化阶段完成的基础上进行的，光照阶段的进程，除与栽培地区生长季节中日照长短有很大关系外，还与其他环境条件有关，如油菜通过光照阶段时，如果适当提高温度，便可促进发育，提早现蕾、抽薹、开花和结实。

3. 油菜阶段发育特性在生产上的应用 了解油菜阶段发育特性，在育种、引种和栽培等方面都有重要的意义。例如，在引种工作中，可以根据油菜的阶段发育特点，确定适当的引种范围，克服盲目性；在栽培上，根据油菜的阶段发育特点，可以确定适宜播种期：冬性强的品种，苗期生长缓慢，应适当提早播种，促进营养生长良好，有利于提高产量；对春性强的早熟品种，决不能早播，早播使年前抽薹开花，易遭受冻害。此外，春性品种发育快，田间管理应适当提早进行，否则营养生长不足，产量不高。

（三）油菜的类型

我国栽培的油菜，按其形态特征可分为 3 大类，即白菜类型、芥菜类型和甘蓝类型。

1. 白菜型油菜 我国栽培的白菜型油菜有两种：一是北方小油菜；一是南方油白菜。

（1）北方小油菜。主根发达，入土深广。株型矮小，分枝少，茎秆细。茎叶不发达，匍匐生长，叶形椭圆，有明显的琴状裂片，刺毛多，有一层薄的蜡粉，薹茎叶无柄，基部抱茎。角果种子均较小。

（2）南方油白菜。也称为矮生油菜、甜油菜。此类油菜侧根多，根系较发达，主根入土较浅，呈半木质化，抗旱抗寒能力较弱。植株较矮，分枝部位较低，分枝数较多，分枝与主茎夹角较大。叶片较薄且宽大，淡绿色，中脉明显，叶蜡粉少或无，叶呈卵圆形、长披针形或戟形，全缘或波浪形，浅锯齿，全株叶片一般无叶柄，茎生叶呈戟形，叶翼发达，抱茎或半抱茎而生。花为淡黄色，花瓣圆形，开花的花瓣两侧重叠。角果肥大，角果与果柄着生方向不一致。种子较大多黄色，也有黑、红、褐、黄褐等颜色。

2. 芥菜型油菜　根粗壮，侧根发达，植株高大，株型松散，分枝纤细部位高，分枝与主茎夹角小。茎秆纤维多而坚硬。叶片较薄，叶色深绿或油绿，叶上有刺毛或无刺毛，茎生叶有明显的叶柄，叶片较大，叶缘为羽状缺刻，少数品种叶全缘或微波形。上部叶片的叶柄极短，叶呈披针形。花较小，鲜黄色或深黄色，花瓣稍长、分离。果实瘦小、细、短、圆柱形，果柄与果轴夹角小。种子有褐、黄、红、黑等颜色，种皮有明显的网纹，种子有辛辣味。芥菜类型有两个栽培种，即细叶芥菜和大叶芥菜，分别分布在西北和西南高原一带。

3. 甘蓝型油菜　主根发达，有粗大根颈。植株较高，枝叶繁茂，苗期似甘蓝。叶有裂片，顶裂片大，叶面有明显蜡粉层，叶片厚，叶有绿、深绿、蓝绿或暗绿等色。缩茎叶叶缘有戟状缺刻、叶柄长。伸长茎叶为短柄叶，叶柄基部有叶翼，呈琴形，薹茎叶无叶柄，呈披针型。花大、黄色，花瓣圆形，开花时花瓣重叠。角果果柄与果轴呈直角着生，角果上有蜡粉，种子大，黑褐色。

三、油菜产量的形成及其调控

（一）油菜的产量构成因素

油菜的产量由单位面积角果数、每角果粒数、粒重 3 个因素构成。其中以角果数变幅为最大，高产田和低产田的差异最主要是角果数差异较大。而单位面积角果数是由单位面积株数和每株角果数构成，提高其中任何一个因素，就有可能提高产量，当合理密植使产量构成的诸因素协调发展，就可最大限度地获得高产。

（二）种子油分的形成及积累

油菜每朵花子房中一般有胚珠 15～40 个，胚珠一旦受精，立即开始发育。子叶出现时，子叶细胞内就有油点，开始积累油分。一般品种多在角果停止伸长时，油分积累才达高峰。油分累积过程一直要到角果转黄时才基本结束。

油菜所积累油分的物质来源，主要是由叶片及茎秆中光合作用产物及其贮藏物质转化而成，约占实际积累物质的 60%。角果皮的光合作用产物大部分也向种子提供油分积累。但是，光合产物不能直接形成油分，须先经过水解，变成简单的可溶性单糖类物质以后，在种子中转化为脂肪酸和甘油，再通过脂肪酶的作用，合成油分。

油菜种子油分的形成积累受外界环境条件和栽培条件影响很大。增施氮肥、提高产量，可相应提高油分含量。但氮素过多时，种子中蛋白质含量明显提高，含油量相应偏低；而氮、磷配合施用，不但可使产量提高，而且能显著提高种子的含油量。水分条件也直接影响种子细胞中溶液浓度和相对酸度。水分过少，使脂肪酶活动停止，贮藏物质转向蛋白质的形成，不利于油分积累。

油菜种子含油量因品种类型不同而异，一般甘蓝型油菜含油量高于白菜型，白菜型高于芥菜型。在生产中，早熟品种油分偏低；晚熟品种偏高；种子成熟好，粒大，含油量高。在同一类型的不同品种内，浅色种皮较深色种皮籽粒含油量高；土壤 pH 高达 8 以上时种子含油量降低。此外，随油菜栽培地区海拔高度的增加，油菜种子含油量也有递增的趋势。

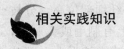相关实践知识

油菜类型的识别

具体操作见本项目【观察与实验】部分相关内容。

模块二　油菜播种技术

学习目标

　　熟练掌握油菜的种子处理、整地、播种、施肥等技术。

工作任务1　处理种子

（一）具体要求

播种前进行晾晒、种子精选，并对种子进行包衣。

（二）操作步骤

1. 选用优良品种　选择适合本地区种植的优良品种，所选种子的成熟度好、籽粒饱满、无病虫危害，且具有本品种的特征，种子要纯净，无杂质，发芽率要高（一般为 90% 以上）。

2. 晒种　播前选晴天将种子摊开，在晒场上或草席上（避免在水泥路面上）晾晒 2～3d。

3. 种子大粒化处理　种子大粒化就是将油菜种子外表包裹大约 2mm 厚的肥料外壳，变成直径为 5～6mm 的颗粒，比原种子扩大 2～3 倍，包被的材料主要是过磷酸钙、磷矿粉，另外掺和部分细土作黏结剂。将 20%～30% 的过磷酸钙浸出液、65% 左右的磷矿粉、15% 的细土倒入包衣剂中，加入适量水充分混匀，再将油菜种子倒入搅拌，直至油菜种子外表包裹大约 2mm 厚的肥料外壳为止。

（三）相关知识

　　晒种一方面能促进种子内部物质代谢，激发酶的活性，提高种子发芽率和发芽势；另一方面可以消毒灭菌。晾晒期间要不断翻动种子，注意不能暴晒，以免灼伤种子。晒种后，一般要做好发芽试验和种子处理工作，使种子发芽出苗整齐。

　　油菜苗期对磷肥比较敏感，大粒化种子便于与磷肥接触，种子发芽后即可吸收利用，因此对幼苗生长，特别是对根系生长有利。油菜大粒化种子播种后出苗快、出苗齐、幼苗生长健壮。种子包衣时，在包被材料中，过磷酸钙的用量不宜太多，一般以占配料总

量的 20％～30％为宜，超过 30％时常因游离酸过多，对油菜种子发芽出苗产生抑制作用。

 工作任务2 **整地及施肥**

（一）具体要求

油菜整地要突出抓好"早、深、细"3 个环节。开好排水沟，以利于排水。油菜地要因时、因地制宜施肥，要施足底肥。

（二）操作步骤

1. 整地 旱作地区在前茬作物收获后及早浅耕灭茬或直接深耕 20～30cm，立秋前后，趁墒浅犁细耙，达到土壤疏松细碎、上虚下实。水稻田种油菜，要在水稻收获前 7～10d 排水，收获后及时早耕、早风化、碎土平田，开好排水沟，以利于排水。

2. 施肥 油菜地要施足底肥。底肥以优质有机肥为主，氮、磷、钾配合，底肥占油菜总施肥量的 40％～60％。最好在深耕整地时分次施入，使基肥和土壤充分融合。

（三）相关知识

油菜的适应性广，各类土壤均可种植，但最适合土层深厚、有机质丰富、结构疏松、排水良好、养分充足的土壤，最适 pH 为 5～6.5。因此，油菜适合与水稻、小麦、玉米等作物轮作，是禾谷类作物的良好前茬。油菜不宜连作，也忌与十字花科作物轮作。

油菜是一种耐肥作物，对氮、磷、钾、硼等元素都很敏感。且油菜各生育期对氮、磷、钾的吸收也不一样。

 工作任务3 **播种**

（一）具体要求

要适时播种油菜，做到稀播、匀播、浅播。

（二）操作步骤

每公顷选 6～7kg 优质油菜种子，加等量炒熟的菜籽或 6～8kg 的尿素，采用机械条播，或用犁开沟人工溜种，也可撒播。播种深度以 2～3cm 为宜。在干旱地区可采取抗旱播种，即垄沟就墒播种。具体做法是当表层干土在 6cm 以上，而底墒较好时，采用豁干湿种，用卸去犁壁的步犁冲沟，豁去表层干土，在沟底湿土上溜种，再覆浅土，随后用脚在沟内踩实，出苗后至越冬前通过多次中耕培土，使垄沟移位，油菜种在沟内，长在垄上，有利于防冻抗倒伏。

（三）相关知识

直播是油菜栽培的主要方式，直播油菜主根入土深，根系分布范围广，能吸收利用土壤深层的水分和养分，抗旱、耐瘠薄、抗倒伏，在干旱地区或春油菜地区应用较多。

（四）注意事项

用尿素拌种时要注意随伴随播，用量不能过多，以免烧芽烂种。

模块三　油菜育苗移栽技术

学习目标

确定油菜移栽期，掌握苗床播种、管理、大田移栽等技术。

工作任务1　选择育苗地

（一）具体要求

选择适合油菜育苗的地块作苗床。

（二）操作步骤

1. 选苗床地　选择平整、肥沃、疏松、向阳、水源方便、尽量靠近本田的早秋作物地或其他旱地作为苗床地。

2. 确定苗床面积　一般苗床面积与本田的面积比为 1：（5～6）。

工作任务2　整地施肥

（一）具体要求

为油菜幼苗生长创造良好的条件。

（二）操作步骤

1. 整地　前作物收后及时翻耕炕田，精整土地。

2. 施肥　施腐熟有机肥及氮、磷、钾等化学肥料。

3. 制作苗床　苗床做成宽 1.5m 左右的畦，畦间留走道兼排水沟，宽、深均在 22～25cm，以便于田间管理。

工作任务3　播种

（一）具体要求

适时播种，提高播种质量。

（二）操作步骤

1. 播种期　油菜的播期一般以温度及移栽时间来确定。气温在 18～20℃时为适宜播期，也可根据移栽期推算，在移栽期确定的基础上，按苗龄（壮苗苗龄一般在 40～45d）向前推算，即可确定播期。如果移栽面积大时，可分期播种，以便分期移栽。

2. 提高播种质量　播种量每公顷为 9～12kg。为了播种均匀，可掺等量的细粪土或尿素，然后分畦、定量、分次播种，再用耙拉平覆土 2～3cm。

工作任务4　管理苗床

（一）具体要求

培育壮苗。

（二）操作步骤

1. 早间苗、定好苗　油菜齐苗后，在长出1片真叶时就开始间苗，苗距3cm，以叶不搭叶为宜，长出第2片真叶时间1次苗。在3叶时定苗，苗距6～8cm。间、定苗时要做到去弱留强、去病留健、去杂留纯，并拔除杂草。

2. 早施提苗肥　为了满足幼苗养分需要，结合匀苗、定苗施肥，每匀1次苗用清淡粪水提苗定根，定苗后及早追肥，一般施尿素45～60kg/hm²。5叶期后进入壮苗充实期，应控制肥水，防止徒长。做到4叶前苗旺、5叶后苗壮。在移栽前6～8d追施1次肥，施尿素75kg/hm²，栽后恢复生长快。干旱时应结合施肥适量浇水。

3. 早防治病虫　苗床期气温较高，要注意防除病虫害。主要虫害有蚜虫、菜青虫等，重点防治蚜虫。病害主要有病毒病、白锈病和猝倒病。必要时须用药剂防治，做到带药移栽，不把病虫带入大田。

（三）注意事项

育苗期间如雨水多时，注意排水防渍，防止烂芽、烂苗。

工作任务5　移栽油菜苗

（一）具体要求

适时移栽，提高移栽质量。

（二）操作步骤

1. 确定移栽期　油菜苗床期达到35～40d时移栽。移栽时叶龄5～7叶，也可以在4叶时开始移栽。早栽，苗床用量少，起苗时伤根少，及时移入本田后利用冬前气温较高的条件，有利于培育壮苗。

2. 移栽　移栽前1d，浇水湿润床土，以免起苗时伤根。起苗时用小铲或撬，带土移栽，缓苗期短。移栽时将大小苗分开栽，起出的苗要当天栽完。苗要栽直，不要窝根，不能栽得过浅或过深，一般覆土到最下叶的叶柄着生处，覆土要严，紧密适当，以免挤伤心叶。栽后随即浇定根水，并及时施缓苗肥，一般施尿素75kg/hm²。

（三）注意事项

油菜移栽时要考虑品种的特性，早熟品种适当推迟，晚熟品种适当提前，适时早栽，可延长冬前有效生长期，促进油菜多发根、多长叶，积累较多的营养物质，达到壮苗越冬，次年发育健壮。移栽时，不栽隔夜苗、无根苗、无心苗、病虫苗和杂苗。并在田边栽好预备苗，以便补栽时用。

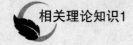
相关理论知识1

油菜育苗移栽的意义

育苗移栽可以缓和季节矛盾，使一年一熟变为一年二熟、三熟，提高复种指数，也是在晚秋作物玉米、水稻、棉花等收获后复种油菜的一项增产措施。同时，油菜育苗便于苗期集中管理，有利于培育壮苗，为丰产打下基础。

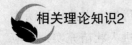
相关理论知识2

油菜壮苗标准

幼苗移栽时单株绿叶 5～6 片，叶色深绿，叶柄短粗；根系发达；根颈粗 0.6～0.7cm，苗高 25cm 左右；苗壮而不旺，无病虫危害，抗逆力强。

模块四　油菜田间管理技术

学习目标

了解油菜各生育时期的生育特点，掌握前期、中期、后期的田间管理技术，能正确诊断油菜苗情。

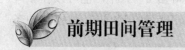
前期田间管理

前期是指从移栽成活至现蕾的时期。此期是从营养生长为主，过渡到营养生长和生殖生长同时并进的时期，既发根长叶又分化花芽孕蕾，但仍以营养生长为主。前期栽培要促多根、多长叶、形成壮苗，为壮秆、多产生分枝打下基础。

工作任务1　间苗定苗，查苗补缺

（一）具体要求

保证全苗，培育壮苗。

（二）操作步骤

直播油菜出苗后 2 片真叶时及时间苗，3～4 片真叶时按预定密度定苗。如缺苗断垄现象严重，在定苗的同时带肥带水进行补栽。移栽油菜返青成活后，对全田进行一次查苗补苗，以保密度。

（三）注意事项

间苗、定苗要求做到"五去五留"，即去密留匀、去弱留壮、去小留大、去病留健、去杂留纯。

 工作任务2 施苗肥

（一）具体要求

促进早发根、早发苗，促进花芽分化，使幼苗在现蕾前叶片多、根系旺、根颈粗、菜苗壮。

（二）操作步骤

1. 及早追肥 除移栽时施定根清粪水外，应在移栽后 7～10d 施 1 次清淡粪水或速效化肥，尿素用量为 120～150kg/hm²。

2. 施"开盘"肥 在 11 月下旬前后及时追施"开盘"肥。

（三）相关知识

油菜是一种需肥较多的作物，在施足底肥的基础上适时追壮苗肥。苗期施肥量一般占油菜总追肥量的 30%～40%。尤其是移栽油菜，移栽时损伤了部分根系，吸肥水力减弱，影响幼苗生长，故需补充营养。

 工作任务3 冬灌

（一）具体要求

满足油菜对水分的要求，沉实土壤，均衡地温，防止漏风冻根死苗。

（二）操作步骤

通过沟灌进行冬灌灌水。也可以给油菜根苗基部壅土，保温防冻。

（三）注意事项

切忌大水漫灌，灌溉后要及时松土保墒，防止地面龟裂，以免损伤根系和幼苗受冻。

 工作任务4 中耕培土

（一）具体要求

改善油菜生长环境，去除杂草。

（二）操作步骤

一般在油菜移栽后 1 个月内或封行前，中耕松土 1～2 次，先浅后深，并对栽得较浅易倒伏的菜苗适当培土，培土时力求精细，做到不打叶，不压菜心，将缩茎段埋在土中即可。

 工作任务5 防治病虫

（一）具体要求

油菜苗期的病虫以蚜虫、菜青虫和病毒病、猝倒病、白锈病为主，应注意及时防治。

（二）操作步骤

见《植物保护》教材相关内容。

 中期田间管理

油菜的中期是指现蕾到初花期，也称为油菜的蕾薹期。此期营养生长与生殖生长两旺，生殖生长逐渐占优势，且根系生长快，支细根纵横扩展。叶面积成倍增加，腋芽形成分枝，茎伸长、充实、膨大，花芽迅速分化，是油菜生长最快的时期。栽培上要达到分枝多、花芽多、长势稳健。

 工作任务1   松土保墒

（一）具体要求

改善油菜生长的土壤环境，提高地温，促进春发。

（二）操作步骤

春季解冻后浅锄。

工作任务2   施蕾薹肥

（一）具体要求

满足蕾薹期油菜对养分的需要。

（二）操作步骤

蕾薹肥的施用应根据油菜的长势长相而定。此期的施肥量占总施肥量的 20%～30%，一般施尿素 80～100kg/hm²。

工作任务3   灌水与排水

（一）具体要求

满足油菜蕾薹期对水分的需要。

（二）操作步骤

结合施肥灌水，水肥齐攻。在北方，蕾薹期常遇春旱，气候干燥雨量少，应饱灌蕾薹水。在多雨易涝地区，应开沟排水，降低田间湿度。

（三）注意事项

油菜田湿度不能过大，使土壤含水量保持在田间持水量的 70% 左右为宜。

工作任务4   防治害虫

（一）具体要求

要注意防治病虫，如蚜虫、潜叶蝇、蓝跳甲等。

（二）操作步骤

见《植物保护》教材相关内容。

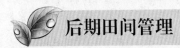 **后期田间管理**

油菜的后期是指初花到成熟的时期，包括开花期和角果成熟期两个阶段。此期营养生长逐渐减弱，生殖生长日益旺盛，以至完全为生殖生长。花序迅速伸长，边开花边结角果，是决定油菜产量高低的重要阶段。此期管理要做到保根、养叶、增花多、角果多、粒多、粒重、夺高产。

工作任务1　施花肥

（一）具体要求

减少蕾果脱落，增加粒重和含油量。

（二）操作步骤

在初花期施用，一般占总肥量的 5%～10%，视油菜的长势而定。也可进行根外追肥。

工作任务2　合理排灌

（一）具体要求

满足油菜后期生长发育对水分的需要。

（二）操作步骤

此期遇春旱时要及时灌水，在地下水位高，降水量大的田块，应及时排除渍水。

工作任务3　防治病虫

（一）具体要求

油菜开花以后要注意防治蚜虫、菌核病、白锈病和霜霉病。

（二）操作步骤

见《植物保护》教材相关内容。

工作任务4　辅助授粉

（一）具体要求

提高结实率。

（二）操作步骤

辅助授粉的方法有两种：一种是养蜂传粉；第二是人工授粉。人工授粉一般采用拉绳或竹竿等工具，在晴天 8～11 时、油菜大量开花时进行。

油菜看苗诊断技术

 工作任务1 **油菜苗情诊断**

（一）具体要求

学会油菜苗情考查的方法，分析各种苗情长相指标。

（二）操作步骤

1. 判断整齐度 根据油菜幼苗的高矮、大小、叶片多少的差异程度，判断油菜苗生长的整齐度，也可用目测法进行。

整齐度可以分为整齐（80%以上的植株生长一致）、中等（60%～80%的植株生长一致）和不整齐（生长一致的苗不足60%）。

2. 观察苗情 在目测的基础上，每组取单株10株（同一品种有代表性的不同植株）进行观察比较：

（1）叶片生长情况。脱落叶数、黄叶数、绿叶数（已展开叶片）。

（2）最大叶片的长、宽（测量最大叶片的最宽处）。

（3）根颈粗度（在子叶节以下测量）。

（4）细胞质浓度。取其最大叶片压挤叶汁，用手持折光计测定细胞质浓度，壮苗浓度大，抗寒力强。

（5）单株质量。取代表性植株，从子叶节处切断，分别称地上部分和地下部分的干鲜重。先称鲜重，再于105～110℃烘箱中烘干（时间15～20min），称其干重。

3. 填表 将不同苗情的诊断结果填入表2-5-1，并对苗情进行分析。

表 2-5-1 油菜苗情诊断

项目 苗类	根颈粗	叶片生长情况			最大叶		叶细胞质浓度	单株鲜重		单株干重		备注
		脱落数	黄叶数	绿叶数	长度	宽度		地上部	地下部	地上部	地下部	
弱苗												
壮苗												
旺苗												

 相关理论知识

油菜的缺素症状

油菜的缺素症状可作为诊断苗情的重要依据。如植株缺氮时，生长缓慢，植株矮小，叶

片小而发黄，分枝数少，叶边缘呈枯焦状，严重时导致叶片脱落。缺磷时，叶片深绿灰暗，缺乏光泽，叶片小，叶肉变厚，叶片变为紫红色，抗冻性能减弱，上部叶片逐渐枯死，致使油菜不能抽薹开花。缺磷稍轻时，虽能抽薹，但分枝少，角果数少，角果籽粒不饱满，秕粒、小红粒多。缺钾现象多在中下部叶片上表现出来，开始呈现黄绿色，叶的边缘出现枯焦斑点，逐渐扩大成圈，植株衰弱，茎秆柔软，容易倒伏。

模块五 油菜收获技术

学习目标

学会估测油菜产量，能正确判断油菜的收获期，并熟练掌握油菜收获与贮藏技术，能按照品种特征选留优良种子。

工作任务1 估测油菜产量

（一）具体要求

学会油菜田间测产的方法，测出指定油菜田的产量。

（二）操作步骤

1. 选择田块和样点 油菜测产一般在绿熟期至黄熟期进行。根据油菜生长情况，选择油菜田块。按 S 形或五点取样法选择样点。

2. 测定产量

（1）测定有效株数。在要测产的田内选 5 个点，每样点 1m²。然后数每样点内的有效株数。计算单位面积株数。

（2）测定角果数。在每个样点中随即抽取 5～10 个分枝，数其角果数，算出每株角果数。

（3）测定每角粒数。在每个样点中取 10 个角果，求每个角果的籽粒数。

（4）计算产量。理论产量可用所测得的株数、每株有效角果数、每角果粒数和千粒重的乘积计算得出。千粒重可参考所测品种历年的千粒重确定。

（三）注意事项

测产应在收获前 5～7d 进行，在测产过程中要小心谨慎，不要造成浪费。

工作任务2 收获与贮藏

（一）具体要求

适时收获，科学贮藏油菜种子。

（二）操作步骤

可采用割秆或拔兜收获油菜，收后搬至晒场或在田间堆置 3～4d，角果壳干后即可脱粒。收获时一般在晴天早晨露水未干时收割，并做到轻割、轻放、轻捆、轻运。

油菜种子收获脱粒后，含水量一般在 20% 左右，不耐贮藏，必须晒至 10% 以下才能安全贮藏。种子入库贮藏时含水量以 9％ 为宜，并保持仓库低温干燥，经常检查防止霉变。严禁用塑料袋装种子，以免影响种子发芽。

（三）注意事项

收获油菜一定要适时，收获过早，油分含量低；收获过晚，裂果落粒，损失太大，造成浪费。

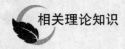 相关理论知识

油菜的适宜收获期

油菜是无限花序，开花期长，角果成熟不一致。根据角果和种子色泽的变化，成熟过程一般可分为绿熟、黄熟、完熟 3 个时期。绿熟期主花序角果转现黄色，分枝上角果仍现绿色，大部分种子尚未充实，含油量低、品质差；黄熟期主花序角果呈现杏黄色，表面有光泽，一次分枝上的角果已呈黄绿色，种子已发育完全，充实饱满，晒干后种皮呈现种子固有色泽，千粒重和含油量均较高，是油菜收获的最适时期；完熟期大部分角果呈现黄色，种籽粒重和含油量均有下降，收获时落粒也较多。因此，油菜收获是以全田 70％～80％ 的角果转为黄色或主茎中、上部第一次分枝所结种子开始转色的时期为收获适期。

 **工作任务3** 油菜留种

（一）具体要求

选留饱满、具有本品种特征的优良种子。

（二）操作步骤

在选种田找健壮无病、分枝多而集中、结角多的优良植株，作上标记，待种子成熟及时收获。收获后，将植株主薹剪下，去掉顶端小角果后混合脱粒留种。

（三）注意事项

油菜是异花授粉作物，不同品种不同类型之间容易互相授粉。因此，种子田宜选用有天然屏障的山区、丘陵区或用树林等高秆植物作隔离物的地区，或远离其他油菜田和十字花科作物田 600m 以上，以防异花授粉后引起种子混杂、种性退化。油菜种子至少应以县为单位统一繁殖、统一留种、统一供种。

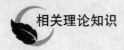 相关理论知识

杂交油菜制种技术环节

杂交油菜制种要获得产量、质量双高，必须严格掌握以下技术环节。

1. 去杂除劣，确保种子纯度

（1）选地隔离。制种基地宜选择在隔离条件较好的地方，如三面环山。制种田块土质最好为中性壤土，有机质含量较高，土壤肥力均衡，水源供应充足。

（2）去杂除劣。去杂除劣，环环紧扣，反复多次，应贯穿于油菜制种全生育过程，有利于确保种子纯度。油菜生长全过程共除杂5次，主要除去徒长株、优势株、劣势株、异品株、变异株。一是苗床除杂。二是苗期去杂2次，移栽后20d左右去杂1次，去杂后及时补苗，确保全苗；次年3月上中旬再去杂1次。三是花期去杂，应到田间逐行逐株观察去杂，力求完全彻底。四是成熟期去杂，5月上中旬，剔除母本行内萝卜角、紫英角，拔掉翻花植株。

（3）隔离区去杂。在开花前将隔离区周围1000m左右的萝卜、白菜、青菜、野生油菜等十字花科作物全部清除干净，避免异花授粉和生物学混杂。禁止在基地周围1000m距离内种植十字花科作物。

2. 稀植壮株，提高制种产量 稀植壮株栽培的核心是在苗期创造一个有利于个体发育的环境条件，增加前期积累，为后期稀植壮株打基础。主要工作是：及时开沟排水，防除渍害，减轻病虫害发生。

（1）整理苗床与施基肥。油菜种子细小，加之不育系种子发芽势弱，顶土能力差，因此播前一周选择通风向阳的肥沃壤土精耕2～3次，要求土壤细碎疏松，表土平整，无残茬、石块、草皮，干湿适度，并结合整地施好基面肥，每公顷施油菜专用肥600kg、硼肥15kg、油菜壮苗剂15袋，加适量稀人粪尿。

（2）适期稀播，培育矮壮苗。制种点统一在9月底播种，秧本比按1∶5设置苗床面积。一般父、母本生育期相同的同期播种；父、母本生育期不同的，应确定相互的播差期，确保花期相遇。播种量以每公顷定植10万株计，约用种800g。未用油菜壮苗剂的可在3叶期每公顷大田苗床用15%多效唑150g，对水150kg喷雾，以培育矮脚壮苗。

（3）早栽稀植，促进个体健壮生长。早栽稀植有利于培育冬前壮苗，加大油菜的营养体，越冬苗绿叶数13～15片，促进低节位分枝，增加有效分枝数和角果数，增加千粒重，促进花芽分化，实现个体生长健壮，达到高产目的。要求移栽时，先栽完一个亲本，再栽另一个亲本，同时去除杂株，父母本按先栽大苗、后栽小苗的原则分批对应分级移栽，苗龄30～35d，11月上旬移栽完毕。一般母本定植6.75万～9万株/hm²，单株移栽，父本定植2.25万～3万株/hm²，双株移栽，父母本比例1∶3为好，早栽气温较高，容易返青成活，可确保一次性全苗、齐苗。定植时，选择4～5叶的中壮苗，不栽高脚曲根苗。

（4）施足底肥，早施苗肥，重施硼肥。在施足底肥（农家肥3.75×10⁴kg/hm²、油菜专用肥750kg/hm²、硼砂7.5kg/hm²）基础上，要早施苗肥，11月中旬每公顷用碳铵225kg加稀人粪尿2.25×10⁴kg追施，以利用前期高温，促使快长快发。年前结合培土壅蔸每公顷追施碳铵150kg，同时要注意父本的生长状况，若偏弱，则应追施氮肥，促进生长。"双低"油菜对硼特别敏感，缺硼往往造成"花而不实"而减产。因此，必须在硼肥基施的基础上，在抽薹期（薹高3cm左右），每公顷喷施0.2%硼砂溶液750kg。

（5）适时打薹。不育系因花药发育时期遇低温，在初花期易出现微量花粉，故于初花前5～7d打薹，既有效控制微量花粉，又增枝、增角、增产，提高制种产量。

（6）调节花期。确保制种田父母本花期相遇，是提高油菜制种产量和保证种子质量的关键。在花期不遇时，可根据亲本田间实际生长状况，隔株或隔行或全部摘除偏早亲本的蕾薹，延迟其花期，确保父母本花期相遇。优质杂交油菜华杂4号组合，父母本花期相近，可不分期播种，但生产上往往父本开花较早（3～6d），谢花也较早，为保证后期能满足母本对花粉的需求，可隔株或隔行摘除父本蕾薹，以拉开父本开花时间，保证母本的花粉供应。

（7）辅助授粉，增加结实。当完成去杂工作后，盛花期可采取人工辅助授粉的方法，以提高授粉效果，提高制种产量。人工授粉可选择晴天10时至14时进行，用竹竿平行行向在田间来回拨动，达到赶粉、授粉的目的。隔离条件好、隔离面积大、距离远，可采用蜜蜂辅助授粉。

（8）病虫防治。油菜制种产量和种子质量高低，与病虫害防治好坏休戚相关。一般"双低"油菜抗病性较差，因此更应加强病虫害防治。苗期应注意防治蚜虫、黄曲条跳甲和菜青虫，蕾薹期加强霜霉病的防治，花期注意蚜虫和菌核病的防治。

3. 分级细打，提高种子质量

（1）清除父本。当父本完成授粉而进入终花期后，要及时清除父本。父本清除后，既可改善母本的通风透光和肥水供应条件，增加母本千粒重和产量，又可防止收获时的机械混杂而保证种子质量。

（2）分级细打，及时收获。5月上中旬，母本黄熟即可及时收获，以防倒伏后枝上发芽。分级细打后做到分放、分晒、分装，籽不沾土，湿不进仓，从而提高发芽率，确保种子商品质量。

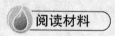

杂交油菜栽培技术

1. 育苗

选好苗床：苗床地要选择土地平整、土质肥沃疏松、背风向阳、靠近水源、排灌方便及前茬未种过十字花科作物的田地。

制作苗床：苗床整地要求"平""细""实"。"平"是指畦面平整，下雨后或浇水时不产生局部积水；"细"是要求表土层细碎，上无大块下无暗垡，种子能均匀落在土壤细粒之间，深浅一致，使根系发育良好，取苗时少断根、多带土、易成活；"实"是要求土壤在细碎的基础上适当紧实。苗床地不宜深耕，一般13～16cm为好，以免主根下扎过深，不便取苗，避免伤根。苗床翻耕后，要求开好边沟，然后再做畦，一般畦宽1.3～1.6m，沟宽25cm，边沟和腰沟深30cm。在精细整地基础上，苗床要施足底肥，以有机肥为主，氮、磷、钾、硼相结合，一般苗床每100m² 需优质腐熟有机肥200～250kg、磷肥4～5kg，先将有机肥施于土壤充分混合，然后将磷肥均匀施于苗床表面，与表土层混合再用沼液或人畜粪尿对水施下，使苗床充分湿润。底肥中增施磷肥有特别重要的作用，磷能促进根系发育，增强幼苗的抵抗力。

播种前将杂交油菜种子进行盐水消毒及除去部分夹杂物和秕粒。其方法是把种子放在 8%～10%盐水中搅拌 5min，除去漂浮水面的菌核和秕粒，再捞出种子用清水冲洗数次，以免盐多影响发芽力。最后将选出的种子摊开晾干，准备播种。播种时间为 8 月下旬至 9 月上旬。播种前必须使苗床土壤充分湿润，一般可用清粪水浇泼保证出苗迅速。播种要求落子均匀，为保证均匀，按苗床面积定量称好种子，与细土或草木灰等拌匀，再均匀地播种。

2. 管理苗床　要早间苗、稀定苗，否则会造成大量的高脚苗、弯脚苗和弱苗等。第一次可在油菜长出第 1 片真叶时间苗，疏去过密细弱苗，扯小留大，苗不挤苗，叶不搭叶，苗距 3～4cm，均匀分布于苗床。第二次在油菜苗长出 2～3 片真叶时匀苗、定苗，苗距 7cm 左右，每平方米留苗 150～180 株。间苗要做到去弱苗，留壮苗；去小苗，留大苗；去杂留纯；去密留匀；去病留健。同时，拔除杂草，保证幼苗生长健壮。

苗床追肥管理掌握"早""勤""少"的原则，前期以促为主，中期促控结合，后期注意控制。3 叶期油菜开叶发棵，需要吸收较多的养分，3 叶期前追肥要适当促进。以速效氮肥为主，勤施少施，促根长叶。3 叶期后要适当控制，不使发棵太旺，造成拥挤，并提高植株体糖分含量，逐渐积累养分，使根、茎部分发达。每次追肥可结合间苗进行，既能及时补充营养，又有填土稳苗作用。5 叶期后一般不追肥或少追肥。但在移栽拔苗前一个星期追加 1 次陪嫁肥，目的在于促使多发新根，移栽后易于成活，并保持土壤湿润便于取苗。

苗期要认真及早防治病虫害，此期主要害虫有黄曲条跳甲、菜青虫和蚜虫等，当油菜刚长出 2 片子叶时，蚜虫发生很普遍，繁殖很快，危害也很严重。早期经常使子叶发生白点，出现穿孔或幼苗萎缩枯死现象，同时还传播病毒病。苗床期主要病害有病毒病、猝倒病和白锈病等，应及时防治。

喷施植物生长调节剂。多效唑在生产中使用效果很好，在幼苗 3 叶期用 15% 多效唑 150g/hm² 对水喷施，幼苗表现为叶色加深、叶片增厚、叶柄缩短、出叶速度加快、根颈短而粗壮。对控制高脚苗、培育矮壮苗有较好作用，移栽后提早成活，抗寒耐寒能力增强，分枝部位降低，分枝数增多，有较明显的增产作用。

3. 合理密植，适时移栽　大田整地要求做到土粒碎，无大土块，整平整细开好沟，畦沟深 20cm，在开畦的同时要开好腰沟和围沟，做到三沟配套、沟沟相通、明水能排、暗水能滤、雨停田（地）干。

油菜移栽要做到"三栽，三不栽"，即要栽直根苗，不栽弯根苗；要栽紧根苗，不栽吊根苗；要栽新鲜苗，不栽隔夜苗。要做到边起苗边移栽边浇定根水及返青肥。起苗时，苗床湿度要求较大，以使起苗少伤根系。若苗床缺水坚硬，应在起苗前 1d 浇透水，使土壤湿润，早上露水大取苗容易断柄伤叶，应在露水干后进行，起苗时要力求少伤根，多带护根土，除去弱、病、伤杂苗，苗按大小分级，分田块移栽，以保证同一块田内秧苗整齐一致，有利于田间管理。

4. 抓好年前田间管理　这是油菜高产的基础。农谚云："油菜要丰收，全靠年前发好箨，年前不发箨，产量减半收"。冬前油菜生长的好坏，直接影响到来年油菜的产量，为了来年的高产，冬前应抓好以下田间管理措施：

（1）早追壮苗肥。油菜从苗期到现花蕾阶段所吸收的氮、磷、钾占全生育期吸收总量的

43％～50％，油菜苗期长达100多天，又处于从高温到低温的生长环境，必须抓住冬前有效生长时期，早施追肥，促进油菜越冬前的营养生长和根系发育达到冬壮高产苗势。菜苗移栽活棵后，要及时追施活棵肥尿素$80kg/hm^2$对清粪水浇施。

（2）中耕除草，重施腊肥，保温防冻。中耕的作用在于疏松表土，破除板结，改善土壤通气状况，提高土温、消灭杂草促进土壤微生物活动，加速养分转化，以利于油菜发根发棵。中耕应在晴朗天气进行。切忌在阴雨寒潮霜冻中进行，中耕后应施钾肥或草木灰，然后再用农家肥盖上。这样既可保温防冻又可用作薹肥。

（3）防止早薹早花。油菜早薹早花的根本原因是部分春性较强的早熟、早中熟品种播种过早，加上它们通过春化阶段对低温的要求不严格，因此，这类品种在冬前达到一定的营养量后就会现蕾，抽薹开花。此外，苗床密度过大、肥水管理差、菜苗生长不良等也会引起早花。早花植株抗寒性弱，在冬季遇低温易受冻害。防止早薹早花，应早观察、早发现、早防治。发现早薹可用多效唑喷施或在晴朗天气打薹，寒冷天不宜打薹。

（4）油菜缺硼病。硼属微量元素，硼能促进植物对磷的吸收和分配，对糖类的合成转化与运输影响较大，还影响核酸代谢以及生长素的合成。对花粉生殖细胞的分化，子房和胚株的发育分化，受精过程，胚乳和胚芽发育等也有影响。

油菜缺硼的典型症状是：根系发育不良，须根不长，表皮褐色，根颈膨大，皮层龟裂，叶色暗绿，叶形小，叶质增厚易碎，叶端倒卷枯萎，叶片呈紫红色，形成蓝紫斑点，花蕾褪绿变黄，蕾薹干枯或脱落，开花不正常，花瓣皱缩，色深，角果中胚珠萎缩不结子或结子少；茎秆出现裂口，角果皮或表皮变为紫色或紫红色，次生分枝丛生，成熟期还在陆续开花。油菜缺硼症首先表现在根尖和主茎顶端生长点的萎缩坏死组织上。油菜萎缩不实症主要由土壤缺乏有效硼而引起。

预防萎缩不实症（缺硼症）最有效的方法就是施用硼肥。施用方法有基肥，追肥和叶面喷施，以叶面喷施最好。时间以花蕾期效果最好，一般一季油菜最好分3次喷施，第1次在返青时进行；第2次在蕾薹期喷施；第3次在盛花期喷施。能促使油菜角果增大增重，含油量增高。

（5）防止油菜第2次开花。由于甘蓝型杂交油菜植株较高，如在中耕除草时不很好的培土，在花期往往会出现植株倾倒，致使油菜又在枝杈上萌发新的枝条，当第1次花刚过，第2次花又开，由于第2次开花抢去了养分，第1次开花的角果就不实。我们在生产过程中如遇到这种情况，必须要扶正植株，砍一些树枝撑住，随时摘去枝杈上新生的嫩芽。

5. 防治病虫　主要的病害有油菜菌核病、油菜病毒病，主要的油菜害虫有油菜蚜虫、菜青虫、黄曲条跳甲。应注意防治。

6. 适时收割　当油菜终花后30d左右，有2/3的角果呈现黄色时，收割最为适宜。

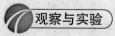　观察与实验

油菜类型的识别

（一）目的要求

比较不同类型油菜的形态特征，正确识别油菜的3种类型。

（二）材料用具

三种类型油菜（白菜型、芥菜型、甘蓝型）的新鲜植株（幼苗、成熟植株）、标本、放大镜、铅笔等。

（三）方法步骤

1. 取 3 种不同类型油菜的幼苗及成熟植株（分期进行）。

2. 依据各类型的特点，按根、茎、叶、花、果实、种子各器官的顺序区别幼苗及植株。

3. 将对 3 种油菜类型观察对比的结果填入表 2－5－2：

表 2－5－2　油菜三种类型主要特征比较

项目	类型（代表品种）	白菜型（　　）	甘蓝型（　　）	芥菜型（　　）
	根的特点			
茎	株高（cm）			
	分枝部位			
叶	茎生叶大小、形状			
	薹茎叶基部抱茎状况			
	叶片蜡粉多少			
花	花冠颜色、大小			
	花瓣排列			
角果	着生状态			
	长度			
	粗细			
种子	大小			
	颜色			

（四）自查评价

对记载资料进行整理并分析，形成 500 字左右的小结。

生产实践

主动参与油菜播种、育苗移栽和田间管理等实践教学环节，以掌握生产的关键技术。

信息搜集

通过阅读《作物杂志》《××农业科学》《××农业科技》《中国农技推广》《耕作与栽培》等科普杂志或专业杂志，或通过上网浏览与本项目相关的内容，或通过录像、课件等辅助学习手段来进一步加深对本项目内容的理解，查阅近两年来所在地区双低油菜生产上新技术，也可参阅本科院校《作物栽培学》教材的相关内容，以提高理论水平。

练习与思考

1. 举例说明油菜的阶段发育理论在生产上的用途。

2. 如何对油菜种子进行包衣？

3. 简述油菜直播的技术要点。

4. 在油菜育苗中，培育油菜壮苗的关键技术什么？

5. 试述油菜前期、中期和后期 3 个阶段的生育特点、栽培目标，其工作任务是什么？

总结与交流

1. 收集整理本地区油菜新品种及栽培技术要点。

2. 以"春油菜栽培技术"为题，写一篇科技短文，并在全班进行交流。

项目六　大豆栽培技术

学习目标

明确发展大豆生产的意义；了解大豆的一生；了解大豆栽培的生物学基础、大豆产量的形成；掌握大豆播种技术、大豆田间管理和看苗诊断技术、大豆测产和收获技术。

大豆为豆科大豆属 [$Glycine\ max$ (L.)Merr] 一年生草本植物。起源于我国，至今已有 5000 多年的栽培历史，古籍中称"菽"。直根系，有根瘤，能固定空气中的游离氮素。多为 3 小叶复叶。蝶形花，花冠紫或白色，自花传粉。荚果呈黄、褐或黑色，种皮呈多种颜色。按栽培季节不同而有春、夏、秋播大豆之别。

大豆籽粒蛋白质含量约 40%，含油量约 20%，含有人体必需的 8 种氨基酸以及亚油酸、维生素 A、维生素 D 等，营养价值高，是唯一能代替动物性食品的植物产品，豆油是品质较好的植物油，且不含对人体有害的芥酸，有防止血管硬化的功效。大豆饼粕及秸秆是畜禽的蛋白质饲料来源。同时，大豆根瘤菌具有固定空气中氮素的作用，是良好的用地养地作物。所以，大豆在国民经济和人民生活中占有重要地位。

模块一　基本知识

学习目标

了解大豆的一生，了解大豆栽培的生物学基础，了解大豆产量的形成。

一、大豆的一生

大豆的一生，从播种后种子萌发长成植株到开花结荚成熟称为全生育期。在大豆的一生中，根据其形态结构特点和栽培管理特点可划分为五个生育时期，即种子萌发出苗期、幼苗期、分枝期（花芽分化期）、开花结荚期和鼓粒成熟期。根据植株生长中心与营养分配状况，又把大豆一生分为三个生育阶段，即自种子萌发出苗到始花之前的营养生长阶段（前期）；自始花至终花的营养生长与生殖生长并进阶段（中期）；自终花至成熟的生殖生长阶段（后期）。

大豆是短日照作物，其生育期长短，虽取决于品种的特性，但也受光、温条件的影响。

日照时数延长或者低温时，生育期会延长；反之缩短。同一品种由高纬度地区（或高海拔地区），引入低纬度地区（或低海拔地区），生育期缩短，植株变矮，产量低。高温年大豆提早开花，低温年成熟期延迟。大豆生育期受光、温影响而变化的特性，在引种时应予以充分注意。

按生育期长短，各种植区将其划分为多个熟期类型。春作大豆分为极早熟（<100d）、早熟（101~110d）、中早熟（111~120d）、中熟（121~130d）、中晚熟（131~140d）、晚熟（141~150d）和极晚熟（>150d）7 个生育类型。夏作大豆则分为早熟（<95d）、中熟（96~110d）和晚熟（>110d）3 个类型。

二、大豆栽培的生物学基础

（一）种子萌发出苗期

1. 种子形态与结构 大豆种子有圆球形、椭圆形、扁圆形等。种子大小差异也很大，小粒种百粒重只有 7g；大粒种百粒重达 40g 左右，一般生产用种的百粒重为 17~20g。

根据大豆种皮色不同，分为黄色、青色、褐色、黑色和双色等 5 种。大豆种脐色也有 5 种颜色（黄白、淡褐、褐、深褐、黑），它是鉴别品种纯度和品质的主要性状之一。

2. 萌发与出苗 有生命力的大豆种子，在适宜的温度、水分、氧气条件下吸水膨胀，细胞分裂、伸长，胚根首先从珠孔伸出，当胚根达到种子长度时称为发芽。同时，胚轴也迅速伸长，将子叶带出地面，当子叶出土展平时称大豆出苗。当田间有 50％大豆出苗为出苗期。子叶出土见光变绿，即具光合作用能力，光合产物供幼苗初期生长。此期春大豆要经历 8~15d，夏大豆 4~6d。

（二）幼苗期

除子叶外，大豆还有单叶（真叶）和复叶之分。大豆出苗后 3~5d，第 2 节上出现 1 对原始真叶（2 片单叶），其展开方向与子叶展开方向垂直。这时幼苗形成了子叶节、真叶节，这 2 节之间即大豆第 1 节间。第 3 节及以后各节上分别长出 1 片复叶。从出苗到第 1 个分枝出现为幼苗期。此期经历 20~25d，属营养生长阶段。

大豆根瘤菌在适宜条件下，侵入大豆根毛后形成的瘤状物称为根瘤（图 2-6-1）。初形成的根瘤呈淡绿色，不具固氮作用。健全根瘤呈粉红色，衰老的根瘤变褐色。出苗后 2~3 周，根瘤开始固氮，但固氮量很低，此时根瘤与大豆是寄生关系。开花期以后，固氮量增加，到籽粒形成初期是根瘤固氮高峰期。根瘤固氮量 1/2~3/4 供给大豆，根瘤与大豆由寄生关系转为共生关系，以后由于籽粒发育，消耗了大量光合产物，根瘤获得养分受限，逐渐衰败，固氮作用迅速下降。根瘤菌是嗜碱好气性微生物，在氧气充足、矿质营养丰富的土壤中固氮力强。大量施用氮肥，会抑制根瘤形成；施用磷钾肥能促进根瘤形成，提高固

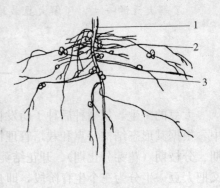

图 2-6-1 大豆根系
1. 主根 2. 侧根 3. 根瘤

氮能力。

（三）分枝期

大豆从第 1 个分枝形成到第 1 朵花出现为分枝期。此期根、茎、叶开始旺盛生长，同时花芽不断分化，所以此期又称为花芽分化期，是营养生长和生殖生长并进期，但仍以营养生长为主。

大豆每个叶腋中都有两个潜伏的腋芽，一个是枝芽发育成分枝，一个是花芽发育成花序。当田间有 50%植株发生分枝为分枝期。

（四）开花结荚期

大豆的花为总状花序，每个花序有 15～40 朵花。大豆的花为蝶形花冠，由花瓣、花萼、苞片、雄蕊和雌蕊构成（图 2-6-2）。

大豆的开花和结荚是两个并进的生育时期。当翼瓣、龙骨瓣开放，见到雄蕊、蝶形花冠，花瓣呈现出品种固有颜色时称为开花。当田间有 50%植株开花时称为开花期；当豆荚长达 2cm 时称为结荚，田间 50%植株结荚时称为结荚期。

大豆从出苗到开花一般需 34～84d，从花蕾膨大到开花需 3～4d。一株大豆的花期一般为 18～40d。如果晚播种，则花期缩短。大豆一般 6 时开花，8～10 时最盛，下午很少开花，而且在开花前，大豆已经完成散粉。受精后，子房逐渐膨大发育成豆荚，大约 15d，豆荚达最大长度。

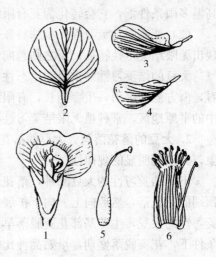

图 2-6-2 大豆花的构造
1. 带萼的花 2. 旗瓣 3. 翼瓣
4. 龙骨瓣 5. 雌蕊 6. 雄蕊

1. 大豆的结荚习性 一般可分为无限结荚习性、有限结荚习性和亚有限结荚习性（图 2-6-3）。

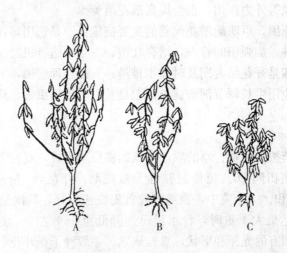

图 2-6-3 大豆结荚习性
A. 无限结荚习性 B. 亚有限结荚习性 C. 有限结荚习性

（王金陵，1982，大豆）

（1）无限结荚习性。大豆主茎的顶端渐细尖削，主茎与分枝茎顶部叶片小；开花早，一般出苗后 30～40d 即开始开花。开花顺序是由下向上，由内向外，花期长；荚多生于主茎中下部，顶端只形成 1～2 个小荚。只要环境适宜，顶端生长点就可以继续无限生长。

（2）有限结荚习性。大豆植株较矮，顶叶大，秆粗壮，节间短，不易倒伏；始花期晚，一般出苗后 50～60d 开始开花。开花顺序是由上中部开始，逐渐向上向下开放，花期较短；当主茎和分枝的顶端出现一大花簇时，顶端不再向上伸长，花簇变为荚簇，并以此封顶。在高温多雨条件下，它会转化为亚有限结荚习性。

（3）亚有限结荚习性。植株特征介于以上两种类型之间。在肥水条件适宜或密植时，表现出无限结荚习性特征；反之则趋向于有限结荚习性。

大豆的结荚习性是重要的生态性状，在地理分布上，有明显的规律性和地域性。从全国看，南方温和多雨，生育期长，有限结荚习性品种多；北方则相反，雨量较多、土壤肥力适中的平原地区，常种植无限结荚习性品种。

2. 大豆的落花落荚 大豆的落花落荚是大豆生育过程中所表现出的一种正常的生理现象，其呈现明显的规律性。

不同结荚习性的大豆品种，落花落荚的部位和顺序不同。有限结荚习性大豆，靠近主茎顶端的花先落，然后向上、向下扩展，植株下部落花落荚多，中部次之，上部较少。无限结荚习性的大豆，主茎基部花荚脱落早，但上部脱落较多，中部次之，下部较少。在同一栽培条件下，花荚脱落盛期，早熟品种比中晚熟品种早；熟期相近的品种，单株开花数多的花荚脱落率高。在同一植株上，分枝比主茎花荚脱落率高；在同一花序上，花序顶端脱落率高。花荚脱落率高峰期，多出现在末花期至结荚期之间。

落花落荚的原因是由于群体过大、生育过旺，导致群体内通风透光不良，光合产物减少，糖供应不足；养分供应失调、土质瘠薄或施肥量少的地块，较肥沃或施肥多的地块，花荚脱落率高；徒长植株较健壮植株，花荚脱落率高；水分供应失调，易引起花荚脱落；植株受病虫危害或机具、风等外力作用，也会提高落花落荚率。

根据花荚脱落的原因，可明确增花保荚的主要措施：一是选用多花多荚的高产品种；二是精细整地，适时播种，加强田间管理，培育壮苗；三是增施有机肥作基肥，按需肥规律施肥，防止后期脱肥；四是开花结荚期及时灌水排涝；五是合理密植，实行间作、穴播，改善群体内小气候；六是应用生长调节剂防徒长；七是及时防治病虫害，建造农田防护林，增强抵御自然灾害的能力。

（五）鼓粒成熟期

结荚期以后，豆荚按长、宽、厚的顺序增长。将豆荚平放，豆粒明显鼓起并充满整个荚腔时称为大豆鼓粒。当田间 50% 植株鼓粒称为鼓粒期。开花后 15～20d 籽粒增重最快，45～50d 种子达最大体积。一个荚中，顶部籽粒首先快速发育，其次是荚基部的籽粒，然后是中部籽粒。当籽粒达最大干重时，含水量迅速降低至 15% 左右，这时豆粒与荚皮分离、变硬，呈现出本品种固有的光泽和形状，豆粒成熟。一般种子在开花后 40～50d 成熟，胚的发育在成熟前一周完成。

豆荚的形状有弯镰形、直葫芦形，大多数品种为中间型。豆荚内有 1～4 粒籽粒，极个别荚有 5 粒。豆荚颜色有草黄、灰褐、褐、黑褐、黑 5 种，它也是品种特性之一。

三、大豆产量形成及其调控技术

大豆产量是由单位面积上的株数、每株荚数、每荚粒数和粒重4个因素构成，其中单位面积上的株数是产量的基础，每株荚数和每荚粒数是产量的保证。

（一）大豆产量的形成

大豆产量是在整个生育过程中逐渐形成的（表2-6-1）。

表2-6-1 大豆生育期划分与产量形成

发芽出苗	幼苗期	开始分枝	分枝期	开始开花	开花期	开始结荚	鼓粒成熟期	荚果成熟
	决定单位面积株数		为荚数打基础		决定每株荚数，为每荚粒数打基础		决定每荚粒数和粒重	

从表2-6-1看出，幼苗期决定单位面积的株数，而单位面积上株数的多少又与播种密度和定苗时留苗数有关。分枝期是为每株荚数打基础的时期，植株健壮则分枝多，花芽分化也多，从而可增加每株的荚数。开花期是决定每株荚数并为每荚粒数打基础的时期，如植株生长健壮、落花少、开花受精良好，则每株荚数和每荚粒数就多。鼓粒成熟期是决定每荚粒数和粒重的关键时期，如水肥等条件适宜，植株生长稳健，则落荚少，鼓粒好，籽粒充实饱满。

（二）大豆产量的调控技术

要获得大豆高产，在栽培技术上必须注意打好"三个基础"，抓住"四个关键"，做到"一个保证"。

"三个基础"。一是要有良好的土壤基础：土壤肥力高，有机质含量丰富，结构好，疏松透气，水肥气热协调，具有较高的抗旱、抗涝能力。二是要有一定的肥力基础：应重视农家肥和磷肥的施用。三是要打好齐苗、全苗基础：做到精细整地，适时早播，等距穴播，覆土均匀，实现全苗、匀苗。

"四个关键"。一是底肥中少施氮肥：氮肥过多会抑制根瘤菌活力，使固氮能力降低。二是促壮苗：在保证苗齐、苗全、苗匀的基础上，促早生快发和苗壮。三是严防徒长，防止倒伏。四是及时防治病虫害。

"一个保证"。即生育后期保证土壤有足够的水分，避免干旱。

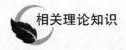

相关理论知识

大豆对土、肥、水的要求

大豆生长发育离不开土、肥、水等环境条件，当土、肥、水条件适宜时，有利于大豆生长，可以获得较好收成；而当这些条件不适宜时，则会影响大豆的生长发育，不利于高产稳产优质。因此，在生产上要尽量创造能满足大豆生长发育的土、肥、水条件。

1. 大豆对土壤的要求　大豆对土壤要求不很严格，在沙质土、壤土、黏土等种植，只要排水良好，均可获得较好产量。但以土层深厚、土壤疏松、通气良好、保水能力强、富含有机质和钙质的壤土最为理想。这种土壤有利于大豆子叶顶土出苗，增强根瘤菌的固氮能力，促进根系向下生长。

2. 大豆对肥料的要求　大豆对氮、磷、钾需求最多，其次是钙、镁、硫等元素。每生产 100kg 籽粒需吸收氮 (N)7.5～9.3kg、磷 (P_2O_5)1.5～2.3kg、钾 (K_2O)3.9～4kg，三者比例约为 5∶1∶2。

大豆对氮素的吸收与积累有以下特点：大豆氮素来源有三个方面，一是从土壤中吸氮，二是从肥料中吸氮，三是由根瘤菌固氮。大豆生长前期以从土壤和肥料中吸收氮素为主，中后期以根瘤菌固氮为主。不同生育期，根瘤菌的固氮能力不一致。苗期固氮能力弱，开花期则迅速增强，结荚到鼓粒期达到高峰。大豆植株吸收氮素最快的时期是在出苗后第 9～10 周。

大豆对磷的吸收量，在分枝期和鼓粒成熟期出现两个高峰，呈双峰曲线；吸收磷的速度从出苗到开花期逐步上升，开花期到开花末期略有下降，开花末期到结荚期又有显著提高，以后逐渐降低。

钾元素在大豆植株体内的积累速率以结荚末期至鼓粒中期为最高，初花期至结荚末期次之，出苗至初花期最小。大豆对钾的吸收速度以开花结荚期最快，结荚后期达到高峰。

钙是大豆植株中含量较多的灰分元素之一，全株含量为 1.1%～1.4%，其中籽粒为 0.23%，茎为 0.7%～1.6%，叶为 2.0%～2.4%。若大豆开花期缺钙，花荚脱落率明显提高。

3. 大豆对水分的要求　大豆需水较多，一生耗水量呈"少→多→少"的变化规律，前期需水少，中期需水多，后期需水又减少。大豆苗期耐旱怕涝，分枝期需水增加，开花期耗水量最大，结荚鼓粒期需保持充足的水分供应量，成熟期需水量急剧下降。

大豆耐涝性较差，灌水以渗湿田土为宜，不可淹灌，雨后必须及时排除渍水。

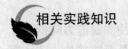 **相关实践知识**

大豆开花顺序和结荚习性的观察

具体操作见本项目【观察与实验】部分相关内容。

模块二　大豆播前准备

学习目标

了解大豆播种前的各项准备工作并能进行相应的操作。

工作任务1　深耕

（一）具体要求

提早耕翻、晒白，改良土壤理化性质。

（二）操作步骤

在种植前半个月至1个月，用机械或人力对土壤进行适度深耕（20～22cm）。套种大豆播种前在前作物行间进行中耕松土。秋大豆若前作是旱地作物，在前作物收获后即可耕耙起畦播种。

（三）相关知识

大豆是深根作物，而且根部着生根瘤，需要较好的土壤环境。

合理深耕，精细整地，能熟化土壤，蓄水保墒，提高地力，减轻病虫害，消灭杂草，创造良好的耕作层，是大豆苗全苗壮的基础。实践证明，通过20～22cm的深耕，可以打破坚硬的犁底层，改善土壤环境条件，促进大豆根系发育和根瘤菌分布。

工作任务2　整地

（一）具体要求

在深耕的基础上耙碎、耙平，使土壤达到深、松、碎、平的标准。

（二）操作步骤

在种植前用机械或人力对深耕过的土壤耙碎、耙平，并起好畦。

（三）相关知识

大豆是深根作物，而且根部着生根瘤，需要较好的土壤环境。

（四）注意事项

整地在播种前进行较好，如果过早，则又会造成土壤板结。

工作任务3　施基肥

（一）具体要求

满足大豆生育对养分的需求。

（二）操作步骤

基肥施用量应占施肥总量的70%左右。基肥以农家肥为主，施用量根据土壤肥沃状况而定。平播春大豆，翻前撒施，翻入耕层；垄作春大豆，耕翻起垄或顶浆起垄时，将基肥施入垄内。夏大豆应在整地的同时，将基肥施入土中，若播前来不及施用基肥，在种前茬作物时，宜增施基肥。

（三）相关知识

大豆因有根瘤菌固氮，施肥与其他作物有所不同。

（四）注意事项

根据以基肥为主、种肥为辅、看苗施肥的原则，合理施用基肥。钙能增强根瘤菌的固氮活性，故应重视石灰的施用，尤其是酸性土壤。

精选种子

（一）具体要求

种子经精选后，纯度达到98％以上，净度不低于98％，发芽率在90％以上。

（二）操作步骤

采用风选、筛选、粒选、机精选或人工挑选等方法，去除破瓣、秕粒、霉粒、病粒、杂粒和虫食粒，留下饱满、整齐、光泽好、具有本品种固有特征（如粒型、粒色、种子大小、种脐大小和颜色深浅等）的籽粒做种子。

（三）相关知识

精选种子，测定种子发芽率，有利于确定播种量，保证出苗率。

（四）注意事项

自繁自用的种子才需精选，如果是购买加工包装好的种子，则可直接播种，无须再进行精选。

 种子处理

（一）具体要求

播种前，将药剂或药肥拌在精选过的大豆种子上。

（二）操作步骤

为防治蛴螬、地老虎、根蛆、根腐病等苗期病虫害，常用0.1％～1.5％辛硫磷或0.7％灵丹粉或0.3％～0.4％多菌灵加福美双（1∶1）拌种，或用0.3％～0.5％多菌灵加克菌丹（1∶1）拌种。由于种衣剂类型繁多，可按照所购买种衣剂外包装上的说明进行操作。

（三）相关知识

新型大豆种衣剂不但可以起到药剂拌种的功效，还可以起到微肥拌种的作用。

（四）注意事项

如果采用了种衣剂包种，则不宜再用根瘤菌菌粉拌种。

 根瘤菌接种

（一）具体要求

播种时，将根瘤菌菌种拌在精选过的大豆种子上。

（二）操作步骤

采用根瘤菌菌粉，每35g菌粉加清水700g拌成浆喷洒在10kg种子上，拌匀稍干后即可播种。拌种时在阴凉的地方操作，避免阳光直射杀死根瘤菌。播种后马上覆土。在无根瘤菌菌粉的情况下，可用种过大豆的碎土均匀撒入被接种的地里，也能起到一定的效果。

（三）相关知识

进行根瘤菌接种，可以增加根瘤数量，提高根瘤菌固氮能力。

（四）注意事项

第一次种大豆的地块，应进行根瘤菌接种；已种过大豆的地块，可不用接种根瘤菌。采用根瘤菌拌种后，不能再拌杀虫剂和杀菌剂。

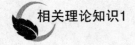

相关理论知识1

轮 作 换 茬

　　大豆最忌重茬，也不宜种在其他豆科作物之后。大豆重茬时，由于孢囊线虫、蛴螬、根潜蝇、灰斑病、菌核病等病虫危害严重，造成植株矮小、叶色黄绿、生长迟缓，严重影响大豆的产量和品质；而且大豆重茬还不利于土壤养分平衡，造成土壤养分单一消耗，满足不了大豆生育对养分的需求；另外根际微生物的分泌物对大豆根有毒害作用，易导致根腐病，影响大豆生长。大豆重茬一般减产20%～30%，严重者可导致绝产。因此，在大豆生产上要尽量避免重茬，最好与其他非豆科作物实行三年以上轮作。

　　大豆除与玉米或甘薯等作物轮作外，还常与玉米、高粱等高秆作物间作。大豆主产区如黑龙江省的松嫩平原产区，仍以单种为宜。

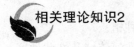

相关理论知识2

选 用 良 种

　　总体要求是：选用适合当地、适销对路的优质大豆品种。

　　首先，要根据各地无霜期长短，选择与生育期相适应的大豆品种，选用既能充分利用生育季节，又能在正常年份充分成熟，在低温、早霜年份一般也能成熟的良种，以保证连年稳产、高产。其次，要根据土壤肥力及地势条件来选用良种。如平川地宜选用耐肥力强、秆强不倒的有限结荚习性大豆；而瘠薄岗地则需选用生育繁茂、耐瘠薄的无限结荚习性大豆。机械化栽培大豆，应选用植株高大、不倒伏、分枝少、株形收敛、底荚高、不裂荚的品种。另外，随着大豆生产专业化、产业化的不断发展，国内外对高蛋白（＞44%）、高脂肪（＞22%）大豆的需求也在不断增加。

　　大豆对光温反应较敏感，品种的适应范围一般比其他作物小，在选用良种时，一定要注意品种对当地的适应性。

拓展知识

农业部推介的大豆类农业主导品种（2013 年）

一、东北地区

1，华疆 4 号：适宜在黑龙江省第五积温带种植。

2. 垦鉴豆 27（疆莫豆 1 号）：适宜在黑龙江省第四、五积温带以及内蒙古自治区呼伦贝尔市、赤峰市（≥10℃、积温在 2200～2300℃的地区）春播种植。

3. 黑河 43：适宜在黑龙江省第四积温带种植。

4. 垦丰 16：适宜在黑龙江省第二积温带春播种植。

5. 合丰 55：适宜在黑龙江省第二积温带种植。

6. 绥农 26：适宜在黑龙江省第二积温带以及吉林、内蒙古等省区相应的积温区域种植。

7. 黑农 48：适宜在黑龙江省第二积温带种植。

8. 黑农 50：适宜在黑龙江省第二、三积温带种植。

9. 吉育 47：适宜在吉林省吉林市、延边、白山市等早熟地区种植。

二、黄淮海地区

1. 冀豆 17：适宜在河北省春播种植，在河北南部、河南中部和北部、陕西关中平原和山东济南周边地区夏播种植。

2. 中黄 30：适宜在辽宁省中部和南部、河北省北部、陕西关中平原、宁夏中部和北部、甘肃中部、北京市等地区春播种植。

3. 菏豆 13：适宜在山东省西南部、河南省南部、江苏和安徽两省淮河以北地区夏播种植。

4. 周豆 12：适宜在河南南部、江苏和安徽两省淮河以北地区夏播种植。

5. 中黄 13：适宜在华北北部、辽宁南部、四川等地春播种植，在淮河流域及淮北地区、天津市及陕西省南部等地区夏播种植。

6. 皖豆 28：适宜在山东西南部、河南南部、江苏及安徽两省淮河以北地区夏播种植。

三、南方地区

1. 南豆 12：适宜在四川省平坝、丘陵地区种植。

2. 华春 6 号：适宜在广东、广西、福建、海南和湖南中南部春播种植。

模块三 大豆播种技术

 学习目标

掌握大豆播种技术。

工作任务1 确定播种期

（一）具体要求

根据当地的气候条件和品种本身特性，确定大豆适宜的播种期。

（二）操作步骤

春播。地温与土壤水分是决定春播大豆适宜播种期的两个主要因素。一般认为，北方春播大豆区，土壤 5～10cm 深的土层内，日平均地温 8～10℃、土壤含水量 20％左右时播种较为适宜。所以，东北地区大豆适宜播种期在4月下旬至5月中旬，其北部在5月上、中旬播种，中部在4月下旬至5月中旬播种，南部在4月下旬至5月中旬播种。

夏播和秋播。夏播和秋播大豆由于生长季节较短，适期早播很重要。夏大豆通常在6月上、中旬播种，在梅雨季前播完。秋大豆以不影响后茬作物播种为前提，于7月下旬播种。套作大豆宜在前作物收获前10～15d内播完。另外，播种期也可根据品种生育期类型、地块的地势等加以适当调整。晚熟品种可早播，中、早熟品种可适当晚播。地温、地势高的可早些播种，土壤墒情好的地块可晚些播种，岗坡地可以早些播种。

（三）相关知识

播种过早，在春播大豆区，由于土壤温度低、发芽慢、易受镰刀菌感染而烂子。播种过晚，虽出苗快，但由于气温高，幼苗地上部生长快，细弱不壮，如果墒情不好，还会造成出苗不齐，而且浪费积温，生育期延迟，秕荚数增加，降低大豆的产量和质量。

（四）注意事项

各地的播种期一般都是相对固定的，确定播种期时需多参考当地的经验。

工作任务2　确定播种量

（一）具体要求

建立合理的群体结构，保证大豆产量和品质，节约种子，降低成本，提高效益。

（二）操作步骤

1. 确定播种量的原则　肥地宜稀，薄地宜密；晚熟品种宜稀，早熟品种宜密；早播宜稀，晚播宜密；肥、水、气候条件好的宜稀，反之宜密。一般春大豆密度为30万～37.5万株/hm²，夏大豆为18万～37.5万株/hm²，秋大豆60万株/hm²以上。通常情况下，大豆播种量为60～75kg/hm²。

2. 换算　将已测定的某品种百粒重换算成每千克粒数。例如黑龙江大豆品种"黑农44"百粒重21g，换算成每千克粒数为4762粒。

3. 计算每公顷播种粒数　根据实际情况计算出每公顷保苗株数，然后按照当地耕作条件和管理水平，加上一定数量的损失率（如机械、人、畜在田间管理过程中和人工间苗所造成的损失），一般田间损失率可按15％～20％计算。例如，"黑农44"每公顷保苗株数24万株，田间损失率按20％计算为48000株，则每公顷需播种28.8万粒。

4. 计算每公顷播种量　其公式如下：

每公顷播种量（kg）＝（每公顷播种粒数/每千克种子粒数）/发芽率

例如，"黑农44"每公顷播种28.8万粒，已测得每千克种子粒数为4762粒、发芽率为95％，代入公式：每公顷播种量＝（288000/4762）/95％＝63.66kg。

工作任务3　选择播种方法

（一）具体要求

根据当地生产条件，选择合适的播种方法。

（二）操作步骤

1. 机播 适应于连片种植的大豆主产区如东北春大豆区，因机播播种速度快、质量好、省种、省力、省时而深受广大农民欢迎。常见机播方法有垄上双条精量点播法、垄上等距穴播法、大垄窄行密植播种法、60cm 双条播、原垄播种、耧播等。

（1）精量点播法。在秋翻耙地或秋翻起垄的基础上刨净茬子，在原垄上用精量点播机或改良耙单粒、双粒平播或垄上点播。能做到下子均匀，播深适宜，保墒、保苗，还可集中施肥，不需间苗。

（2）等距穴播法。机械等距穴播提高了播种工效和质量。出苗后，株距适宜，植株分布合理，个体生长均衡。群体均衡发展，结荚密，一般产量较条播增产 10% 左右。

（3）窄行密植播种法。缩垄增行、窄行密植，是国内外都在积极采用的栽培方法。改 60～70cm 宽行距为 40～50cm 窄行距密植，一般可增产 10%～20%。从播种、中耕管理到收获，均采用机械化作业。机械耕翻地，土壤墒情较好，出苗整齐。均匀窄行密植后，合理布置了群体，充分利用了光能和地力，并能够有效地抑制杂草生长。

（4）60cm 双条播。在深翻细整地或耙茬细整地基础上，采用机械平播，播后结合中耕起垄。优点是能抢时间播种，种子直接落在湿土里，播深一致，种子分布均匀，出苗整齐，缺苗断垄少。机播后起垄，土壤疏松，加上精细管理，故杂草也少。

（5）原垄播种。为防止土壤跑墒，采取原垄茬上播种。这种播法具有抗旱、保墒、保苗的重要作用，还有提高地温、消灭杂草，利用前茬肥和降低作业成本的好处。多在干旱情况下应用。

（6）耧播。黄淮海流域夏播大豆区常采用此法播种。一般在小麦收割后抓紧整地，耕深 15～16cm，耕后耙平耢实，抢墒播种。耧播行距一般为 25～40cm。在劳力紧张、土壤干旱的情况下，一般采取边收麦、边耙边灭茬，随即用耧播种。播后再耙耢 1 次，达到土壤细碎平整，以利于出苗。

2. 扣种 是一种古老的大豆播种方式。播种过程是先在原垄沟内条施基肥，然后用大犁破原垄台，在新垄底踩格子或压磙子，人工播种，再用大犁掏墒覆土，最后再镇压。

3. 开行条播或点播 整地后先起畦，在畦上按一定行距开好种植行（沟），在种植行（沟）内按一定穴距点播或无穴距条播种子。种植规格一般为：畦宽（包括沟）130～140cm，每畦种 4 行，大行距 40cm，小行距 20cm，穴距 17～27cm。

4. 玉米间种大豆 有以下 3 种方式：一是在玉米小行内间种 1 行大豆，即玉米采用双行单株植，在小行间种 1 行大豆，穴距 17～20cm，每穴播种 2～3 粒；二是玉米与大豆同穴同播，即在播种玉米时，每穴玉米中播大豆 2～3 粒；三是撒播，即是在玉米小行间撒播大豆 45～52.5kg/hm²，最后留苗 15 万株/hm² 左右。

5. 麦地套种大豆 夏播大豆地区，多在小麦成熟收割前，于麦行里套种大豆。一般 5 月中下旬套种，用耧式镐头开沟，种子播于麦行间，随即覆土镇压。

（三）相关知识

大豆播种深浅应根据种粒大小、土质和墒情而定。小粒种子，墒情不太好，土质疏松宜深些；反之宜浅。一般以 4～5cm 为宜。播后要及时镇压，以利于保墒、出苗整齐。

（四）注意事项

尽管播种方式多样，但播种不可过深，也不可过浅。大豆子叶肥厚，顶土能力弱，如果播种过深，种子消耗养分多，出苗缓慢，豆苗瘦弱，或因幼苗不易出土而闷死；播种过浅，又会因土壤表层水分、温度不稳定而影响发芽出苗。

 工作任务4　施用种肥

（一）具体要求
按质按量施用种肥，避免烧种、烧芽。

（二）操作步骤
将肥料拌匀，放一小勺在两穴种子之间，肥料不能与种子接触。

（三）相关知识
种肥原则上以磷肥为主，配合少量氮肥。若氮肥施用过量，不仅会抑制根瘤的形成，而且还会引起幼苗徒长。大豆生产中常用的种肥，多是以磷为主要成分的复合肥，如磷酸二铵等。

（四）注意事项
用尿素、硝酸铵等氮肥作种肥时，要注意种、肥隔离深施，防止烧种、烧苗现象出现，以提高出苗率。采用包衣种的，可不施种肥。

模块四　大豆田间管理技术

学习目标

了解大豆各生育时期的生育特点，掌握不同生育时期的田间管理措施，能正确诊断大豆苗情。

种子萌发出苗期田间管理

 工作任务1　松土整地

（一）具体要求
大豆播后到出苗前，如遇雨，土壤易板结，故在雨停地干后，应立即进行苗前耙地松土。

（二）操作步骤
用钉齿耙耙地，也可用石磙或镇压器破土壳。

 工作任务2　查苗补种

（一）具体要求
有效株数是构成大豆产量的重要因素。大豆出苗后，即应抓紧逐行查苗，发现缺苗，及时补种，保证苗全、苗匀、苗壮。

（二）操作步骤

（1）补种。补种的种子应是同一品种的种子，可先浸泡2～3h，如土壤干旱的地块，补种时采用点种，以利于提早出苗。

（2）补栽。如发现缺苗过晚，或出苗后因地下害虫危害而造成缺苗断行，可用预先育好的预备苗移栽，或移取过密处的壮苗，带土补栽。为了保证移栽成活，应在阴雨天或16时以后进行，埋土要严密，并浇定根水。可在补栽时施用适量化肥，或在成活后追施苗肥，促进补苗加快生长。移栽苗龄越小，成活率越高，移栽的植株单株荚粒数也不会明显减少。

（三）相关知识

大豆根系着生根瘤，需要有相对稳定的土壤环境。

（四）注意事项

移苗补种会改变根瘤菌生长环境，不利于结瘤固氮，故一般不提倡。

 工作任务3　　除草

（一）具体要求

采用人工或化学除草方法，防除大豆田杂草。

（二）操作步骤

用人工方法拔除杂草。一般平播大豆，子叶刚出土尚未展开前，采用小铧犁趟一犁，深松土小培土。垄上播种的，也在大豆刚拱出2片子叶尚未展开时，深趟一犁。

采用化学药剂除草。可以收到很好的效果。

（三）相关知识

化学除草是一项省工高效的措施。大豆播种前可用氟乐灵、直西龙等除草剂除草。一次施药，即可控制杂草危害，对一年生双子叶杂草防效达97％以上。化学除草应严格掌握施药时间、数量和方法，防止漏喷和重喷。尤其是对寄生性杂草菟丝子的防除更应注意，它靠种子传播，种子在土壤中可存活5年，严重危害时会使大豆成片死亡。同时还危害玉米、花生和马铃薯等。防除方法：播前精选大豆种子以剔除菟丝子种子；拔除病株烧毁或深埋；每隔3～5年轮种1次大豆；用生物制剂如鲁保1号防除。

 幼苗期田间管理

 工作任务1　　间苗定苗

（一）具体要求

及早间苗、定苗，保证全苗。

（二）操作步骤

间苗、定苗是保证豆田形成合理群体结构、培育壮苗的重要措施。间苗时间宜早不宜迟。一般在齐苗后结合查苗补种进行，间去弱苗、小苗、病苗，根据幼茎的颜色除去杂苗，保留壮苗。在地下害虫不严重的年份和地区，采用一次间苗、定苗。如地下害虫多，可分2次进行，第1次在对生单叶展开时间苗，第2次在第2片复叶展开时定苗，或到3叶期，再根据种植密度要求，进行定苗。夏大豆生长迅速，间苗、定苗1次进行。间苗、定苗结合中耕，可以疏松土壤，保墒增温，促进根系发育，培育壮苗，为丰产奠定基础。

（三）相关知识
大豆苗期根系生长快，地上部生长慢，容易遭受草害。

（四）注意事项
大豆间苗时间宜早不宜迟，以不超过两片真叶为宜。如果虫害严重时，可适当推迟间苗时间，以免造成缺苗。

 工作任务2 中耕除草，施肥培土

（一）具体要求
结合中耕除草进行施肥培土，促进根系生长、根瘤形成，使幼苗健壮。

（二）操作步骤
一般中耕2次，第1次在幼苗2片真叶展开后进行，深3～4cm。秋播大豆如遇大雨造成表土板结、出苗困难，可提早进行中耕松土，以帮助大豆顺利出苗。苗高10～14cm时进行第2次中耕除草，深度5～6cm。结合第2次中耕，追施壮苗肥，一般施尿素52.5～60kg/hm²、过磷酸钙90～120kg/hm²。施肥后培土，培土高度要接近或超过子叶节，促使茎部多生不定根，以加强吸收力和抗倒力。

（三）相关知识
幼苗期是决定单位面积株数的时期，是大豆产量的基础。灌水和自然降雨后进行中耕，对于破除板结，疏松土壤，改善土壤中的气、水、热等条件有重要作用。培土既可防止倒伏、利于压根和促根，又便于灌溉及排水，尤其多雨地区，培土更为重要。

（四）注意事项
大豆封垄后不宜再进行中耕。施肥时应注意防止肥料与叶片接触，以免烧伤叶片，最好开沟施肥，施后覆土。对套种大豆或夏大豆，更应重视苗肥的施用。对长势良好的田块，苗肥可少施或不施。

 ## 分枝期田间管理

 工作任务1 中耕除草培土

（一）具体要求
中耕除草结合培土，使植株入土茎节多生不定根，并促进根瘤繁殖生长。

（二）操作步骤

在封行前完成 3 次中耕的最后 1 次，中耕深度在 10cm 左右，埋土不超过第 1 复叶节。

（三）相关知识

中耕除草松土，改善土壤环境，为根瘤菌生长创造良好的条件。

（四）注意事项

进行浅中耕，以免损伤根系。

 工作任务2　追施花芽肥

（一）具体要求

根据大豆生长情况，适量追施氮、磷配合肥，促进花芽分化。

（二）操作步骤

在土壤湿润时将肥料点施在植株基部。一般施尿素 45～60kg/hm^2、过磷酸钙 112.5～150kg/hm^2。

（三）相关知识

大豆进入分枝期，植株生长旺盛，花芽开始分化，需肥较多，追施适量氮肥可促进茎叶和分枝生长及花芽分化。

（四）注意事项

氮肥施用量不可过多，以免造成营养生长过旺而影响花芽分化和根瘤菌生长，或引起后期徒长倒伏。如果基肥或苗肥追肥充足，植株生长健壮，这次追肥可以不施。

 开花结荚期田间管理

 工作任务1　施花荚肥

（一）具体要求

补充肥料，促花保荚。

（二）操作步骤

在花前 5～7d 或初花期施一次花肥，以钾、钙为主，一般混施草木灰 450～750kg/hm^2 与石灰 225～300kg/hm^2。如果没有草木灰可施氯化钾 75～90kg/hm^2，方法是将肥料撒施在植株基部。并视植株生长情况进行叶面喷肥。一般每公顷用 11.25～15kg 尿素加磷酸二氢钾 4.5kg，对水 30kg，进行叶面喷施。此外，初花期喷施 0.02％～0.05％ 的钼酸铵溶液 750～900kg/hm^2，有促进开花结荚、减少花荚脱落的效果。

（三）相关知识

大豆开花期需肥较多，而基肥及前期追肥已大量消耗，因此需要及时补充肥料以满足开花后对养分的需要。

（四）注意事项

花期根瘤菌固氮能力强，能向植株提供充足的氮素营养，故一般不施氮肥，以防营养生长过旺。

 工作任务2　**灌溉排水**

（一）具体要求

既要满足大豆水分供应，又不可使水分过多。

（二）操作步骤

根据大豆的需水规律、苗情和墒情等及时灌溉和排水。在大豆初花期，土壤含水量低于田间持水量的65％时，应及时进行灌溉，一般在15～16时植株叶片出现萎蔫时进行。灌溉以喷灌为最好，其次为沟灌和畦灌。切忌用大水漫灌。

大豆不耐淹涝，如土壤水分饱和或遇雨田间积水，应及时排水晾田。

（三）相关知识

大豆开花期对水分反应敏感，如果水分不足，就会导致大量落花。因此，如遇干旱，必须及时灌水保湿，以满足开花对水分的需要。

（四）注意事项

大豆既需要水又怕水，花期渍水也易引起落花。因此，在搞好灌溉的同时，也要注意排涝，特别是夏播大豆，要随时注意防涝工作。

 工作任务3　**适时打顶**

（一）具体要求

适时打顶，调节植株生长发育状况。

（二）操作步骤

对有限结荚习性的品种类型，打顶宜在开花初期进行；对无限结荚习性的品种类型，打顶宜在盛花期后进行。方法是采用人工摘顶，一般摘去植株顶部2cm左右。

（三）相关知识

打顶可抑制植株徒长，防止倒伏，并能调节植株体内营养物质的分配比例，减少养分消耗，促进有机物集中向花荚输送，减少落花落荚，有利于结实器官生长发育。

（四）注意事项

一般来说打顶只适用于无限结荚习性的品种类型，对于有限结荚习性的品种，只用于过于繁茂、主茎徒长的植株。打顶一定要适时，过早过迟都会影响产量。

 工作任务4　**应用生长调节剂**

（一）具体要求

植株生长缓慢时，使用生长促进剂，如油菜素内酯、三十烷醇等；植株生长过旺时，则使用生长抑制剂，如三碘苯甲酸、矮壮素等。

（二）操作步骤

油菜素内酯在盛花期和结荚期喷施。喷施 2 次，每隔 7～10d 喷 1 次。喷施浓度为每 100kg 水加药 1～3g，药液用量为 50～70kg/hm²。

三碘苯甲酸每公顷可用纯品 45～75g，加酒精 1500ml 充分溶解，再加水 525～750kg。在分枝期至盛花期均可进行喷洒，但一般在初花期喷洒比较稳定。

矮壮素可拌种。这种方法简便易行，效果好，拌种浓度以 10％ 为好。也可在花期或结荚初期进行喷洒，喷洒的适宜浓度为 0.125％～0.25％，若浓度超过 0.25％会有危害。

（三）相关知识

大豆在生长发育过程中，有时易出现营养生长与生殖生长不协调的现象，如植株生长繁茂、引起徒长、开花延迟等。在大豆即将出现生育失调时，除了采用摘心、打叶等应急措施外，还可应用生长调节剂。如施用得当，不但能调节生育，还能提高产量和改进品质。

油菜素内酯的化学名称为 4-碘苯氯乙酸，能防止花荚脱落、增荚、增粒、增重。一般增产 3％～5％。

三碘苯甲酸可抑制夏大豆的生长发育，在植株有徒长趋势时施用，一般可增产 5％～15％。

矮壮素能抑制大豆徒长，防止倒伏。对增强抗病、抗旱、抗涝能力有一定作用。

（四）注意事项

市面上的植物生长调节剂种类较多，购买时一定要分清是生长促进剂还是生长抑制剂，以免施用后产生相反的效果。各种药剂施用时一定要喷洒均匀。三碘苯甲酸是一种生长抑制剂，主要在植株高大、生长繁茂、有可能徒长倒伏的情况下才施用，对于生长较差或早熟的品种，一般不宜施用。使用矮壮素一定要严格控制好浓度。

 工作任务5　防治病虫害

（一）具体要求

大豆花荚期常见的病害有大豆灰斑病、孢囊线虫病、根腐病、霜霉病等；常见的虫害有大豆蚜虫、食心虫、根潜蝇等，应在做好预测预报的基础上，尽可能采取生物、物理等方法防治，以减少对环境的污染。

（二）操作步骤

可单独或与叶面追肥结合施药进行化学防治。蚜虫、造桥虫、棉铃虫用氰戊菊酯、溴氰菊酯等防治。蚜虫还可用 50％抗蚜威可湿性粉剂 10g，对水 15kg，或每公顷用 40％乐果乳油 600g 配成 1000～1500 倍液喷施。防治灰斑病，可用 70％甲基硫菌灵，每公顷用900～1500g，或 50％多菌灵 750～1050g，或加 2.5％溴氰菊酯乳油 450g 配成混合液，叶面喷洒。

 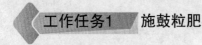 **鼓粒成熟期田间管理**

 工作任务1　施鼓粒肥

（一）具体要求

通过根外追肥弥补鼓粒成熟期的营养不足，减少荚果脱落，促进子实饱满。

（二）操作步骤

当叶色退黄过早，出现早衰象征时，用尿素 $15kg/hm^2$、过磷酸钙 $22.5kg/hm^2$（提前 1d 浸入水中，取其溶液）对水 $900\sim1050kg/hm^2$ 喷施叶面。如果植株生长旺健、叶色绿，则可用氯化钙 $15kg/hm^2$、过磷酸钙 $22.5kg/hm^2$ 对水喷施。

（三）相关知识

大豆进入鼓粒成熟期后，根瘤菌固氮能力逐渐减退，加之鼓粒成熟期需肥量大，适当补施氮肥可显著增加产量。

 工作任务2 灌鼓粒水

（一）具体要求

灌鼓粒水，保证土壤干湿有度，促进鼓粒和成熟。

（二）操作步骤

鼓粒期，豆粒增大，需水量大。当土壤含水量低于田间持水量的 $70\%\sim75\%$ 时，需及时灌溉。鼓粒后则要彻底排水防渍促进豆荚成熟，防止贪青晚熟或黄叶烂根，影响产量和品质。

（三）相关知识

鼓粒期豆粒体积迅速增大，需水量多。鼓粒期缺水，若适当少灌，能显著提高粒重和产量，改进大豆品质。鼓粒后期减少土壤水分可促进早熟。

（四）注意事项

灌水切忌过多。

 看苗诊断技术

 工作任务 大豆看苗诊断

（一）具体要求

掌握看苗诊断技术，区分壮苗、弱苗和徒长苗，为采取相应管理措施提供依据。

（二）操作步骤

了解大豆幼苗分类标准，熟悉壮苗、弱苗和徒长苗的形态与长相；再到田间查看，根据幼苗长势长相判断属于哪一类，并提出相应的管理措施。

（三）相关知识

大豆幼苗分类标准见表 2-6-2 所示。

（四）注意事项

生产实践中，看苗诊断技术多是凭经验目测进行。因此，要不断深入田间地头，加强看苗实践，增加诊断经验，以提高看苗诊断的操作能力。

表 2-6-2　大豆幼苗分类标准

形态 ＼ 长相	壮　苗	弱　苗	徒长苗
根　系	发育良好，主根粗壮，侧根发达，根瘤多	欠发达，侧根、根瘤较少	不发达，侧根、根瘤少
幼　茎	粗壮，不徒长	较纤弱	细长
节　间	适中，叶间距≤3cm	过短	过长
子叶、单叶	肥大厚实	小而薄	大而薄
叶　色	浓绿	黄绿	淡绿

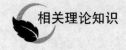相关理论知识

大豆各生育阶段的生育特点和栽培目标

1. 种子萌发出苗期的生育特点和栽培目标　生育特点：种子吸水速度加快，酶的活性增强，代谢活跃，子叶变绿即具有光合功能。

田间管理目标：提高地温，松土保墒，促进出苗快，出苗齐，防草荒。

2. 幼苗期的生育特点和栽培目标　生育特点：以长根为中心，植株地下部生长比地上部生长快3～5倍；属营养生长阶段，养分分配中心是根和生长点。幼苗较耐干旱和短时低温，对短日照开始反应，对氮、磷的需求虽然较少，但因根系吸收能力较弱，易出现"氮素饥饿"症状，这一时期是磷肥的敏感期。

田间管理目标：保证全苗，培育壮苗，使植株茎粗节短，叶片厚，叶色鲜绿，侧根多，根系发达。

3. 分枝期的生育特点和栽培目标　分枝期为营养生长和生殖生长并进期，植株地上部生长较快，叶的光合产物具有同侧就近供应的特点，但主要供应主茎生长点和分枝芽。叶的功能有了分工：中部叶的光合产物向上供应生长点和新生叶及幼茎；向下供应不能独立进行光合作用的同侧弱小分枝；下部叶则主要供应根及根瘤的发育，根瘤已具有一定的固氮能力，开始向植株提供氮素营养。

田间管理目标：发根壮苗，为多分枝、早开花、多结荚奠定基础。使植株主茎粗壮，分枝多，叶片肥厚，叶色深绿，根系发达，根瘤较多，地上部和地下部发育较均衡。

4. 开花结荚期的生育特点和栽培目标　生育特点：此时期是以开花受精为中心的营养生长与生殖生长旺盛并进期，地上部茎叶生长旺盛，地下部根瘤固氮能力强，向植株提供较多的氮素营养。光合产物由主要供应营养生长，逐渐转向以供应生殖生长为主的阶段。叶的功能分工更加明显，具有同侧就近供应的特点。荚成为有机物的分配中心。

田间管理目标：保证充足的肥水供应和良好的通风透光条件，促进光合作用，控制营养生长，使植株稳健，多开花、多结荚，为每株荚数和每荚粒数打好基础。达到盛花期开始封行，终花期底叶不黄。

5. 鼓粒成熟期的生育特点和栽培目标　大豆开花受精后，子房膨大，形成软而小的绿

色豆荚，当全田有 50% 的植株进入结荚后到成熟这段时期为鼓粒成熟期。此时期的生育特点是：营养生长已停止，植株外观已定型，而以籽粒充实饱满为中心的生殖生长正在旺盛进行，植株内有机养分大量向籽粒转移。这是决定每荚粒数和粒重的关键时期。

田间管理目标：防止贪青早衰，减少落荚，加速鼓粒，促进籽粒饱满，增粒增重，促进成熟。

模块五　大豆收获与贮藏技术

学习目标

掌握大豆测产技术、收获技术和贮藏技术。

工作任务1　大豆测产

（一）具体要求
掌握大豆测产技术。

（二）操作步骤
1. 选点取样　根据大豆田块的大小和生长的整齐度，确定选点数量及每样点段。采用对角线五点取样法，每个样点选择面积为 $1m^2$ 的区域，选点应具有代表性。

2. 调查测定项目　调查株、行距，确定单位面积上株数：在每个点上分别量 10 个株距、10 个行距的长度，取平均值，即为每个点的株、行距；5 个点的株、行距取平均值，即为所调查田块的株、行距，按调查所得的株、行距值，计算出单位面积上的株数。

调查单株荚数和每荚粒数：每个点连续取 10 株，5 个点共 50 株，收获、晒干、脱粒，数出所有植株的荚数和总粒数，取平均值，即为所调查田块的每株荚数和每株粒数，并计算平均每荚粒数。

调查粒重：可用百粒重或单株粒重两个指标表示，从样品中随机数 100 粒称重，重复 4 次取平均值，即为百粒重；将所得的全部干籽粒称重，取平均值，即为单株粒重。

3. 计算产量　根据调查所得的产量构成因素的值，计算产量。

大豆产量＝单位面积上的株数×每株荚数×每荚粒数×百粒重/100

（三）相关知识
大豆产量由单位面积上的株数、每株荚数、每荚粒数和粒重四个因素构成。

工作任务2　大豆收获

（一）具体要求
适时收获。

（二）操作步骤
1. 确定收获期　广西春大豆一般在 6 月份收获，夏、秋大豆一般在 9、10 月份收获。

2. 选择收获方法 主要是采用人工收获或机械收获。为了减少损失，人工收获应在午前植株含水量高、不易炸荚时收获。收割后运回场院，晾晒至炸荚时脱粒。若籽粒含水量低，可进行收、运、打场、脱粒连续作业。

（三）相关知识

适期收获对大豆丰产优质十分重要。收获过早，籽粒尚未成熟，不仅脱粒困难，而且粒重、脂肪和蛋白质含量都低；收获过晚，大豆籽粒失水过多，易造成炸荚掉粒、品质变坏、丰产不丰收。

大豆适宜的收获期是黄熟期。此期特征是：叶片大部分变黄脱落，茎和荚变成黄色，籽粒复圆并与荚壳脱离，荚与粒之间的白膜消失，籽粒含水量逐渐下降到 15%～20%，茎下部呈黄褐色，即进入黄熟期。若采用联合收割机收获，最佳收获期是完熟期。此期特征是：植株叶柄全部脱落，籽粒变硬，茎、荚和粒都呈现出本品种固有色泽，摇动植株，发出清脆的摇铃声，即进入完熟期。

华北及黄淮流域大豆产区，部分大豆收获后，还要播种冬小麦。所以此区的大豆要适时早收，以利于抓紧时间耕地、施肥和抢种小麦。

机械收获分为联合收获和分段收获 2 种。联合收获就是采用联合收割机直接完成收割、脱粒及秸秆还田等作业。它要求割茬高度不高于 5cm，且不留底荚。联合收获破碎粒不超过 3%，综合损失不超过 4%，其中，收割损失不高于 2%，脱粒损失不高于 2%。分段收获是采用割晒机先把大豆割倒，铺平，待晾干后，再用安装拾禾器的联合收割机拾禾、脱粒的收获方法。分段收获铺平时，豆枝间要相互搭接，防止拾禾掉枝。分段收获综合损失不应超过 3%，其中收割损失不超过 1%，拾禾脱粒损失不超过 2%。割后种子含水量降至 15% 以下时，要及时拾禾脱粒。它与联合收获相比较，具有收割早、损失小、破碎率和泥花脸少的优点。

（四）注意事项

收获大豆最好在早晨露水未干时进行，以免裂荚掉粒。大豆收获后应摊晒几天再脱粒，可避免曝晒豆粒、种皮破裂、影响品质。

南方多丘陵地区，种植面积分散，规模较小，采用人工收获较适宜；北方多为平原地区，大豆种植面积集中，规模较大，采用机械收获较好。

工作任务3 大豆籽粒贮藏

（一）具体要求

达到贮藏要求，安全贮藏。

（二）操作步骤

（1）籽粒干燥。在天气晴好时，将大豆籽粒摊晒在日光下，成一薄层，充分曝晒，其间经常翻动，使受光、受热均匀。有条件的地方，最好用籽粒干燥机干燥，使含水量降到 10% 左右。

（2）清除杂质和破损粒。用种子精选机对大豆籽粒进行精选，或用人工方法选出破损粒，筛除杂质。

（3）低温封闭保管。贮藏仓库要通风、干燥、无鼠洞、不漏水，籽粒入库前清扫彻底，严格消毒。将籽粒打好包，贴好标签，按顺序堆放在5℃低温库中贮藏。北方大豆贮藏则多用麻袋包装堆放。当水分在12％～14％时，堆高不得超过6层麻袋高；当水分在12％以下时，堆高不宜超过8层麻袋高。露天贮藏，要在堆底垫好防潮物，堆顶苫盖，防止雨淋。当贮藏数量大时，可以囤藏或仓储。如果籽粒数量较少，可用清洁、干燥的瓦缸贮藏。

（三）相关知识

大豆籽粒含有较高的蛋白质和脂肪，在湿度较大情况下，籽粒吸湿性强，含水量增高，会加速脂肪分离，游离脂肪酸增多，导致籽粒酸败，降低品质和丧失发芽能力。因此，要重视大豆籽粒的贮藏。

（四）注意事项

晒种时注意晒场干净，避免带入泥沙、杂草、土块等。

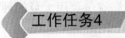 **工作任务4　防虫抑霉**

（一）具体要求

大豆贮藏期间易发生印度谷蛾、地中海螟蛾与粉斑螟蛾等蛾类害虫，要注意防治。

（二）操作步骤

在夏末秋初，应加强对贮粮害虫和微生物的检查和预防，如发现有印度谷蛾、地中海螟蛾与粉斑螟蛾等蛾类危害时，应及时采取灯光诱捕等有效措施进行触杀；必要时可在粮面浅层投放一定剂量的磷化铝片，进行自然潮解缓释熏蒸和低药剂防护。熏蒸散气时，不要先进仓处理残渣，应先通风后再进仓，以防缺氧造成事故。若发现虫霉滋生或存在虫霉危害的隐患时，应根据发生部位和危害程度，采取相应的应急措施。

 工作任务5　适时通风

（一）具体要求

根据不同情况，分别对贮藏期大豆通风换气。

（二）操作步骤

主要使用通风风扇。根据仓库的大小，将风扇安装在仓库的一端或两端，适时开风扇通风。

（三）相关知识

大豆贮藏期通风必须按库内外温度、湿度情况来确定，如属下列情况方可通风。库内温度高于库外；库内库外温度相同，但库外湿度低；库内库外湿度相同，但库外温度低；库外温度高而湿度低，或湿度高而温度低，则要计算库内外空气的绝对湿度，如库外的绝对湿度低于库内的绝对湿度，方可通风。绝对湿度的计算方法：绝对湿度＝当时空气饱和水汽量（g/m³）×相对湿度（％）。

刚收获入库的大豆籽粒，生理活动比较旺盛，堆内湿热容易聚集。所以，在干燥有风的晴天，应进行适当通风，以利于散发湿热，防止结露、霉变损失。在贮藏过程中，一般以适当降低库内温度和散失水汽为原则。因此，贮藏期通风是主要手段。

拓展模块　菜用大豆栽培技术

学习目标

了解菜用大豆的特点与栽培技术。

　　菜用大豆属于豆科、大豆属、栽培大豆种，也称为毛豆。通常是指生长到鼓粒成熟期，当籽粒饱满、荚色翠绿时采青食用大豆。其风味独特，营养价值高，深受人们喜爱。中国大部分地区，尤其是南方各省及东南亚各国，历来都有鲜食青大豆的习惯。随着人们生活水平的提高和膳食结构的改变，市场对菜用大豆的需求量逐年增加。东南沿海省份菜用大豆的种植和生产已初具规模，成为当前出口创汇的重要农产品之一。

　　菜用大豆根据栽培季节可分为春茬鲜食大豆、夏茬鲜食大豆和秋茬鲜食大豆。

工作任务1　选地和整地

（一）具体要求
满足大豆生长前期对土壤的要求。

（二）操作步骤
（1）选地。选择地势高燥、排灌方便、保水保肥性能好的地块。

（2）整地。深翻并碎土，使土壤达到深、松、碎、平的要求，起畦，畦宽（包括沟）1.2～1.5m，畦呈龟背形。

（三）相关知识
　　大豆用地应与非豆科作物实行2～3年轮作。无公害生产的产地环境必须符合GB/T18407—2001的要求，产地周边2km范围内不允许有工业三废等污染源存在。与高速公路、国道距离900m以上，与地方主干道距离500m以上，与医院、生活污染源距离2000m以上。

工作任务2　播种

（一）具体要求
适时播种，提高播种质量。

（二）操作步骤
（1）播种时期。播种时期各地不一样，应结合当地的气候、自然、生产周期等掌握。如安徽秋茬鲜食大豆以7月底播种较好，淮北地区掌握在7月20日之前，淮河以南地区在7月底以前均可种植。又如山东省济南市历城区，春茬鲜食大豆：大棚栽培1月下旬播种，中棚栽培2月上旬播种，小棚栽培2月中下旬播种，用大中小棚温床或冷床育苗，地膜覆盖栽培3月上中旬播种，露地栽培4月中下旬播种；夏茬鲜食大豆：5月上旬至7月中旬育苗移栽或直播；秋茬鲜食大豆：7月下旬至8月上旬直播。

（2）播种方式。菜用大豆的播种方式主要有直播和育苗移栽，各地可根据条件灵活掌握。

（3）种子处理。播前晾晒种子 1～2d。

（4）播种量。品种不同，种子大小也有差异，用种量也就不相同。一般来说，大田直播用种量较多，为 75～90kg/hm²，保护地育苗栽培用种量较少，为 60～75kg/hm²。

 工作任务3　保护地育苗

（一）具体要求

培育壮苗。

（二）操作步骤

（1）床土配制。选用肥沃园土 2 份与充分腐熟的圈肥（先过筛）1 份配合，并按每立方米加 N：P₂O₅：K₂O 为 1：1：1 的三元复合肥 1kg 或含相应养分的单质肥料，混合均匀待用。

（2）播种。若采用地膜覆盖栽培可适当提早播种期，但出苗后要在寒潮期采取保护措施，以防冻害。行距 35～40cm，穴距 8～10cm，每穴播种 2 粒，基本苗在 30 万株/hm² 左右，播种量 150～195kg/hm²。

（3）苗床管理。出苗前不通风，保持 25～30℃，出苗后及时揭去薄膜，适当通风降温，白天保持 18～25℃，夜间 10～15℃。定植前 1 周进行低温炼苗。

（4）定植。当豆苗 2 叶 1 心时，选择冷尾暖头移栽，栽植密度为 30 万～37.5 万株/hm²。栽后保温，促进还苗，还苗后适当降温，白天让植株多见光，夜间做好防冻保暖工作，天气转暖后大中小棚逐步加强通风换气，春寒结束后，全部掀掉裙膜，保留顶膜。

 工作任务4　施肥

（一）具体要求

满足大豆生长发育对养分的需求。

（二）操作步骤

（1）基肥。畦中开沟，每公顷施腐熟有机肥 30000～45000kg，或饼肥 600kg、磷肥 300kg、钾肥 150kg，或复合肥 600kg，草木灰 1500kg。

（2）追肥。出苗后结合中耕早追攻苗肥，开花期再追施 1 次尿素，结荚期施 1 次叶面肥。一般在出苗后或移栽后，每公顷施尿素 75kg 或人粪尿 4500～7500kg、钾肥 75～150kg；开花期每公顷施尿素 75～150kg 或人粪尿 7500～15000kg；结荚期用 1%尿素溶液、0.2%磷酸二氢钾溶液、0.1%硼酸溶液，叶面喷施 1～2 次。

（三）相关知识

施肥原则是以有机肥为主，化肥为铺，保持或增加土壤肥力及土壤微生物活性。无公害生产的所施用的肥料不应对产地环境和产品品质产生不良影响，禁止使用未经无害化处理的含有害物质的垃圾或硝态氮肥、未腐熟的人粪尿及未获准登记的肥料产品。

工作任务5 　中耕除草与灌溉

（一）具体要求

创造利于大豆生长的环境。

（二）操作步骤

进行中耕除草，结荚前适当控水，开花结荚期遇旱应进行灌溉。

 工作任务6 　防治病虫害

（一）具体要求

菜用大豆在整个生长过程中，常会遭受病虫草害的侵袭，根、茎、叶、种子都可能会受害。危害毛豆的害虫主要有蚜虫、潜叶蝇、红蜘蛛、斜纹夜蛾和豆荚螟等，危害毛豆的病害主要有病毒病、锈病、白粉病、霜霉病和紫斑病等，要及时做好防治工作。

（二）操作步骤

1. 病害防治

（1）大豆炭疽病。苗期至成熟期都可能发病，主要危害茎荚，也危害叶片或叶柄。用多菌灵拌种即可防治此病，也可以在开花后喷施 25％溴菌腈可湿性粉剂 500 倍液。

（2）大豆霜霉病。发病初期开始喷洒 58％甲霜灵·锰锌可湿性粉剂 600 倍液。

（3）荚枯病。豆荚染病，病斑起初呈暗褐色，后变苍白色，病斑凹陷，上面轮生小黑点，幼荚常脱落，荚染病萎垂下落，病荚大部分不结实，发病轻的虽能结荚，但豆粒小、易干缩，味苦。实行 3 年以上的轮作，播种前，用种子质量 0.3％的 50％福美双拌种。秋收后及时清除田间的病残体，减少菌源。

2. 虫害防治

（1）大豆天蛾。豆天蛾幼虫咬食叶片，轻者，叶片被咬成孔洞、缺刻，严重时仅留叶柄，不能结荚，影响产量。在幼虫 1～3 龄期，选用 90％的晶体敌百虫 700～1000 倍液或 2.5％的溴氰菊酯乳油 2000 倍液进行喷雾。

（2）豆卷叶螟。幼虫在嫩芽或茸毛间结丝危害，2 龄后吐丝把叶缘、顶梢树叶、豆荚缀合成团，幼虫在其中取食，致使顶梢干枯。发生初期喷洒 10％吡虫啉可湿性粉剂 1500 倍液或 2.5％氟氯氰菊酯乳油 2000 倍液，隔 10d 喷 1 次。

（3）豆荚螟。幼虫先在豆荚上爬行，后吐丝作一白色丝囊，躲在囊内，再咬破蛀入荚内取食种子，荚内和蛀孔外堆积排泄的粪粒。可用 90％晶体敌百虫 700～1000 倍液或 50％杀螟松乳油 1000 倍液喷雾，每隔 10d 喷 1 次，连续喷 2～3 次。

最好在田间竖立杀虫灯，以上成虫均可用杀虫灯诱杀。

工作任务7 　收获

（一）具体要求

适时收获。

（二）操作步骤

一般在豆粒已经饱满，豆荚还呈青绿时采收。采收过早造成豆粒瘦小，产量低；采收过迟豆粒坚硬，降低品质。采收时全株一次收完，如果劳力比较充足，也可以分2～3次采收。采收后大豆要放在阴凉处，以保持新鲜。

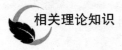相关理论知识

选用菜用大豆良种

选择高产、优质、抗病、营养价值高、商品性能好的优良品种，有利于获得较好的生产效益。菜用大豆优良品种在外观上要求茸毛为灰白色且稀少，荚皮薄且翠绿，一、二粒荚居多，无病斑，籽粒大，脐色浅；在营养上要求糖和淀粉含量相对较高，蛋白质和脂肪含量相对较低；在食用品质上要求甜、香、糯、软。

目前，全国各地已陆续选育出一大批适合市场消费需求的菜用大豆品种，如浙江的萧矮早、萧农9308、毛蓬青；江苏的宁青豆一号、绿宝珠、楚秀、乌皮青仁、南农系列品种；福建的金山大粒豆；上海的香水毛豆、上农香毛豆；山东的鲁青豆1号、山宁8号、北丰6号；山西的晋品1号、晋特1号；安徽的"新六青"、特早1号、合丰25等。各地可灵活加以选择。

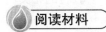阅读材料

蚕 豆

也称为胡豆、马齿豆、竖豆、仙豆、寒豆、湾豆、佛豆、川豆、倭豆、罗汉豆、夏豆等。

为豆科巢菜属一年生或越年生草本。是粮食、蔬菜和饲料、绿肥兼用作物。蚕豆一般认为起源于西南亚和北非。中国蚕豆相传为西汉张骞自西域引入。自热带至北纬63°地区均有种植。中国以四川最多，其次为云南、湖南、湖北、江苏、浙江、青海等省。蚕豆株高30～180cm。茎直立，四棱，中空，四角上的维管束较大。羽状复叶。总状花序，花蝶形。荚果，种子扁平，略呈矩圆形或近于球形。蚕豆为长日照作物。喜温暖湿润气候和pH 6.2～8的黏壤土。需水量较大，但土壤过湿易生立枯病和锈病。蚕豆可单作或间、套作，忌连作。可点播、条播或撒播。以有机肥和磷、钾肥为主。根瘤菌能与其共生固氮。主要病害有锈病、赤斑病、立枯病。主要害虫是蚕豆象。蚕豆籽粒蛋白质含量在$25\%\sim28\%$，含8种人体必需氨基酸。糖类含量在$47\%\sim60\%$。可食用，也可制酱、酱油、粉丝、粉皮和作蔬菜。还可作饲料、绿肥和蜜源植物种植。

观察与实验

大豆开花顺序和结荚习性的观察

（一）目的要求
识别不同结荚习性的大豆植株特征，了解它们的开花顺序和结荚习性。

（二）材料用具
不同结荚习性的大豆植株等。

（三）方法步骤
比照不同结荚习性的大豆植株。

特征参见本项目生物学基础部分有关内容。

（四）自查评价
设计一张表，列表说明不同结荚习性大豆植株的主要区别。

生产实践

主动参与大豆播种和田间管理等实践教学环节，以掌握好生产的关键技术。

信息搜集

通过阅读《作物杂志》《××农业科学》《××农业科技》《中国农技推广》《耕作与栽培》等科普杂志或专业杂志，或通过上网浏览与本项目相关的内容，或通过录像、课件等辅助学习手段来进一步加深对本项目内容的理解，也可参阅大学《作物栽培学》教材的相关内容，以提高理论水平。

练习与思考

1. 大豆的一生可划分为哪几个生育时期？大豆的结荚习性有哪 3 种？
2. 大豆各时期的生育特点和栽培目标是什么？主要包括哪些工作任务？
3. 大豆重茬为什么会影响产量和品质？
4. 如何进行大豆看苗诊断？
5. 怎样确定大豆适宜的收获期及收获方法？

总结与交流

1. 查阅最新的大豆优质、高产、高效栽培技术资料，形成文字综述，并组织小组讨论交流。
2. 以"大豆全身都是宝"为题，写一篇科普短文。

项目七　花生栽培技术

学习目标

明确发展花生生产的意义；了解花生的一生；了解花生栽培的生物学基础以及花生产量的形成；熟练掌握花生播种、花生田间管理和看苗诊断、花生测产和收获技术。

模块一　基本知识

学习目标

了解花生的一生，花生栽培的生物学基础以及花生产量的形成。

花生原产在南美的巴西、秘鲁一带，传入我国已有 500 多年的历史。在我国除宁夏回族自治区外，其他省、市区都有种植。目前我国花生种植面积居世界第二位，总产居世界第一位。花生是我国主要油料作物，其单产和总产均居油料作物之首。花生具有多用性，既是油料作物，也是重要的经济作物，是出口创汇的大宗农产品。我国花生仁常年出口 40 多万 t，占世界花生贸易量的 34%，居世界首位，其中河南、山东是花生种植面积较大、出口较多的省份。现代营养学分析，花生油、花生及其制品，富含维生素 E、维生素 A、维生素 B_1、维生素 B_2、叶酸以及大量的锌、钙、磷、铁等元素，人体需要的 42 种营养素，花生中就含有 37 种。花生含脂肪 48%～58%，是人们比较喜爱的植物油；花生饼含蛋白质占饼量的 50% 以上，花生茎叶含蛋白质 12%～14%，是动物的优质饲料。

花生适应性广，有较强的耐旱、耐瘠薄能力，有根瘤菌共生，能固氮肥田，除盐碱地外，差不多各种在土壤中都可以生长。

一、花生的一生

花生的一生是指从种子萌发开始到种子形成结束。花生从出苗到荚果成熟收获所需的天数，称为全生育期。全生育期的长短是鉴别花生品种属性的主要依据。生产上一般将全生育期 100～130d 的花生品种称为早熟种，130～150d 的花生品种称为中熟种，150d 以上的花生品种称为晚熟种。

（一）生育时期

在花生整个生育期中，依据器官发育的顺序和形态特征，分为 5 个生育时期。

1. 出苗期 花生主茎有 2 片真叶平展时称为出苗，将全田出苗率达 50％的日期称为出苗期。

2. 初花期 花生主茎展现 7～8 片真叶时，第一对侧枝基部节位开始现花，称为始花；将全田 50％植株现花的日期称为初花期。

3. 下针期 花生第一对侧枝基部节位子房形成果针伸长入土时称为下针；全田 50％植株下针的日期称为下针期。

4. 结果（荚）期 花生果针入土膨大已形成定形果时称为结果；将全田 50％植株已有定形果的日期称为结果（荚）期。

5. 饱果期 当花生荚果外形已显出本品种固有特征，果壳变硬，干重增长基本停止时称为饱果；将全田植株均已达到饱果标准的日期称为饱果期，此时也是生理收获期。

（二）生育阶段

生产上为了便于进行田间管理，常常把一个生育时期至另一个生育时期所间隔的时间划分为一个生育阶段。花生一般划分为发芽出苗期（播种—出苗）、苗期（出苗—初花）、下针期（初花—下针）和荚果成熟期（结荚—饱果）四个阶段。

二、花生栽培的生物学基础

（一）花生的品种类型

花生在植物学分类中属于豆科（*Leguminosae*）、蝶形花亚科（*Papilionaceae*）、落花生属（*Arachis*）的一年生草本植物。所有栽培的花生品种都属于异源四倍体种，学名是 *Arachis hypogaea L*，简称为花生。我国栽培的花生，根据其植物学特征和生物学特性的不同，一般分为 5 大类。

1. 普通型 国际上称为弗吉尼亚型，我国通称为大粒种。其主要特征是交替开花，主茎上完全是营养枝，侧枝较多，能生长第 3 次分枝；荚果普通形，网纹浅，壳厚，果形大，一般为 2 室。

普通型主要分布在北方大花生区及长江流域夏作花生区，在我国分布最广，栽培面积最大，是我国花生出口的主要类型。生育期较长，春播多在 145～180d，要求总积温 3250～3600℃。按其株型可分为直立、半蔓生、蔓生 3 个亚型。蔓生型耐旱、耐瘠薄能力较强，但收获费工，损失较多，目前种植面积减少。

2. 珍珠豆型 国际上称为西班牙型，我国通称为直立小花生。其主要特征是连续开花，分枝少；荚果葫芦形或茧形，荚果为 2 室，果皮薄，网纹细，果小仁小。

珍珠豆花生主要分布在南方春秋两熟花生区和东北早熟花生区。生育期较短，春播多在 120～130d，所需积温为 3000℃左右。近年来由于一些早熟高产的中粒品种相继育成，如伏花生、白沙 1016 等，以及耕作制度改革的需要，该类型栽培面积扩展很快，有超过普通型而成为我国主要栽培类型的趋势。

3. 多粒型 国际上称为西班牙型，其主要特征是连续开花，分枝少，单株生产力不高；荚果葫芦形或茧形，每荚 3 室以上；果壳厚，网纹粗而浅。

多粒型花生品种属早熟或极早熟类型，生育期短，120d 左右，需总积温 2770～2970℃。

适应于东北生育期短的地区种植。

4. 龙生型 又称为秘鲁型或亚洲型，我国通称为蔓生小粒种。其主要特征是交替开花，主茎上完全是营养枝，分枝性强，侧枝很多，常出现第4次分枝；荚果曲棍形，有明显的果嘴和龙骨；壳薄，网纹深，每荚2室以上，种子呈圆锥形或三角形。

龙生型花生主要分布在南美的秘鲁干旱地带及亚洲的印度和中国等地，在我国种植最早，分布甚广。多为中晚熟或晚熟种，一般春播生育期为150d，需总积温3300～3500℃。由于结果分散，果针入土深，易折断，收刨费工，损失大，目前种植面积减少，但该类型抗旱耐瘠性很强，在沙地产量相当稳定，故在四川和河南仍有一定种植。

5. 中间类型 70年代以来，各地应用四大类型地方品种，采取有性杂交、激光和原子辐射等人工诱变手段，选育出一批新品种和衍生新品种（系），成了原有四大类型品种包括不了的中间型新品种体系。为便于性状区别，现暂划归为中间类型（中间型）。此类型有两大特点：一是连续开花、连续分枝，开花量大，受精率高，双仁果和饱果指数高。荚果普通形或葫芦形，果型大或偏大；多双室荚果，网纹浅，种皮粉红，出仁率高。株型直立，植株高或中等，分枝少，叶片小或中等大，侧立而色深。中熟或早熟偏晚，种子休眠性中等，生育期130～150d。二是适应范围广，丰产性好。我国黄河流域和长江流域各省均选育出一批中间型高产新品种，如山东海花1号等。

（二）花生器官的特征特性

1. 种子 成熟的花生种子外形可分为三角形、桃圆形、圆锥形和椭圆形等。种皮有紫、褐、紫红、红、粉红、黄及花皮等颜色，深色的种皮含单宁物质多，味涩，播种时烂种较少。皮色一般不受栽培条件的影响，是品种的特征之一。子叶就是两瓣花生仁，肥厚而有光泽，贮有丰富的脂肪、蛋白质及其他营养物质，其质量占种子总质量的90%以上。胚芽由一个主芽和两个侧芽组成，主芽发育成主茎，侧芽发育成第一对侧枝，胚轴形成粗壮的根颈，胚根发育成根系。所以，花生种子实际上已是一株分化相当完全的幼小植株。

同一植株上的花生种子，其大小和成熟程度相差很大，大粒种子含养分多，出苗势强，苗壮。同一荚果内的种子，由于所处位置不同，二室果中，前室种子称为"先豆"，后室种子称为"基豆"，一般先豆发育较晚，粒重较轻，若先豆和基豆成熟程度和粒重相近，先豆比基豆休眠性弱，容易打破，发芽较快，表现生活力较强，作种用有增产趋势。

刚收获的花生种子，在适宜的条件下，也不能正常萌发，必须经过一段时期的"后熟"才能正常发芽，这种特性称为休眠性。普通型和龙生型品种休眠期较长，有的品种可达5个月以上，到播种时还不能整齐发芽；而珍珠豆型和多粒型品种休眠期很短，有的甚至无休眠期，当成熟后遇雨时，常在植株上大量发芽，造成很大损失。

据目前研究，花生种子的休眠性是种皮的障碍和胚内抑制物质共同作用的结果。如珍珠豆型与多粒型品种的休眠性主要是种皮障碍，而普通型与龙生型品种的休眠性除种皮障碍外，主要由于胚内存在抑制物质或某些激素类物质不足。人工使用乙烯利、激素及其同类物质苄氨嘌呤都能有效地解除休眠。生产上采用浸种、晒种及在适宜温度（22～30℃）下催芽，都能在一定程度上解除休眠。

2. 根和根瘤 花生的根为圆锥根系，由主根和各级侧根组成。花生根系比较发达，苗期和开花期是根系主要形成期，开花以后，根生长逐渐缓慢。花生主根可深达2m左右，侧根有数十条至数百条之多，分布可达周围 1m 左右，但主要根群分布在 30cm 的土层内。

花生根由于有较多侧根和根颈部易发生不定根的特性，故耐旱力较强。影响花生根系生长最大的因素是土壤含水量和土壤质地。土层深厚，通气良好，土壤温度适中，营养丰富的土壤有利于根系的生长。

与其他豆科作物一样具有根瘤。花生根瘤属豇豆族，能和扁豆、绿豆等豆科作物共生，但不能和大豆、苕子等共生。花生根瘤是根瘤菌侵入根的皮层后大量繁殖，刺激皮层细胞畸形扩大增殖。当花生长到 4～5 片真叶时即有根瘤形成，瘤体为圆形，直径 1～3mm，多数着生在主根上部和靠近主根的侧根上。苗期数量较少，固氮能力较弱，不但不能供给花生氮素物质，反而吸收植株中氮素养料维持自身的生长繁殖，这时，根瘤与花生是寄生关系。开花后，根瘤除通过根的维管束继续吸收必要的养分和水分外，已能固定空气中的氮供给植株生长，这时根瘤与花生是共生关系。根瘤的固氮能力，随植株的生长发育而加强，到开花盛期，根瘤固氮能力最强，是供给植株氮素最多的时期。花生生长末期，根瘤菌的固氮能力很快衰退，瘤体破裂，根瘤菌又会回到土壤中营腐生生活。

根瘤菌供给花生的氮素养料占花生总需氮量的 4/5，相当于根瘤总固氮量的 2/3，其余 1/3 留在土壤里。苗期中耕除草，增施磷、钾、钙和有机肥料，均能促使根瘤发育，提高花生产量。

3. 茎和分枝　花生主茎直立，一般有 15～25 节。花生出苗后，主茎增长很慢，到开花时，主茎高度一般不超过 5～8cm，开花后，主茎生长速度逐渐增加，到盛花后达到高峰，以后又明显变慢，以致全部停止生长。

花生高度由节数和节间长两个因素所决定。品种间主茎高度差异很大，蔓生品种显著低于丛生品种，同一品种，栽培条件不同，主茎高度变化也很大。生产上常以主茎高度作为衡量花生生育状况和群体大小的一项简易指标，主茎太高，表示群体过大，营养生长过旺，有倒伏的危险性，不利于荚果发育；主茎太短，表示生长不良，肥水不足。一般认为，普通型中、晚熟品种主茎高度以 40～50cm 为宜，超过 60cm 表示过旺，群体过大，极易倒伏；不足 30cm，则生长不良，是生长势弱的表现。

花生主茎叶腋内长出的分枝称为第一次分枝，第一次分枝上长出的分枝称为第二次分枝，以此类推。一般品种多产生二至三次分枝，有的品种可产生四至五次分枝。

当花生出苗 3～5d，主茎第 3 片真叶萌发时，从子叶叶腋间长出第 1、2 两条一次分枝，对生，通称为第一对侧枝。出苗 15～20d，主茎第 5、6 片真叶萌发时，从第 1、2 片真叶叶腋里分别长出第 3、4 条一次分枝，互生，由于两节间紧靠，近似对生，所以称为第二对侧枝。第一、二对侧枝出现后，称为团棵期。这两对侧枝长势很强，构成花生主体，是花生荚果着生的主要部位，在一般情况下，第一、二对侧枝结果数占全株总结果数的 70%～80%。因此，在栽培上对第一、二对侧枝的健壮发育，应予极大重视。

花生的分枝习性比较稳定，是划分品种类型的依据之一。二次分枝较多并有三次或四次分枝的类型称为密枝型，如普通型和龙生型品种；二次分枝较少或没有三次分枝的类型称为疏枝型，如珍珠豆型和多粒型品种。

三、花生产量的形成

花生的经济产量是指果仁的质量。它是由单位面积株数、单株果数和果重三个要素构成的。即每公顷产量（kg/hm²）＝每公顷株数×单株果数×果重/1000，三者的结构是否合理就成为衡量单位面积产量高低的重要指标。

花生在生长过程中往往出现个体和群体、营养生长和生殖生长的矛盾，当单位面积的株数减少时，单株生育状况好，结果数就多，但单位面积的总果数减少时，饱果数也不高，造成群体低产；当单位面积株数增加在适当范围内，在保证单株果数和饱果率稳定的前提下，单位面积总果数和总果重均显著增多，所以群体就高产；但是，当单位面积株数增加超过一定范围后，虽然饱果率有所增加，但单株果数就减少，同样群体产量也不高。

相关实践知识

花生果针入土情况的观察

具体操作见本项目【观察与实验】部分相关内容。

模块二　花生播种技术

学习目标

掌握花生播种技术。

播前准备

工作任务1　选种

（一）具体要求

选择优良品种。

（二）操作步骤

春花生一般选择生育期较长的中、晚熟品种，麦套花生选择生育期较短的早熟品种。

工作任务2　整地施基肥

（一）具体要求

结合深耕深翻，增施有机肥，对沙土和黏土进行培肥和改良，满足花生生长发育的需要。

（二）操作步骤

一般高产田每公顷要施入有机肥 30000～45000kg、过磷酸钙 375～450kg、碳铵 225～300kg、硫酸钾 75～150kg，钙肥一般每公顷施常用石膏 300kg。

（三）相关知识

花生是深根作物，有根瘤菌，并具有果针入土结果的特点，因此高产花生要求的土壤条件是土层深厚肥沃、排水便利、上沙下壤、上松下实。土质以泥沙比例适中的沙质壤土最为理想，所需养分的比例为 N∶P∶K∶Ca＝5∶1∶3∶3。

 工作任务3　处理种子

（一）具体要求

提高种子生活力，促进发芽。

（二）操作步骤

（1）晒果。在播前 15d，选择晴天中午将花生果实薄摊，晒 4～5h，连晒 2～3d。

（2）剥壳和粒选。剥壳后进行分级粒选。

（3）拌种。播前用根瘤菌菌剂加少量水拌种，也可用 50～100mg/L 的多效唑浸湿种后闷种 1h 晾干后播种，还可用 ABT20～30mg/L 拌种，也可用油菜素内酯 0.01～0.1mg/L 或吡啶醇 100mg/kg 浸种。

（三）相关知识

播前晒果，可以干燥种子，增强种皮透性，提高种子活力，发芽快，出苗齐。

花生种要带壳贮藏，播前去壳，去壳越晚越好，剥壳过早，种子失去种壳的保护，易吸收水分，呼吸作用和酶的活性增强，消耗内部养分，散发较多热量，且种子堆内空隙变小，通风不良，散温差，降低种子活力，影响播后发芽出苗。

大粒种子含营养多，出苗后长势旺，个体壮，抗性强，容易获得全苗、壮苗，减轻病虫害。

用根瘤菌菌剂加少量水拌种，可以增加土壤中根瘤菌的数量，利于根瘤形成，提高固氮能力，提高种子抗性，增加出苗整齐度和壮苗率。

（四）注意事项

晒种要带壳晒，否则易晒裂种皮，容易烂种。

工作任务4　浸种催芽

（一）具体要求

通过浸种催芽，提高出苗率。

（二）操作步骤

1. 浸种　在催芽前 4h 进行，将选好的种子用温水（一开二凉，30～35℃）浸 3～4h，捞出准备催芽。

2. 催芽　花生催芽有多种方式，生产中可以根据实际情况合理采用。

（1）沙床催芽。该方法适合于大面积播种时采用。具体方法是：

第一步，在播前 2d，将花生种浸泡在 30～35℃的温水中，然后选择背风、向阳的地方挖一个沙床床框。前墙高45cm，后墙高60cm，前后墙之间约80cm，两面山墙呈南低北高。床的长度根据催芽数量决定。

第二步，把细干沙用80℃的热水拌好（用沙量是种子质量的3～5倍），拌到用手握指缝滴水的程度，再将浸好的种子与拌好的温沙混合，注意不要搓伤种皮。

第三步，将混好的沙种铺到沙床内，厚度20～25cm，铺好后在最外层盖3cm厚的湿沙，防干保温。

第四步，在沙床上盖好塑料薄膜，晚上温度较低加盖草苫，若白天温度较高适当揭膜降温，保持床内温度25℃左右，不要低于20℃，也不要高于30℃。经过24～36h即可催好芽。

（2）土坑催芽。适合较少量播种时使用。具体方法是：

第一步，在播前2d，将花生种浸在30～35℃的温水中，然后准备一个筐，选一个背风、向阳的地方挖一个比筐稍大、稍浅的土坑，坑底再套挖一个小渗水坑（比筐小些，深度10cm左右）。

第二步，将浸好的种子放入筐中，将筐放入土坑，筐面高出地面5cm左右，筐的四周用湿草塞好，筐面用湿草盖好，洒些温水，最后覆土6～10cm。约24h后即可催好芽。

（3）室内催芽。室内催芽方便，适合小面积播种。具体做法是：在室内准备一个容器，将浸好的种子放入容器，盖上湿布保湿、保温（25℃左右），约24h后即可播种。

（三）相关知识

浸种催芽能剔除次种、坏种，保证好种下地，减少用种量，出苗快而齐，遇到寒流不易烂种，容易做到一播全苗。

播　种

工作任务1　确定播种期

（一）具体要求

根据品种特性、自然条件和栽培制度等综合因素确定花生播种期。

（二）操作步骤

春播花生在5cm地温稳定通过15℃（珍珠豆型12℃）以上时播种。播种时先播小花生，后播大花生；先播阳坡地，后播阴坡地；先播沙性土，后播黏性土。应抓住"冷尾暖头"抢墒播种。麦田套种时，一般在造好墒的基础上，麦收前20d左右套种。夏直播花生应抢茬抢时力争早种，越早越好。

（三）相关知识

套种要适时。套种过早，小麦与花生共生期长，花生易形成高脚苗、分枝减少、有效花芽减少，产量低；套种过晚，花生生育期缩短，后期气温降低，影响荚果成熟。

工作任务2　播种

（一）具体要求

精细播种，力争一播全苗。

（二）操作步骤

花生常采用穴播方式。深度以 4～5cm 为好。按行距开沟，按株距点播，每穴播入 2 粒催好芽的种子，芽向下插芽播种，然后覆土，适当镇压，以利于种土结合、胚根扎于实土、子叶顶土出苗。株距根据密度决定，一般掌握在 15～25cm。

（三）相关知识

花生播种过深出苗慢、养分消耗大、苗弱，遇雨或低温易烂种，影响结果枝的发育，花少、针少、果少；播种过浅墒情不好时容易落干造成缺苗。

（四）注意事项

播种时应注意土壤湿度，过干时要浇水点播。

工作任务3　选择栽植方式

（一）具体要求

根据当地生产实际，正确选用平栽、垄栽等栽植方式。

（二）操作步骤

1. 平栽　按行距、穴距开穴后点种覆土。

2. 垄栽　方式有小垄单行、大垄双行两种。

（1）小垄单行。垄高 6～10cm，垄距 40～50cm，在垄顶开穴播种，穴距 15～25cm，每垄种一行。

（2）大垄双行。垄高 10cm，垄距 80～100cm，垄面平，垄上种两行花生，相隔 30cm左右。

（三）相关知识

（1）平栽。省工、方便，若遇多雨年份容易烂果、减产。适合于土层厚、不受水渍影响的地块。

（2）垄栽。垄种地面受光面积大，温度高，发芽出苗快，出苗齐；便于清棵管理，控制早期果针入土，而促进盛花期果针集中入土，减少过熟果；垄种便于排灌，提高茎叶光合生产效率，烂果少、饱果多，便于收获。适合于地膜覆盖栽培和精播高产栽培田采用。

（四）注意事项

栽植前 20～30d 起垄。结合起垄施入基肥，应注意保墒。

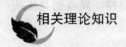相关理论知识

适宜密度的确定

株数过多，每株结果数量少，果小；株数过少，每株结果数多，果大，总果数少。所以要想获得花生高产，种植密度要适宜。一般密度确定原则是：旱薄地宜密，肥地宜稀；小花生宜密，大花生宜稀；播种晚的宜密，播种早的宜稀。春播晚熟大花生密度一般为 8 万～11万株/hm²（行距 50cm 左右，株距 22～25cm），中熟大花生为 11 万～13 万株/hm²（行距

45cm 左右，株距 18～20cm)，早熟小花生为 13 万～17 万株/hm² （行距 40～45cm，株距 15～20cm)。

模块三　花生田间管理技术

学习目标

了解花生各生育时期的生育特点，能正确诊断花生苗情，掌握田间管理技术。

前期田间管理

花生从出苗到初花需 25～30d，这段时间称为苗期，生产上称为前期。是决定全苗、壮苗的关键时期。要求在全苗的基础上，早管理促进壮苗、第一和第二对侧枝萌发。

工作任务1　查苗补种

（一）具体要求

保证全苗。

（二）操作步骤

出苗后，及早查苗。若发现缺苗，及时用原品种种子，先浸种催芽，然后补种。

工作任务2　清棵

（一）具体要求

帮助子叶早出土。

（二）操作步骤

将花生植株周围的土扒开，使子叶露出让阳光尽早照到子叶节。清棵时间，以齐苗后为宜，以子叶露出为标准。

（三）相关知识

清棵是指将花生子叶周围的土清去，使子叶暴露即帮助子叶尽早出土。

花生种子萌发和幼苗出土过程见图 2-7-1 所示。

（四）注意事项

清棵不要过深或过浅，过深则苗不稳，耐寒力降低，影响幼苗生长；过浅则起不到清棵的作用。

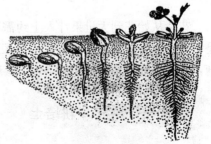

图 2-7-1　花生种子萌发和幼苗出土
（陈传印等，2011，作物生产技术）

清棵后 15～20d 结合中耕平窝。

工作任务3　中耕除草

（一）具体要求
改善花生生长环境，去除杂草。

（二）操作步骤
做到勤中耕，使地净土松、不板结、无杂草。

（三）注意事项
不伤害植株根系和茎叶。

工作任务4　肥水管理

（一）具体要求
根据田间长势，施好肥、灌好水。

（二）操作步骤
施足基肥和种肥的地块，前期一般不施肥。若底肥不足，幼苗生长慢、叶发黄，可于团棵期施入标准氮肥 $100～120kg/hm^2$。土壤相对持水量保持在 $50\%～60\%$，不要太湿，也要防止干旱，避免形成老小苗。

工作任务5　防治虫害

（一）具体要求
若有蚜虫或其他虫害，应及时防治。

（二）操作步骤
见《植物保护》教材相关内容。

中期田间管理

　　花生从始花到大量果针入土约需 25d，这段时间称为中期，生产上也称为开花下针期。是争取有效果针数的时期。这一阶段要通过中耕培土、施用肥水、化调、病虫害防治等措施，促进有效花和有效果针增多。实现针多、针齐、入土快、膨大快的目标。

工作任务1　中耕培土

（一）具体要求
降低湿度，提高地温，促进中期花生生长发育。

（二）操作步骤

初花期结合中耕将植株附近的土撤一部分，控制早期果针入土，避免后期产生过早熟果；当大量花开时，结合中耕向植株根部培土，提高湿度和土层厚度，促进果针集中入土，使果的成熟期基本一致。

（三）注意事项

不伤果针、不压蔓、不伤根。大批果针入土后不再锄地。

工作任务2　肥水管理

（一）具体要求

满足花生生长中期对肥水的要求。

（二）操作步骤

追肥方法：开沟施入土壤。苗黄、苗弱时可施标准氮肥 $75\sim120kg/hm^2$。初花期土壤水分保持 60%，盛花期以后保持 $60\%\sim70\%$。

（三）注意事项

花生中期需肥最多，但是有根瘤菌固氮，故要看苗追肥。干旱浇水时要沟浇，忌漫灌。

工作任务3　化学调控

（一）具体要求

控制茎叶生长，缩短节间长度，减少无效花量，提高结果率。

（二）操作步骤

春花生一般在 7 月下旬，麦套花生在 8 月上旬的盛花期进行化学调控。喷施浓度分别为：丁酰肼 $1000\sim1500mg/L$；多效唑 $100\sim200mg/L$。

（三）相关知识

当地上茎、叶生长过旺时，开花量减少、果针数减少；茎节变长后，果针离地面远，入土困难。所以当茎叶有旺长趋势时，要适时进行化学调控。

工作任务4　防治虫害

（一）具体要求

中期有时发生蚜虫、地下害虫、棉铃虫等，要及时调查田间虫害发生情况，及早防治。

（二）操作步骤

见《植物保护》教材相关内容。

后期田间管理

花生从果针入土膨大到荚果成熟需 45d 左右，这段时间称为后期，生产上称为荚果成熟期。此期是决定饱果数和果重的时期。要求在大量果针入土的基础上，防止茎叶二次生长或早衰，保证有较多的营养供给荚果发育。

 工作任务1　根外喷肥

（一）具体要求

补充花生后期生长所需营养。

（二）操作步骤

一般用 $1\%\sim2\%$ 的尿素溶液或 $2\%\sim5\%$ 的过磷酸钙浸出液喷施，每隔 $7\sim10d$ 喷 1 次，连喷 $2\sim3$ 次。

（三）相关知识

果针下扎后不能再进行土壤施肥，若后期出现叶黄脱肥现象时可以进行根外喷肥。

 工作任务2　灌溉排水

（一）具体要求

调节花生后期田间土壤水分状况，促进果实形成。

（二）操作步骤

通过田间管理，使土壤相对持水量保持在 $50\%\sim60\%$。若遇伏旱，要及时灌"跑马水"（水过地干），若遇伏涝要及时排干田间渍水。

（三）相关知识

后期土壤过干，影响茎、叶光合生产；过湿，影响地下荚果膨大、甚至烂果。

（四）注意事项

防止水分过多造成烂果。

 工作任务3　防治病虫

（一）具体要求

后期容易发生叶斑病、蚜虫、地下害虫，特别是伏涝时叶斑病严重，要做好防治工作。

（二）操作步骤

见《植物保护》教材相关内容。

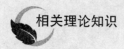 相关理论知识

花生荚果膨大机理及膨大的基本条件

从子房开始膨大到荚果成熟，整个发育过程可分成两个阶段，即荚果膨大阶段和充

实阶段（图 2-7-2）。前一阶段主要表现为荚果体积增大。果针入土后 7～10d，即形成幼果，10～20d 体积增长最快，20～30d 达到最大体积。此时荚果内含水量多，内含物主要为可溶性糖，油分很少，果壳木质化程度低，前室网纹不明显，荚果光滑，白色。后一阶段主要表现为荚果干重（主要是种子干重）迅速增长，糖分减少，含油量显著提高，在入土后 50～60d，干重增长基本停止。在该阶段果壳也逐渐变硬，网纹清晰，种皮变薄，呈现品种固有本色。

花生荚果膨大的首要条件是黑暗，见光则荚果停止进一步发育；其次是适宜的水分、适当的温度及良好的土壤通透性；最后是土壤机械刺激和充足的矿物营养。

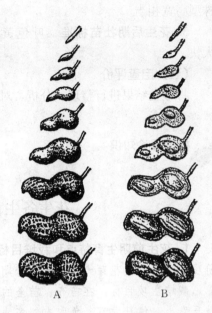

图 2-7-2 花生荚果发育过程

A. 膨大 B. 充实

（陈传印等，2011，作物生产技术）

 花生看苗诊断技术

（一）具体要求

掌握花生的看苗诊断技术，能根据诊断结果提出相应的田间管理措施。

（二）材料用具

花生生长田、铁锨或铁铲、米尺、铅笔等。

（三）操作步骤

1. 长势长相调查 主要考查以下内容：

（1）观察全田苗株整齐状况。观察全田植株的长势和品种整齐度，是否整齐一致。

（2）观察叶片、叶色及生长状况。主要观察有 4 小叶的羽状复叶、叶色的深浅变化以及叶的生长状况。

（3）观察株型、株高及分枝生长状况。株型有蔓生型（或匍匐型）、半蔓生型（或半匍匐型）和直立型等几种类型。

（4）观察根系生长及根瘤

2. 诊断苗情 根据全田苗株整齐状况，叶片、叶色及生长状况，株型、株高及分枝生长状况，花、果针形成及入土，根系生长及根瘤等的观察可以看出：适时播种、科学管理的花生田间植株生长整齐一致，叶色较浓，株型合理，花多花齐，果多、果齐，根系发达、根瘤多。若观察结果不符合正常长势长相，或地上茎叶过旺，主茎、分枝过高过长；或长势弱，叶小、叶少，主茎矮、分枝少；都会造成花少果少产量低。应该找出原因，改进栽培管理措施。

（四）相关知识

1. 花生苗期壮苗标准 叶色浓绿，分枝达 4～5 分枝，叶腋间花芽多而大；主根粗、侧根广（一级侧根 30 条以上）；茎粗节密，株型紧凑。

2. 花生中期壮苗标准 叶色油绿，花多、针多、针齐；根系颜色鲜艳，根瘤大而多；

株型高宽相当。

3. 花生后期壮苗标准　叶色黄绿至黄，顶叶停止生长，茎叶逐渐脱落，荚果多而膨大快。

（五）自查评价

将考查结果进行整理、分析，对苗情作出诊断。

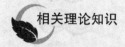相关理论知识

花生各生育阶段的特点和栽培目标

1. 花生前期生育特点和栽培目标　此期是以生根、分枝、长茎、长叶为主的营养生长阶段，也是有效花芽大量分化的时期。

栽培主攻目标：在苗齐、苗全的基础上，促根发育，培育壮苗，促进第一对、第二对侧枝早发生、健壮发育，争取有较多的有效花芽形成。

2. 花生中期生育特点和栽培目标　此期根系迅速发展，茎叶旺盛生长，有效花全部开放，果针逐渐入土结果，是决定有效花数和有效果针多少的关键时期；之后茎叶生长转慢，50％的果针入土结实，少量荚果开始饱满，也是争取有效果数的时期。

栽培主攻目标：先促茎叶健壮生长而不旺长，使花多、花齐、针多、针齐；再促果多、果齐。

3. 花生后期生育特点和栽培目标　此期营养生长逐渐停止，果针、总果数不再增加，光合生产的有机物质集中向荚果输送，饱果数、果重迅速增加是产量形成的主要时期。

栽培主攻目标：供应适量肥水，保持土壤通透性，保证茎叶不早衰，从而生产较多的有机营养供给荚果发育，提高产量和品质。

模块四　花生收获技术

学习目标

学会估测花生产量，能正确判断花生的收获期，并熟练掌握花生收获与贮藏技术。

工作任务1　花生测产

（一）具体要求

学会花生田间测产技术。

（二）材料用具

成熟的花生试验田或生产田、米尺、木棒、镢头、铁锹、网袋、秤等。

（三）操作步骤

1. 选点 选点要做到随机、有代表性。根据地块大小、形状决定选点方式和选点数量。

2. 定点 在选好的点位上分步做以下工作。

（1）定点宽（m）。测量垄距（或行距），用长卷尺量 30～50 垄（行），计算平均垄距（行距）。然后选取 2～4 垄，作为点的宽度。

（2）定点长（m）。用垄的宽（垄数×平均垄宽）和计划取点面积（5～10m²）计算取点长度，然后用木棒在点的四角做好标记。

（3）收获。将点内花生逐株刨出，摘取饱果，每点装入一个网袋（加入标签，注明点号、收获地块、收获时间等）。注意收获要尽量彻底。

3. 测产

（1）粗测。花生荚果在接近成熟时一般含水量 50％左右，将每点鲜果称重，计算平均每点鲜果果重，除以每点面积（m²），打对折即为粗测干果质量。

（2）实测。将鲜果晒干或烘干（摇动荚果有响声，去壳后用手能够搓去种皮），然后称取每点干果质量，计算出平均每点干果重，除以每点面积（m²），即为实测干果单位面积质量。

（四）注意事项

测产要掌握田间取样的方法，取样要有代表性、科学性，实事求是。

（五）自查评价

将测产数据进行整理，分析产量构成诸因素的作用，写出简短总结报告。

工作任务2 收获

（一）具体要求

适时收获，提高品质。

（二）操作步骤

一般在日平均气温 12℃以下时，花生已停止生长，即可收获。春花生在 9 月中旬成熟，夏花生在 9 月下旬成熟。留种用的花生应适当提前几天采收。

生产上收刨后放在田里晒 3～4d；然后早晨趁湿度大时运回晒场，用木棍搭 10cm 厚垛底，果朝外、秧相对垛好，上盖草苫；当晒至摇动荚果有响声时，拆垛摘果堆起，1～2d 后摊晒，再堆起，反复 2～3 次。当荚果的含水量达 10％以下或种仁含水量达 8％以下时（种仁发脆、手搓掉皮）入库贮藏。

（三）相关知识

花生收获是否及时对产量和品质有直接影响。收获过早，茎叶中养分尚未完全转移到荚果中，多数荚果尚未完全成熟，秕果多，产量低，品质差；收获过晚，果柄干枯，易发生落果，造成产量损失，休眠期短的品种易在田间发芽，甚至腐烂变质，故要强调适时收获。

花生没有明显的成熟期。当植株呈现衰老，茎叶开始变黄脱落、大部分果壳变硬、网纹清晰、透青、内壁黄褐色、种仁饱满、呈现该品种固有颜色和粒型时就是成熟的标志。

（四）注意事项

当前生产上花生还是用人工收获，田间落果是一个现实问题，应尽量做到颗粒归仓，确保收获干净。

花生要带壳贮藏，囤藏、室藏都可以。但必须通风、干燥、防鼠、防霉，不和易吸湿、有毒的物品混藏。

长 生 果

维生素是维持人体正常生理功能必需的一类化合物，一般在体内不能合成或合成数量较少，不能充分满足机体的需要，必须经常由食物来供给。

花生是一种富含维生素的食品。根据中国营养学会全国 12 省市测试结果，平均每百克花生仁所含维生素 E 为 18.13mg（花生油为 36.32mg）、维生素 B_1 0.74mg、尼克酸 15.98mg、维生素 B_2 为 0.13mg、维生素 C 为 1.00mg。所以，花生在我国民间被称为"长生果"。

（摘自《营养学报》科普知识）

黑 花 生 的 价 值

黑花生品种是从基因突变的普通花生品种个体中筛选而来的。采用提纯复壮或植株再生培养，目前很少选用化学诱变、物理辐射、遗传工程以及生物技术等方法培育。黑花生由于种子较小、抗逆性差、栽培性状不稳定、产量也偏低，在栽培技术上比普通品种要求更精细。

据报道：黑花生内含钙、钾、铜、锌、铁、硒、锰和 8 种维生素及 19 种人体所需的氨基酸等营养成分。黑花生的营养价值与保健功能均超过它的浅色同类，突出具有高蛋白、高精氨酸、高硒、高钾、高锌等特点。经化验分析：蛋白质含量高达 30.68%，比普通花生高 5 个百分点；平均每 100g 黑花生仁含精氨酸 3630mg、钾 700mg、锌 3.7mg、硒 8.3μg，分别比普通花生高 23.9%、19%、48%、101%。由于黑花生富含硒和其他微量元素，在维持人体生长发育、机体免疫和心脑血管保健方面有良好作用。

观察花生果针入土情况

（一）目的要求

通过观察花生的开花结果习性、果针入土规律，从而提高主动研究事物的能力。

（二）材料用具

花生初花至盛花期的植株、标牌、手持放大镜、镊子、铅笔等。

（三）方法步骤

1. 选定观察植株　在田间选取 5～10 株生长发育健壮、完整的花生植株，挂牌标记。

2. 挂牌定期观察

（1）首先进行花生整株观察，找出花生的主要开花部位。

（2）观察花序。

（3）观察花器及开花。

（4）观察果针形成。在花后 5～6d 即形成肉眼可见的子房柄。子房柄连同位于其先端的子房合称为果针。

（5）观察果针入土。果针伸长不久，即弯曲向下伸长，插入土中。入土达一定深度后，子房柄停止伸长，子房开始膨大，并以腹缝向上横卧生长。

（6）观察环境条件对果针形成和入土的影响。一般沙土入土深，黏土入土浅；空气湿度大果针入土快，空气干燥果针入土慢；温度适宜（19～30℃）果针伸长快。果针产生位置越高，果针越长，入土越晚，入土力越弱。

（四）自查评价

整理所观察的数据，总结花生开花及果针入土的规律。

生产实践

主动参与花生播种和田间管理等实践教学环节，以掌握好生产的关键技术。

信息搜集

通过阅读《花生学报》《××农业科学》《种子》《中国油料作物学报》《耕作与栽培》等科普杂志或专业杂志，或通过上网浏览花生栽培的相关内容，同时了解近两年来适合当地条件的有关花生栽培新技术、审定新品种、研究新成果、生产存在的问题等情况，制成卡片或写一篇综述文章。

练习与思考

1. 花生的一生分为哪几个生育时期？

2. 花生品种一般分为哪些类型？

3. 简述花生播种的技术要点。

4. 简述花生清棵的意义及方法。

5. 花生前期、中期和后期的主攻目标是什么？有哪些工作任务？

总结与交流

1. 根据所学知识以及所参加的实践活动，自拟一套花生高产栽培技术规程。

2. 以学习小组为单位，将收集整理的有关栽培技术、新品种、新成果等卡片或论文，在全班进行交流。

项目八　甘薯栽培技术

学习目标

　　明确发展甘薯生产的意义；了解甘薯的一生；了解甘薯栽培的主要生物学特性和产量形成特点；掌握甘薯播种育苗技术、看苗诊断技术、田间管理技术和收获贮藏技术。

模块一　基本知识

学习目标

　　了解甘薯的一生；了解甘薯栽培的生物学特性和产量形成特点。

　　甘薯又称为山芋、番薯、地瓜、红苕、白薯，是联合国粮农组织推荐的最健康食品之一。甘薯在植物学上属旋花科甘薯属 [Ipo - $moea$ $batats$ (L.)Lam.]，原产于秘鲁、厄瓜多尔、墨西哥一带。在热带和亚热带四季常绿，多年生，能开花结实，为异花授粉作物。在温带地区作一年生栽培，自然条件下不能开花结实。甘薯的根有纤维根、柴根和块根，粗壮的不定根能膨大而形成块根；茎蔓生，匍匐，少数品种半直立丛生；叶心脏形、戟形或掌形；花漏斗状，粉红或紫红色。

　　甘薯用途广泛。甘薯营养价值较高，（鲜）块根含淀粉 16%～26%、糖 2%～4%、蛋白质 2%，并有多种维生素和矿物质，属酸碱平衡食品。块根的食用方法可生、烧、蒸、烤，也可加工成粉条、粉皮等多种食品。甘薯茎蔓嫩尖含有丰富的蛋白质、胡萝卜素等，可做蔬菜食用。同时，甘薯也是重要的工业原料。甘薯的茎、叶、薯块及工业加工后的副产品，均是良好的饲料。

　　甘薯高产稳产，适应性强，吸收和再生能力强，具有耐旱、耐瘠和抗风、抗雹的特性，经济系数高达 0.70～0.85。

　　甘薯在世界上有 100 多个国家种植。我国是世界上最大的甘薯生产国。在粮食作物中，甘薯总产仅次于水稻、小麦和玉米居第 4 位。依据甘薯产业技术体系调研资料，2011 年中国种植甘薯面积占世界甘薯种植面积的一半以上，单产呈逐步增加趋势。

　　甘薯在我国种植的范围很广泛，南起海南省，北到黑龙江，西至四川西部山区和云贵高原，均有分布。根据甘薯种植区的气候条件、栽培制度、地形和土壤等条件，一般将我国的甘薯栽培划分为 5 个栽培区域：北方春薯区、黄淮流域春夏薯区、长江流域夏薯区、南方夏秋薯区和南方秋冬薯区。北方薯区以淀粉加工业为主，长江中下游薯区主要作为饲料，南方薯区则在食品加工业方面有较大的发展空间。

随着我国国民经济的持续增长，农业产业结构的不断调整和优化，甘薯在保障国家粮食安全和能源安全方面的作用日益突显。甘薯不仅具有种植面积大、增产潜力大的优势，而且保健功能好，转化利用效率高，除用作饲料和保健食品外，还是理想的淀粉资源和能源作物。许多专家认为，甘薯是成为 21 世纪最理想的食物之一，同时甘薯也是最重要的可再生能源原料之一。

一、甘薯的生育期和生育阶段

（一）生育期

在我国，甘薯为一年生作物，其生育期是指从栽插到收获的天数，一般春薯在 150～190d，夏薯在 110～120d。

（二）生育阶段

根据甘薯生长发育的特征及栽培管理的特点，将其一生划分为前期、中期和后期 3 个生育阶段。

1. 前期　指从栽插到封垄的阶段，又称为发根分枝结薯期。北方春薯为 50～70d，北方的夏薯和南方春薯为 40～50d，南方夏薯在 35d 左右。前期的生长特点是：秧苗栽插后，地下部发根，地上部新生叶展开，植株开始独立生长时，称为还苗。随后主蔓腋芽生新叶，形成分枝，主茎由直立转为匍匐，迅速生长、甩蔓，到茎叶覆盖全田（即封垄）时，地下形成块根雏形。甘薯在还苗后相当长的时期内，茎叶生长较慢，以纤维根为主的根系生长较快；之后，茎叶生长转快，叶面积逐步扩大，同化产物增多，块根膨大，并开始积累养分。前期是决定块根数量的重要阶段。

2. 中期　指从茎叶封垄到茎叶生长高峰的阶段，又称为薯蔓并长期。春薯一般历时 45d 左右，夏薯在 30d 左右。中期的生长特点是：此期气温高，降雨多，以茎叶生长为中心，本期末，叶面积系数达 3～5，块根膨大加快，养分积累增多，是茎叶与块根并长，养分制造与积累并进阶段。

3. 后期　指从茎叶生长高峰到收获的阶段，也称为薯块盛长期。春薯一般历时 60d 左右，夏薯在 50d 左右。后期的生长特点是：甘薯叶色转淡，黄叶、落叶增多，茎叶重降低，大量同化产物向地下部输送，块根迅速膨大、增重，是以块根生长为主并决定其产量的关键阶段。

二、甘薯栽培的生物学基础

（一）根

甘薯的根因繁殖方法不同而不同。

1. 种子繁殖　采用种子繁殖时，种子萌发，胚根最先突破种皮，向下生长形成主根，主根上再长侧根，由主根和部分侧根发育成块根。

2. 营养器官　繁殖由甘薯的块根、茎、叶柄等长出的根都是不定根，不定根分化发育成 3 种形态的根（图 2-8-1）。

（1）纤维根。纤维根又称为细根、须根，大部分分布在30cm的土层内，呈纤维状，长短不一，生长有很多根毛，是吸收土壤水分和养料的主要器官，有固定植株的作用。如果土层水分过多或施用氮肥过量，须根大量生长，会造成茎叶旺长，使地上部分和地下部分生长失调而造成减产。

（2）牛蒡根。牛蒡根又称为柴根、梗根或粗根，为直径0.2～1.0cm的肉质根，长30cm，粗细均匀，表面粗糙，主要是由于幼根发育过程中遇到不利于块根形成和肥大的条件，如高温、干旱、过湿等，使组织老化，中途停止膨大而形成的。牛蒡根会消耗养分影响产量，生产上要尽量减少其产生。

（3）块根。块根又称为贮藏根，是甘薯植株贮藏营养物质的器官。块根上有不定芽，可利用其发芽习性进行育苗繁殖，因此块根又是营养繁殖器官。块根是由较粗壮的不定根在土壤条件适宜时不断积累养分，逐渐膨大而形成的。由于

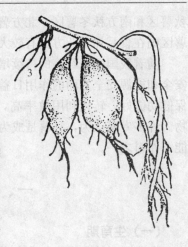

图2-8-1 甘薯根的3种形态
1. 块根 2. 牛蒡根 3. 纤维根
（张瑞岐，1999，作物栽培学）

块根在土壤里着生的位置不同，形成的薯块有大小、长短之分。甘薯的皮色和基本形状因品种、气候、土质而不同。块根的形态变异很大，形状有纺锤形、圆筒形、椭圆形、球形、块状等。薯块表面有的光滑、有的粗糙，也有的带深浅不一的小沟。块根皮色有白、淡黄、黄、红、褐、紫等多种。薯肉的颜色有白、淡黄、黄、杏黄、橘红等色或带有紫晕。皮色深浅和胡萝卜素含量高低有密切关系，含量高的颜色较深。块根的形状、皮色、肉色是鉴别品种的重要标志。

（二）茎

甘薯的茎（蔓）细长蔓生，主蔓生出多条分枝，粗0.4～0.8cm，长度因品种不同而异，短的不足1m，长的可超过7m。大部分品种匍匐地面生长，称为匍匐型或重叠型；少数品种茎叶半直立生长，比较疏散，这类品种的株型称为半直立型或疏散型，多属于短蔓种。蔓表面有疏密不同的茸毛，有的品种茎老时茸毛脱落。茎上有节，节间长短与蔓的长度有关，一般长蔓品种节间长，短蔓种节间短。茎节的叶腋形成腋芽，腋芽伸长形成分枝。茎节内根原基发育定根，生产上就是利用这种再生能力进行繁殖获得产量。茎的颜色大致分为绿、紫2种，有的绿紫2种颜色相混或绿色带紫色。茎的长度、颜色、分枝多少也是区别品种的依据。

（三）叶

甘薯的叶为单叶，只有叶片、叶柄，没有托叶，属于不完全叶。叶柄较长，一般在6～30cm，甚至更长，各片单叶的叶柄呈螺旋状排列着生在茎节上。叶片的形状很多，同一株上叶的形状也有差别，有心脏形、肾形、三角形、掌状等；叶缘有全缘和深浅不同的缺刻。叶色有深浅不等的绿、褐、紫等色；顶叶颜色有浅绿、绿、褐、紫等色。叶脉呈掌状，叶脉色有绿、部分紫、全紫的区别。叶片基部和叶柄基部的颜色有绿、紫两种。叶形、叶色、顶叶色、叶脉色、叶柄基色等，虽受环境条件影响会产生差别，但总的变化不大，都是鉴别品种的重要特征。

（四）花

甘薯的花为单生两性花，数朵至数十朵丛集成聚伞花序，生于叶腋和叶顶。花淡红色或紫红色，形状似牵牛花，花萼5裂，长约1cm。花冠直径和花筒长2.5～3.5cm，蕾期卷旋。

（五）果实

甘薯的果实为圆形或扁圆形蒴果，种子千粒重为 20g 左右，直径 3mm 左右。种子呈褐色或黑色，种子球形、半球形或多角形，种皮角质，坚硬不易透水。

三、甘薯产量形成及其调控

甘薯的产量形成受很多因素影响，其中温度、光照、水分等是主要因素，尤其是茎叶的生长与块根的膨大有直接的关系。

（一）甘薯产量的形成与气候条件的关系

1. 温度　甘薯是喜温作物，整个生育期间都需要较高温度，低温和霜冻会极大地影响产量。薯苗发根的最低温度为 15℃，适温为 17～18℃；茎叶生长的温度为 18～35℃；块根形成和膨大的适宜土温为 20～30℃。在适宜的范围内，温度高则生长快。尤其在 22～24℃时，初生形成层活动较强，中柱细胞木质化程度小，最适宜于块根形成和膨大，有利于提高产量，并且含糖量有增加的趋势。另外，在块根膨大的适宜温度范围内，加大昼夜温差有利于块根积累养分和膨大。

2. 光照　甘薯为喜光短日照作物，光照充足能提高光合作用强度，增加产物积累，同时，充足的光照还能提高土温，扩大昼夜温差，有利于块根的形成和膨大。光照不足，光合强度下降，块根产量和出干率下降。光照长短对甘薯的生长发育也有影响，延长光照时间，有利于茎叶生长、薯蔓变长、分枝增长，也有利于块根的生长。最适宜于块根形成和膨大的日照长度为 12.4～13.0h；短于 8h 则促进甘薯现蕾开花，不利于块根膨大。

3. 水分　甘薯是耐旱作物，根系发达，吸水力强，在整个生长过程中，土壤含水量以田间持水量的 60%～80% 为宜，适于茎叶生长和块根形成与膨大。在发根和分枝结薯期，虽然薯苗小，但蒸发量大，薯苗易失去水分平衡，如土壤干旱，薯苗发根慢，茎叶生长差，根体木质化程度高，不利于块根的形成，易形成柴根。蔓薯并长期，茎叶生长迅速，叶面积大量增加，气温升高，蒸腾旺盛，是甘薯耗水量最多的时期，也是供水状况影响茎叶生长与块根养分积累的协调时期。供水不足，容易早衰，产量低；水分过多，茎叶徒长，根体形成层活动弱，影响块根形成和膨大。这一时期，土壤含水量应以保持在田间持水量的 70%～80% 为宜。薯块盛长期，耗水减少，土壤含水量一般以田间持水量的 60% 左右为宜。

（二）甘薯茎叶的生长与薯块膨大的关系

甘薯茎叶生长和块根产量的关系极为密切。构成植株地上部和地下部的干物质除少量通过根系吸收的矿物质外，90% 以上由地上部茎叶（主要是叶片）进行光合作用所积累。块根的膨大主要依靠地上部同化物质转移和积累。因此，茎叶生长状况，直接影响着块根的产量。在大田生产中，茎叶生长与块根产量之间一般存在着 3 种相关状态。

1. 茎叶生长健壮，块根产量高　薯苗栽插后发根还苗快，前期生长快，封垄早，中期稳长，叶面积适量，后期茎叶不早衰。地上部干物质积累迅速，能及时并较多地运转到地下部，块根形成早、膨大快、膨大期长、产量高。

2. 茎叶生长势弱，块根产量低　栽插后茎叶生长缓慢，长势弱，分枝少，叶色淡，地上部生长量不足，甚至不能封垄，后期又早衰，地上部干物质积累少，结薯晚，块根产量低，或茎叶前期生长正常，中后期由于脱肥或长期干旱，达不到适宜的叶面积系数时，就迅速下降，叶片光合效能锐减，块根产量也低。

3. 茎叶徒长，块根产量低　茎叶生长过旺，叶面积过大，地上部生长过量，形成徒长植株，养分大部分消耗于地上部生长，茎叶产量虽高，但块根产量低，品质差。此外，地上部前衰后旺，同样会降低块根产量与品质。前衰，茎叶前期生长差，影响结薯，形成薯块少；后旺，地上部消耗养分多，不利于薯块膨大和干物质积累。

T/R 比值（T 代表茎叶鲜重，R 代表块根鲜重）表示甘薯地上部分和地下部分鲜重的比值。生育期中 T/R 比值的变化是植株生长过程中地上部分和地下部养分分配状况和茎叶生长与块根膨大协调与否的指标。生长前期比值比较大，表示茎叶早发；后期下降早，下降速度快，表示块根膨大早、膨大快，增重迅速。但在生长后期，T/R 比值下降过快，常表示茎叶早衰，下降很慢则表示茎叶徒长。甘薯生育期 T/R 比值动态因品种特性及栽培条件的不同有较大变动。

（三）提高甘薯产量的途径

最大限度地提高光能利用率是提高甘薯产量的主要途径。光能利用率的提高必须具备 4 个条件：具有充分利用光能的高光效的甘薯品种；空气中的 CO_2 浓度保持正常；环境因素（如水、肥、温、土壤状况等）都处于最适状态；具备最适于接受和分配阳光的群体结构。可见，要提高光能利用率，挖掘作物生产潜力，应采取以下措施。

1. 培育高光效的甘薯品种　要求光合能力强，呼吸消耗低，能保持较长时间的光合机能，叶面积适当，株型、长相都有利于田间群体最大限度地利用光能的品种。如陕西的秦薯系列（秦薯 1 号、秦薯 2 号等）、农大系列等，其光合利用率都较高。

2. 采用适宜的种植制度　甘薯的产量由每公顷的株数、每株薯块数、单薯质量构成，单位面积上的株数愈多，平均每株薯块数愈多，单薯质量愈大，则产量也愈高。但在一定的栽培条件下，群体（单位面积上的株数）和个体（单株质量）之间存在着矛盾，产量构成的各因素之间也存在着程度不同的矛盾，因此合理密植是协调群体和个体矛盾的主要途径。一般情况下，甘薯的栽植密度为 5.0 万～7.0 万株/hm²。

3. 改进栽培技术，协调水、肥、温、土壤状况等环境因素　如适时播种，使甘薯生长发育处于良好的光、温等条件下；适宜的株行距、行向配置和合理的肥水管理；及时防治病虫草害，处理好地上部分和地下部分的关系等，对提高群体光能利用率都有一定的作用。

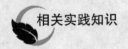**相关实践知识**

甘薯根的特征观察

具体操作见本项目【观察与实验】部分相关内容。

模块二　甘薯育苗和扦插技术

学习目标

了解甘薯育苗的方式，掌握甘薯育苗技术。

在生产上甘薯多采取块根育苗的无性繁殖方式。甘薯育苗扦插能节约用种、降低成本，能有效防治黑斑病，对提高甘薯的产量具有十分重要的意义。

 育 苗

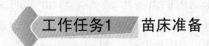 工作任务1 苗床准备

（一）具体要求

根据当地的气候条件、耕作制度、栽培水平等来选择适合的育苗方法。

（二）操作步骤

1. 酿热温床育苗 此方法是利用牲畜粪、秸秆等酿热物发酵生热，结合利用太阳能，提高床温育苗，是目前甘薯育苗中比较广泛采用的一种方法。

（1）建造苗床。一般采用东西向，床长一般 5~7m，宽 1.3~1.7m，苗床具体宽度视塑料薄膜宽度而定。床底深度，中间为 0.5m，北侧 0.6m，南侧 0.7m。床底东西向挖 2 条边长为 15cm 左右的沟，上覆秸秆，泥封后形成通风道。一条与北墙的距离 33cm 左右，另一条距离南墙约 17cm。两通风道于床两端合并，且与床墙的通风道（墙内挖纵沟后外侧用砖砌成）、通风囱（砖砌，高出床墙 15~20cm）连通。床墙北高（43cm 左右）、南低（7cm 左右），两端墙为斜坡。北墙每 1.5m 左右留边长为 15cm 的方形通气孔（图 2-8-2）。

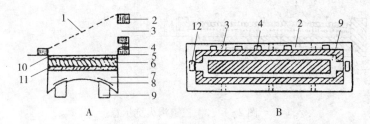

图 2-8-2 酿热温床剖面示意图

A. 剖面图 B. 平面图

1. 塑料薄膜 2. 床墙 3. 气眼 4. 支板洞 5. 地面 6. 种薯 7. 酿热物

8. 高粱秸 9. 通气沟 10. 沙土 11. 床土 12. 通气沟出口

（张瑞岐，1999，作物栽培学）

（2）选择铺垫酿热物。酿热物各地不尽相同，一般用谷类作物茎叶或杂草，加骡、马、牛粪配制而成。秸秆铡碎，用水浸渍；牲畜粪晒干、捣碎，与秸秆料混合，对人粪尿泼水拌匀。酿热物湿度以手紧握时，指间见水而不下滴为宜。酿热物配好后，填入床内，摊平稍压，厚度 27~28cm，然后盖薄膜封闭，上加草苫，日揭夜盖，提温保湿，以满足分解纤维素微生物生长繁殖需要的肥、水、气、温等条件。建床后 2~3d，酿热物温度升至 35℃时，揭去薄膜，踩实酿热物，填入 8~10cm 厚的肥沃细土，摊土踩实，上面撒 3cm 细沙，即可排种薯育苗。

2. 火炕育苗　火炕育苗一般采用三道沟火炕。火炕一般长 3m、宽 2m、深 0.47m，可从地平面向下挖 0.34m、上垫 0.13m。挖出床土，垫在四周夯实。整修后，达到炕墙垂直、炕底平整。于床底挖一条 0.4m 宽的 T 形斜沟，即主火道。主火道近火炉端深 0.53m，另一端深 0.3m。于主火道两侧挖横火道，方形，边长 0.2m，上面铺树枝或秸秆，泥封。靠近火炉端的横火道铺泥 3 层，其他横沟铺泥两层，以防塌陷。在 T 形横沟两端各留边长为 0.15m 的方形出火口，砖砌，略低于上层火道上沿，分别与上层两火道连通。床底近墙边（0.1m 左右）各挖纵向沟，宽 0.37m，深 0.2m。这样靠床墙内侧就各形成一条 33cm 宽的土埂为火道隔墙。将近炉端的隔墙挖开（深 0.13m、宽 0.33m），与上层中间的大火道接通。隔墙挖沟处插花放砖块，以便铺秸泥封。下层火道铺好后，用土填平，但留一条深度为 0.2m 的上层火道，与床墙出烟囱口相接。烟囱用砖砌成，高于育苗炕墙。在三道沟上铺树枝或秸秆等支撑物并泥封。

挖下层火道时，在下层火道较深一端，离火炕 0.5m 挖烧火坑，面积 1.3m^2 左右，坑深 1.6m，并建自来风火炉。炉顶部略低于下层火道口的下缘，由火道口下斜挖洞与火炉连接。炕底架好后，填加肥沃土壤，厚 10~13cm，即成三道沟火炕育苗床（图 2-8-3）。

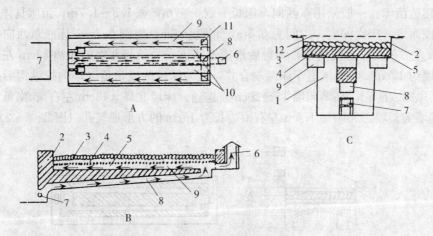

图 2-8-3　三道沟火坑示意

A. 平面示意　B. 剖面示意　C. 横剖面示意

1. 烧火炕　2. 炕墙　3. 种薯　4. 床土　5. 炕底　6. 烟囱　7. 炉子　8. 下层火道
9. 上层火道　10. 土隔墙　11. 下层火道出火口　12. 塑料薄膜

（张瑞岐，1999，作物栽培学）

3. 冷床覆盖塑料薄膜育苗　在气温较高的地区，一般于 3 月底或 4 月初，选好地块，施足底肥，深翻 16~20cm，碎土平整做畦，四周开排水沟，畦长不限，畦宽 1.3~1.5m，排薯后撒盖一层细土，再搭架覆盖薄膜，并用土把薄膜四周压好封严。

4. 地膜覆盖育苗　在使用露地育苗的地方，可采用此方法。先平整苗床，开好排水沟，排种前浇一次透水，及时排种覆盖，压实地膜四周，齐苗后及时去除地膜。

5. 露地育苗　露地育苗是利用太阳辐射热培育甘薯苗的方法，有平畦和高畦两种形式。选择避风、向阳的肥沃土壤，整畦、施肥。苗畦也可盖塑料薄膜、草苫等增温保温。露地育苗法适用于夏、秋薯栽培地区。选择背风向阳、土壤肥沃、疏松、便于管理的地块，育苗前耕细、整平、作畦，一般畦宽 1.3~0.5m，窝距 0.04~0.05m，每窝下种 2~3 块，或按

0.07m 行距开沟成条排种或穴栽，盖上肥土。

6. 甘薯脱毒育苗 脱毒甘薯是利用生物技术将甘薯内的病毒清除出来，并培育出无病毒的甘薯秧苗，恢复优良种性，提高产量和品质。目前，我国主要采用组培育苗的技术，进行茎尖脱毒后繁育薯苗，主要措施包括试管苗快繁和土壤扦插嫩尖苗等。

（三）注意事项

甘薯育苗的方式较多，一定要根据各地的综合因素选择适宜的育苗方式，且苗床期应注意保温、浇水、追肥、松土和治虫。

 工作任务2　处理种薯

（一）具体要求

保持种性，达到苗全苗壮。

（二）操作步骤

（1）选种。首先要在出窖、浸种、上床过程中精选种薯，做到品种纯、薯块大小适中（150~250g）、薯皮光滑、颜色鲜明、无病无伤。

（2）温汤浸种。为预防甘薯黑斑病，一般用温汤浸种法消毒。即用筐装种薯，置入 56~58℃的温水中，上提下落，左右转动（不提出水面），2min 内使水温降到 51~54℃，保持 10min。

（三）相关知识

要严格掌握水温和浸种时间，并注意受热均匀。水温太高或浸种时间过长，会烫伤薯块；反之，则降低杀菌效果。

（四）注意事项

温汤浸种后应立即排种上床。露地育苗时，种薯应采用多菌灵、托布津等药剂浸种。

 工作任务3　排种上床

（一）具体要求

安全育苗，培育壮苗。

（二）操作步骤

（1）排种时间。甘薯排种时间的迟早，应根据当地的气候、栽培制度、栽插时期和育苗方法确定。一般情况下，露地育苗气温必须达到 15℃才能下种，加温育苗必须考虑扦插期。北方春薯育苗时间以 3 月中下旬为宜，夏薯以 4 月上旬为宜，南方应适当提前。

（2）用种量。用种量的多少因育苗方法、品种萌发特性、栽插迟早等的不同而有差异。一般露地育苗每公顷本田需放种 1500kg 以上；增温育苗 1100kg 左右；品种萌发特性好（萌发快、萌芽多）的少些，栽插早的多些等。用种多少还与种薯的大小有关，种薯愈小，单薯产苗少，但每千克种薯的产苗量愈多。虽然大薯育的苗最后产量最高，但从节约用种、实现大面积壮苗早栽和平衡高产来看，选用 0.15~0.25kg 的中等薯块较为合适。

（3）排种方法。薯块可斜放、平放、直放，但以斜放居多。种薯的顶端、阳面向上，分行顺排，做到上齐下不齐。斜排时，以薯块顶端压薯尾 1/3 的出苗早、出苗多、秧苗壮。排种密度可根据甘薯品种、薯块大小、需苗数量和苗床面积确定。一般排种 22.5～31.5kg/m²。

排种后，撒细土填充薯块间隙，再用水（北方产区宜用 40℃温水）浇透床土。水渗下后，撒 3cm 左右沙土，摊平。随即床面盖薄膜封闭，夜间加盖草苫保温。

（三）注意事项

排种前应在火炕的床土温度预热到 30～35℃，酿热物温床床温高于 25℃时进行。

工作任务4　苗床管理

（一）具体要求

促使早出苗、出齐苗，培育壮苗。

（二）操作步骤

1. 苗床前期高温催芽　苗床前期即排种到出苗阶段。出苗以前要高温催芽，促使尽快出苗，防止病害。火炕育苗，在排薯后，床温应每天提高 1℃左右，经过 4～5d，床土温度升到 34～35℃，但苗床温度不宜超过 38℃，8～9d 秧芽出土。此后，适当降低温度，平温长苗。酿热温床在出苗以前也应保持 30～32℃，以催芽出土。在出苗前，一般不浇水，如床土过干，有碍出苗时，可泼水润床，待秧芽拱土时，再浇水助苗，防止幼苗枯萎。要注意挖除烂薯病苗，防止病害蔓延。

2. 苗床中期适温长苗　苗床中期即出苗到采苗前 5～6d。这期间的床土温度应保持在 25～28℃，以适温长苗。若长期处于 30～32℃，秧苗生长虽快，但细弱不壮；若高于 35℃，秧苗容易老化。这期间的床土适宜含水量为其田间持水量的 70%～80%。要注意通风晾苗，尤其酿热温床，应由少到多、由短而长地揭膜通风，但要防止烈日高温灼苗。中期末可浇水 1 次。此时期应做到催中有炼，催炼结合。

3. 苗床后期低温炼苗　从采苗前 5～6d 到采苗这段时间称为苗床后期。采苗前 3～5d，床土含水量降低为田间持水量的 60%，床温下降到 20℃左右。之后，昼夜不盖草苫，直到揭去薄膜，逐渐炼苗。如有大风、降温等恶劣天气，仍要盖膜加苫，保温护苗。

工作任务5　采苗

（一）具体要求

及时采苗，以利栽插。

（二）操作步骤

1. 采苗时间　苗高 20～23cm 时（苗龄 30d 左右），应及时采苗、栽插。采后不能及时栽插的可临时假植。

2. 采苗方法　采苗方法有剪秧和拔秧两种。剪秧一般采用高剪，在离地面 3～4cm 处剪苗，能有效地防治黑斑病。拔秧可造成病菌入侵伤口，且人为传染病菌。所以，尽量不用拔秧，如果拔秧，栽插时将秧根剪掉 2cm 左右，防止秧苗带病。

采苗后，应及时追肥浇水。追肥以氮肥为主，配合磷、钾肥。追肥量一般为硫酸铵 25～50g/m²、磷酸二氢钾 4.5g/m² 或豆饼 150g/m²。肥可撒施或浇肥水，注意撒匀、浇匀，用清水冲洗，先施肥后浇水。一般在采苗后第 2 天施肥浇水。

（三）注意事项

生产上要提倡高剪秧，既防止病害，又不牵动种薯，对下茬秧苗早生快发有利。

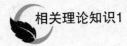
相关理论知识1

壮 苗 标 准

壮苗的标准为叶片肥厚、叶色深绿、顶叶齐平，节间粗短、剪口白浆多，秧苗不老不嫩；根原基多而粗大；无病无菌；苗长 20cm 左右，百苗重 500g 左右。

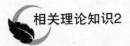
相关理论知识2

苗床烂床的原因及其防止

1. 烂床的原因 育苗期间，种薯腐烂、死苗通称为烂床。按其原因大致分为病烂、热烂和缺氧烂等 3 种类型。

（1）病烂。由于种薯、土壤、肥料带黑斑病、软腐病、茎线虫病等病原，或在种薯受冷害、涝害及有伤口的情况下，病菌乘机侵染造成烂床。

（2）热烂。若床土温度较长时间高达 40℃，或浸种时水温太高、浸种时间过长，会导致薯种软烂。

（3）缺氧烂。常在浇水太多，床土湿度过大，覆土太厚或床土坚实板结，通气不良，严重缺氧情况下发生缺氧烂。

2. 烂床的防止 针对烂床原因，防止甘薯烂床的途径是精选无病、无伤、未受冻害的种薯；严格按规定标准消毒；苗床要选用无黑斑菌、软腐病菌的净土；排种后覆土勿太深、太紧，且要正确调控温度，进行肥水及通气管理等。

扦 插

工作任务1 **耕地与作垄**

（一）具体要求

通过翻耕起垄，创造甘薯扦插的基本条件。

（二）操作步骤

1. 整地 春薯地在冬前或早春翻耕，有条件的可结合进行冬灌或春灌。夏薯地要在前茬作物收获后，尽早耕地作垄。耕地深度视季节、土质和耕层深浅而定，一般为22～30cm。生产实践证明，起垄时，沙土地应掺加黏土、塘泥、厩肥、绿肥，而黏土地应掺沙。

2. 作垄 甘薯垄作是生产中普遍采用的栽培方式。起垄要做到：垄形肥胖，垄沟窄深；垄面平，垄距匀；垄土踏实，无大堡，无硬心。春薯的垄距一般为0.7～0.8m，夏薯为0.6～0.7m。

（三）注意事项

要垄沟、腰沟、田头沟配套，以利于排水流畅。垄向以南北为好。坡地的垄向要与斜坡方向垂直。

 工作任务2　施基肥

（一）具体要求

满足甘薯生长发育的需要。

（二）操作步骤

基肥数量大的可分两次施用，深耕时多施、撒施；起垄时施剩余部分，条施包施。基肥中的磷、钾肥和少量氮肥应在作垄时施用。

（三）相关知识

施肥要坚持以基肥为主、追肥为辅，以农家肥料为主、化学肥料为辅的原则，做到因地施肥，平衡用肥，经济施肥，配方用肥，适当增施钾肥。通过施肥，达到前期肥效快，促进秧苗早发；中期肥效稳，地下部与地上部生长协调，壮而不旺；后期肥效较长，茎叶不脱肥、不贪青，薯块大，产量高。

 工作任务3　确定扦插密度

（一）具体要求

密度适宜，且植株在田间分布合理，便于田间管理。

（二）操作步骤

华北地区春薯以5.25万～6.75万株/hm²，夏薯以6万～7.5万株/hm²为宜。

春薯的行距一般为70～80cm，夏薯为60～70cm。行距过小，费工、管理不便，而且垄沟太浅，不易排水。株距一般以20～25cm为宜。

（三）相关知识

甘薯的产量构成因素是：单位面积株数、平均每株薯数和单薯质量。甘薯要获得高产，必须协调群体与个体的矛盾，单位面积有足够的株数和单株多结大薯。若薯苗扦插过密，群体虽能得到较大的发展，单位面积结薯较多，但个体发育不良，单株结薯少，薯形小，出干率低。但是，若薯苗扦插过稀，个体发育虽较好，单株结薯较多，薯块大，但群体发展不良，封垄过晚，不能充分利用光能和土地等，单位面积结薯少，产量不高。

（四）注意事项

甘薯栽秧密度要因地制宜，肥地、早栽或长蔓的品种可稍稀些；反之，则稍密些。

工作任务4 薯苗扦插

（一）具体要求

适时扦插，提高扦插质量。

（二）操作步骤

1. 确定栽插时间 甘薯适期早栽，不仅产量和出干率高，而且品质也好。栽插过早，易受低温危害；太晚，随着时间的推移产量递减。确定甘薯栽插时期的主要依据是温度、雨水和耕作制度等。春薯一般气温稳定在15℃以上，5～8cm 地温稳定在17～18℃，晚霜已过为适宜栽插期。北方一般在4月中下旬，南方较早一些。夏薯在前作物收获后抢时早栽，力争在6月20日前栽完。

2. 栽插方法 薯苗栽插方法有直插、斜插、钓钩插、船底插和水平插等（图2-8-4）。直插、斜插薯苗埋土10～13cm，成活率高，但结薯较少，产量不高，多在旱薄地采用。钓钩插，薯苗基部在土壤中呈钓钩状，埋土较深，成活率高，亦较耐旱，但结薯较少。船底插，薯苗埋土部分尾较浅，中间较深，形如船底，比较耐旱，容易成活，中间结薯少而小，头尾结薯多而大多在地力中等的湿润地区采用。水平插，薯苗埋土节数较多，但覆土较浅，结薯多而均匀，产量较高，适宜在肥沃湿润地采用。

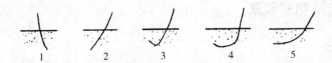

图 2-8-4 甘薯栽插方法

1. 直插法 2. 斜插法 3. 钓钩插法 4. 船底插法 5. 水平插法

（三）相关知识

1. 埋叶法栽插 埋土时，要将尽可能多的叶片埋入土中，埋叶法成活率高，返苗早，有利于增产。由于甘薯的叶面积较大，通常需要较多的水分供其生长，特别是薯苗栽插后对水分需求较高。此时如果将大部分叶片暴露在土壤表面，在强烈的阳光照射下需要大量的水分供其生理调节，但刚栽插的薯苗没有根系，仅靠埋入土中的茎部难以吸收足够的水分，结果造成叶片与茎尖争水，茎尖呈现萎蔫状态，返苗期向后推迟，严重时可造成薯苗枯死。而将大部分叶片埋入湿土中可有效地解决薯苗的供水问题，叶片不仅不失水，还可从土壤中吸收水，保证茎尖能够尽快返青生长。

2. 切块直播栽培 较传统栽种提前种植20～30d，由于延长其生长期，一般 667m² 增产鲜薯1000kg 左右。选晴暖无风天气，于上午切块。根据薯块上端芽密下端芽疏的特点，薯块上部宜切小些，下部大些，一般每块保留2～3个芽，切时先将薯块十字形纵切成4块，再横切一刀将顶、尾部分开，共8块薯母块，其中顶部薯母块约为1/3薯长，尾部薯母块约为2/3薯长，质量在50g左右的可按上法切成4块。将切好的薯母块及时放入 500～600 倍多菌灵溶液里浸种10～20min。溶液温度应高于当时气温5℃为宜，捞出晾干后立即栽种。

3. 直播技术 也称为"下蛋栽培"，即选重100g左右、长度8～12cm的薯块，于4月20日前后起垄直栽。垄顶宽30cm，栽时坐窝浇水，薯块直立入土5cm，覆土埋严薯块，用手压实。出苗后，扒开覆盖薯块的土。"甘薯下蛋"一般可增产 20%～30%。

（四）注意事项

薯苗消毒的防病效果较好。一般用甲基硫菌灵、多菌灵可湿性粉剂等水溶液浸薯苗基部，可预防甘薯黑斑病。药液可连续用 10 次左右。也可用辛硫磷浸液防治茎线虫病，在室内进行。薯苗处理后，应按苗大小、壮弱分级栽插，以利于同块地段的甘薯均衡生长。

模块三　甘薯田间管理技术

学习目标

了解甘薯各生育时期的生育特点；掌握不同时期的田间管理措施；能正确诊断甘薯苗情。

前期田间管理

工作任务1　中耕除草

（一）具体要求

创造甘薯生长的良好条件，去除杂草。

（二）操作步骤

在秧苗返青后即可开始中耕，以利于茎叶早发、早结薯。中耕 2～3 次。雨后或灌水后及时中耕，可防止土壤板结。在最后一次中耕时，要结合修沟培垄。

（三）注意事项

喷洒除草剂，可在栽苗前或在栽苗成活后进行，于晴天上午露水干后喷洒垄面，喷时尽量勿使药液与茎叶接触，以防药害。

工作任务2　追肥

（一）具体要求

促使叶面积扩大，提高光合生产率。

（二）操作步骤

在土壤贫瘠或施肥不足的田地要及早追施速效肥料。

工作任务3　灌溉排水

（一）具体要求

促使茎叶生长合理。

（二）操作步骤

土壤含水量低于田间持水量的 60％时，需进行灌水，田间积水过多应及时排出。

（三）相关知识

甘薯生长前期土壤含水量以在田间持水量的 70％为宜。

工作任务4　防治害虫

（一）具体要求

主要做好地老虎等害虫的防治工作。

（二）操作步骤

见《植物保护》教材相关内容。

中期田间管理

工作任务1　排水防涝

（一）具体要求

及时排水，促进薯苗生长、薯块膨大。

（二）操作步骤

在雨季以前应修好排水沟，雨水多时要及时排水。

（三）相关知识

当土壤水分在田间持水量的 80％以上时，对薯块膨大不利。

工作任务2　喷药控秧

（一）具体要求

抑制顶端优势，减轻茎叶徒长。

（二）操作步骤

对茎叶生长旺盛的夏薯，在生长前期末喷施乙烯利溶液，减轻茎叶徒长。

（三）相关知识

甘薯喷洒乙烯利溶液可抑制顶端优势，使茎蔓变短、分枝增多。一般在处理后 5d 内叶色变淡，10d 后迅速生长新叶，叶数增多，叶色变深，使生长中期的叶面积指数较小而生长后期较大，起到先控后促的作用。

 **防治害虫**

（一）具体要求

这一时期害虫主要有斜纹夜蛾、卷叶虫、造桥虫、黏虫等，应注意防治。

（二）操作步骤

见《植物保护》教材相关内容。

 相关理论知识

不 翻 蔓 好 处 多

多年来的大量试验证明，甘薯翻蔓一般减产 10%～20%，减产的主要原因是：翻蔓使光合作用的主要器官（叶片）受损伤。翻蔓后由于叶片翻转、重叠、密集，使叶片的正常分布状态被破坏，致使光合强度下降。翻蔓常使茎蔓顶梢折断，促使腋芽滋生，消耗大量养料，从而使向块根转移的养料减少。

后期田间管理

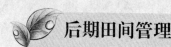 **追肥**

（一）具体要求

满足甘薯后期生长发育对养分的需求。

（二）操作步骤

生长后期的叶色落黄较快时，可施尿素 75～120kg/hm^2，以防止茎叶早衰，促进块根膨大。甘薯在收获前 45～50d，根系吸收养分的能力转弱，进行根外追肥，有增产效果。

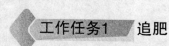 **灌溉和排水**

（一）具体要求

满足甘薯后期生长发育对水分的需要。

（二）操作步骤

干时灌水，涝时要排水。

（三）相关知识

生长后期雨水较少，常有旱情，当土壤含水量在田间持水量的 55% 时，灌水能防止茎叶早衰，增产显著。如遇涝害，会影响块根膨大，出干率降低，不耐贮藏。

 **甘薯看苗诊断技术**

 **甘薯看苗诊断**

（一）具体要求

掌握甘薯不同生育阶段长势长相的诊断方法，同时能根据诊断结果提出相应的田间管理措施。

（二）材料用具

有代表性的品种或不同类型的甘薯生产田、米尺、小刀、天平、秤等。

（三）方法步骤

在试验田或大田定期（春薯栽后 30d，夏薯栽后 20d）分次进行，间隔约 1 个月，或根据甘薯生长时期，在分枝结薯期、茎叶盛长块根继续膨大期、茎叶衰退块根迅速膨大期，分别完整地挖取 10 株，观察和测量茎叶和块根的生育状况，并分别称其鲜重，同时烘干（取 100g），计算干重与叶面积系数以及蔓薯比值（T/R）等。具体项目及其记载标准，根据当地实际情况在老师指导下确定。

（四）自查评价

根据考苗资料，对苗情做出诊断，形成文字小结。

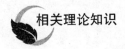 相关理论知识

甘薯各生长阶段的栽培目标

1. 生长前期的栽培目标　高产春薯要求在 6 月底封垄，夏薯要求在 7 月底 8 月初封垄。春薯在生长前期，由于气温较低、雨水较少，茎叶生长较慢。这一时期的栽培目标是：保全苗，促茎叶早发、早结薯，即以促为主。但不能肥水猛促，否则造成中期茎叶徒长而影响块根膨大。夏薯由于生育期短，也是以促为主。要特别注意抓早期管理。

2. 生长中期的栽培目标　甘薯生长中期处于高温多雨、日照少的时期，茎叶生长较快，薯块膨大较慢。这一时期的栽培目标是：控制茎叶平稳生长，促使块根膨大。

3. 生长后期的栽培目标　该期的甘薯茎叶生长逐渐衰退，而块根增重加快。这一时期的栽培目标是：保持适当的绿叶面积，延长叶片寿命，防止茎叶早衰，提高光合效能，增加干物质积累，促进块根迅速膨大。

模块四　甘薯收获与贮藏技术

能够确定甘薯的收获期；掌握收获方法；了解甘薯贮窖的类型；熟练掌握甘薯的贮藏技术。

工作任务1　甘薯测产

（一）具体要求
学会甘薯田间测产技术。

（二）材料用具
将要收获的甘薯生产田或试验田、米尺、木棒、镢头或铁锨、筐、台秤等。

（三）方法步骤
（1）选点。根据地块大小和形状，决定选点方式和点的数量。注意选点要做到随机、有代表性。

（2）量取垄距（行距）、株距。取 30～50 垄，用米尺量取，计算平均垄距；顺垄连续取 50～100 株，用米尺量取，计算平均株距。

（3）测单株薯重。在选取的点内连续取 10～20 株，用工具争取尽量完整地将薯块挖净，除去泥土称重，计算平均单株薯重。

（4）计算结果。先计算单位面积株数、然后计算单位面积产量。

$$单位面积株数 = \frac{单位面积（m^2）}{平均垄距（m）\times 平均株距（m）}$$

$$甘薯块根单位面积产量 = 平均单株薯重 \times 单位面积株数$$

（四）自查评价
分析产量结构，对甘薯生产技术进行总结。

工作任务2　收获

（一）具体要求
适时收获。

（二）操作步骤
（1）收获时间。甘薯收获迟早与薯块产量、薯干率、安全贮藏和加工利用有密切关系。一般地温在 18℃（气温 15℃）时开始收获，地温在 12℃（气温 10℃以上）严霜前收获完毕。收获次序是先收春薯，后收夏薯；先收留种用薯，后收食用薯；先收晒干薯，后收贮藏薯；先收长势好的，后收长势差的；先收阴坡，后收阳坡。

（2）收获方法。可以用机械收获，也可以用人工刨收。用人工收获时，可先将茎蔓割掉，再刨收薯块。

（三）相关知识

甘薯块根是无性器官，在适宜的温度条件下，薯块能持续膨大。所以，收获越早产量越低。过晚收获，块根常受冷害，不耐贮藏，而且因淀粉转化为糖，出干率降低。当 5～10cm 地温在 18℃左右时，块根增重很少，地温在 15℃时薯块停止膨大。因此，要在地温 18℃时开始收获，地温在 12℃时收获完毕。

（四）注意事项

薯皮能防止病菌侵入，破皮受伤的薯块贮藏时容易发生烂窖。收获时，要轻刨、轻装、轻运、轻放，尽量减少搬运次数，严防破皮受伤。

工作任务3　贮藏

（一）具体要求

安全贮藏。

（二）操作步骤

1. 选择甘薯贮藏窖　先根据甘薯的数量、气候条件等因素选好甘薯贮藏窖。

（1）井窖。从地面垂直挖井，在底部横向挖贮藏室。在冬季，井窖愈深，窖温愈稳定。井窖深度因地而异，以窖温能保持 10～15℃ 为标准。这种类型的贮藏窖，不易受外界温度、湿度变化的影响，保温、保湿性能较好，便于保鲜和安全贮藏，但管理不便。适用于地下水位低、土质坚硬的地区，是北方农村常用窖型（图 2-8-5A）。另外，山洞窖、拱形窖的构造、性能和井窖基本相同。

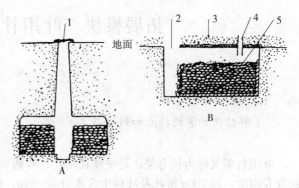

图 2-8-5　井窖与棚窖断面
A. 井窖　B. 棚窖
1. 井口　2. 出入口　3. 盖土　4. 气筒　5. 盖草
（张瑞岐，1999，作物栽培学）

（2）棚窖。棚窖有地下式和半地下式两种。在平地挖长方形或圆形坑，深度小于 2m，坑内四周围用干草保温（图 2-8-5B）。

（3）屋窖。屋窖有地上式和半地下式两种。外形和普通平房相似，可用砖、石、土坯等建造，均须加厚墙壁和屋顶。前墙与后墙均设通气窗，窖内分隔成若干个贮藏间。室内配备升温设施，可进行高温愈合处理，亦能人工调节温度与湿度，安全贮藏率一般在 95% 以上，各甘薯产区均可采用。

2. 甘薯贮藏期管理　甘薯贮藏不同的时期要采取不同的管理方法。

（1）初期。入窖前 25d 内，窖温可达 18℃ 以上，易发芽，应通风降温。如遇寒流要注意防寒。待窖温稳定在 14～15℃ 时，可逐步封窖保温。

采用高温愈合的，入窖后关闭门窗烧火加温，当温度升至 34～37℃，相对湿度 85%～

90％时，保持 3～4d，再通风散湿。

（2）中期。从入窖 25d 到翌年立春以前，应以保温为主，使窖温控制在 12～14℃，相对湿度 90％左右。

（3）后期。立春以后，温度回升，要灵活通风降温，保持窖温 11～14℃，相对湿度 90％左右。

（三）相关知识

甘薯贮藏时，入窖前剔除带病、破伤薯块，入窖时轻运、轻放，装薯量不超过窖、棚空间的三分之二。在此基础上，窖、棚温度保持在 10～15℃，注意通风散湿是安全贮藏的基本条件。若窖、棚温度高于 16℃持续时间过长，薯块会发芽，品质及耐贮性亦降低；若低于 9℃，持续时间稍长，则发生冷窖，甚至烂窖。窖、棚内的相对湿度以 85％～90％为宜。湿度太低，易糠心或干腐；湿度过高，则容易烂薯。窖、棚通气流畅，为薯块正常呼吸供氧，维持其生活力，可避免发生无氧呼吸、酒精中毒而烂薯，也是调节温度和湿度的重要途径。由此可知，甘薯入窖、棚后，严格调控温度、湿度，注意通风，是保证薯块鲜度和品质、防止烂薯烂窖的关键。

（四）注意事项

贮藏期间要定时、定点检查窖内温度和湿度，检查窖内甘薯存放情况，以保证安全贮藏，防止冷害、病害、湿害、干害和缺氧烂窖。

拓展模块　叶用甘薯栽培技术

学习目标

了解叶用甘薯的特点和栽培技术。

叶用甘薯又称为长寿菜，是主要利用叶、叶柄和芽梢部作叶菜使用的甘薯。薯叶中含丰富的营养物质，每 100g 鲜叶及叶柄中含水分 85.34g，粗蛋白质 2.74g，粗纤维 1.96g，含较丰富的维生素 A、维生素 B、维生素 C 和钾、钠、钙、镁、磷、铜、铁、锌、锰、锶等元素。甘薯叶性味甘平、无毒，风味有点似同属的蔬菜，但质地较为柔软。甘薯病虫害很少，一般不需要使用农药，且生长迅速产量高，还比其他叶菜类较抗暴风雨，是良好的夏季叶菜。

叶用甘薯喜温暖气候，耐高温、耐旱、耐碱。叶用甘薯不择土壤，土壤肥沃便可。生长期要求充足的光照。

叶用甘薯的栽培要点如下：

1. 栽培季节　在无霜期内均可露地种植，但在气温 15℃以下时生长极缓慢，以气温在 25～35℃时生长最好，故宜于夏栽。

2. 种苗的繁殖　叶用甘薯通常用薯块育苗后再扦插繁殖。春季用地膜育苗比露地育苗早出苗半个月，同时苗量增加 40％左右。

（1）适时播种。用温床播种，需床温达到 20～25℃。

（2）苗床准备。苗地选用坐北朝南、避风向阳、排灌方便、较肥沃疏松的沙质壤土，且 3 年以上未种过葱、蒜、姜、黄麻、芋、木薯的地块作育苗地，精耕细耙，畦高 20cm，宽 120cm。

（3）播种前种薯消毒处理。可用 50％甲基硫菌灵 500 倍液或 25％多菌灵 1000 倍液浸种处理 10min。

播种密度每畦排种薯 2～3 行，株行距 20cm×30cm，每公顷苗床需种薯 22500kg，排薯要注意头尾，不能倒放，薯蒂向上，斜排成 45°，薯蒂应在一个水平面上，埋土深度以薯蒂微露土面。排薯种时，畦的两边应留 6cm 左右，并铲土 3cm 盖膜压土用，每畦排薯盖土后即扣上地膜，两边用细土压住，并扫清膜上的泥土及杂物，以增加透光有利升温。一般播种后 15d 左右开始出苗，苗高 1cm 即将地膜打孔，护苗出膜，并用细土压好洞边膜。

3. 苗期管理　苗长出后要常检查地膜内温度，苗高 10cm 时，如中午膜内温度 35℃时，应及时揭膜，并施 1 次稀薄水肥，清沟培土护苗。苗长 15cm 左右时，及时剪苗假植。假植后 3～4d 于晴天中午进行摘顶，促使分枝萌发生长。分枝长 25cm 许即可割苗定植。

4. 定植

（1）施基肥。基肥宜用沤熟的农家肥并加过磷酸钙。作高垄宽畦，以防雨季积水，畦宽 60～70cm，双行种植。

（2）定植方法。按株距 25～30cm，用小铲将土斜向挖起，把薯苗插入，薯苗长约 20cm，入土深度约 10cm。全畦插完后即浇水。

5. 采收　一般在扦插后 40～50d 即可采收，先收获顶梢，使侧枝萌发，叶片长肥大，从叶柄基部折下采收。

6. 种薯的保藏　秋冬挖地下块根后，选择中等大小、无虫口及破损的薯块，用沙藏或草木灰藏，置于室内，至春季取出催芽育苗。

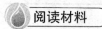 阅读材料

甘 薯 的 深 加 工

1. 甘薯方便粉。工艺流程：甘薯、马铃薯淀粉→除沙→脱色→和粉→挤压糊化→凝沉→松丝→干燥成型→附加调味料→包装成品。

2. 速冻甘薯制品。工艺流程：原料验收→清洗→去皮→浸泡→切条→汽蒸→冷却→速冻→计量包装→冷藏。

3. 甘薯叶保健茶。工艺流程：甘薯叶选择→清洗→杀青→干燥→茶叶→复火→拼配→粉碎→过筛→包装→检验→成品。

4. 甘薯茎尖罐头。工艺流程：新鲜甘薯茎尖→清洗、分拣→晾干→护色→漂洗→配料→装罐→排气、封罐→杀菌→冷却→检验→包装→成品。

5. 甘薯啤酒饮料。工艺流程：鲜甘薯→清洗→去皮→蒸煮→打浆→液化→糖化→压滤→发酵→调配→澄清→灌装→杀菌→成品。

 观察与实验

甘薯根的特征观察

（一）目的要求

学会识别甘薯 3 种根的形态特征，了解其对甘薯生产的意义。

（二）材料用具

处在生长后期的甘薯生产田或实验田、甘薯 3 种根的切片标本、块根横切面挂图、铁锹、米尺、小刀、显微镜。

（三）方法步骤

以小组为单位进行观察测定。到田间取 3~5 株甘薯，将根系比较完整地挖出，冲洗泥土，带回室内。仔细观察 3 种根的外形。

3 种根的特征见本项目模块一的相关内容。

（四）自查评价

将观察结果填入表 2-8-1，并做简要分析。

表 2-8-1 甘薯根的特征观察

类型或品种				
扦插日期（月/日）				
调查日期（月/日）				
须根观察特征				
柴根观察特征				
块根	薯形			
	皮色			
	肉色			
	单株薯块数			
	单株薯重（g）			

生产实践

主动参与甘薯育苗和田间管理等实践教学环节，以掌握好生产的关键技术。

信息搜集

通过阅读《作物杂志》《农业科技通讯》《××农业科学》《××农业科技》《中国农技推广》《耕作与栽培》等科普杂志或专业杂志，或通过上网浏览与本项目相关的内容，或通过录像、课件等辅助学习手段来进一步加深对本项目内容的理解。也可参阅本科院校《作物栽培学》教材的相关内容，以提高理论水平。

练习与思考

1. 甘薯育苗的主要技术环节有哪些？说明甘薯壮苗的标准。

2. 提高甘薯扦插成活率的主要措施有哪些？

3. 分析甘薯育苗中烂床的原因，提出解决办法。

4. 甘薯前期、中期和后期的栽培目标各是什么？主要的工作任务有哪些？

5. 影响甘薯贮藏的因素有哪些？

总结与交流

1. 以小组为单位讨论甘薯淀粉加工的发展方向。

2. 以"甘薯中期田间管理"为内容，撰写一篇生产技术指导意见。

 **学习评价**

当你完成了本课程的学习任务，系统完整地参与了作物生产的全过程，完成了岗位实训后，有必要回顾一下自己的学习情况，并进行自我评价。如有可能，请企业（实习单位）指导老师和学院实训指导教师也作个评价。

1. 学生自我评价

学生姓名		岗　位	
自评项目		评价结果（在认为的□打"√"）	
1. 你是否已具备独立承担××作物生产技术指导的岗位工作能力		已具备□　基本具备□　不具备□	
2. 你是否能够独立完成××作物种植计划的制订，并组织实施		能□　需要老师督促□　没计划□	
3. 你是否胜任向农民落实技术措施、提供信息咨询等工作		胜任□　基本胜任□　不胜任□	
4. 你是否能够处理××作物生产中出现的常见问题，如识别病虫害、正确施药等		能处理□　请教老师□　不能处理□	
5. 你认为你与同学的学习交流能力怎样		很好□　一般□　没有朋友□	
6. 你有没有因为个人私事而在实训时请假		经常□　偶尔□　没请假□	
7. 假如你到实习单位应聘，单位聘用你的概率多大		八成□　半数□　表示不聘□	

学生签名＿＿＿＿＿＿＿＿＿

年　　月　　日

注：此表可在学生学完本课程并且完成岗位实训后由学生填写。

2. 企业指导教师评价

学生姓名		岗　位	
自评项目		评价结果（在认为的□打"√"）	
1. 该学生胜任独立承担××作物生产技术指导的岗位工作能力		胜任□　基本胜任□　不能胜任□	
2. 该学生是否能够独立完成××作物种植计划的制订，并组织实施		能□　一般□　不能□	
3. 该学生与农民、同学、同事的沟通交流能力		能□　一般□　不能□	
4. 该学生顶岗实习期间观察分析问题，提出合理化建议能力		强□　一般□　差□	
5. 该学生在顶岗实习过程中适应企业管理文化工作环境的能力		强□　一般□　差□	
6. 该学生自觉遵守顶岗实习单位管理制度，按时完成工作任务表现		好□　一般□　差□	
7. 该学生自我学习能力，自我提高意识与能力		强□　一般□　差□	

企业指导教师签名＿＿＿＿＿＿＿＿＿

年　　月　　日

注：此表可在学生学完本课程并且完成岗位实训后由企业指导教师填写。

3. 学院实训指导教师评价

学生姓名		岗　位		
评价项目	评价结果（在认为的□打"√"）			
1. 该学生按职业岗位职责，完成岗位工作任务能力	强□	一般□	差□	
2. 该学生专业技术能力提高程度	大□	一般□	差□	
3. 该学生与同学、单位同事人际关系处理能力	强□	一般□	差□	
4. 组织纪律表现	好□	一般□	差□	
5. 自主学习能力	强□	一般□	差□	
6. 组织协调能力	强□	一般□	差□	
7. 工作过程作业完成情况	好□	一般□	差□	

学院实训指导教师签名＿＿＿＿＿＿＿＿

年　　月　　日

注：此表可在学生学完本课程并且完成岗位实训后由学院实训指导教师填写。

参考文献

陈传印，雷振山 . 2011. 作物生产技术（北方本）[M]. 北京：化学工业出版社 .

陈国平 . 1996. 紧凑型玉米高产栽培的理论与实践 [M]. 北京：中国农业出版社 .

陈瑞生 . 1999. 植物生长与环境 [M]. 北京：中国农业出版社 .

陈同植 . 1994. 农作物栽培技术 [M]. 天津：天津科技翻译出版公司 .

陈啸寅 . 2008. 植物保护 [M]. 北京：中国农业出版社 .

陈煜 . 1999. 作物栽培学 [M]. 西安：陕西人民教育出版社 .

刁操铨 . 2000. 作物栽培学各论（南方本）[M]. 北京：中国农业出版社 .

董钻，沈秀瑛 . 2000. 作物栽培学总论 [M]. 北京：中国农业出版社 .

官春云 . 2011. 现代作物栽培学 [M]. 北京：高等教育出版社 .

胡立勇，丁艳锋 . 2008. 作物栽培学 [M]. 北京：高等教育出版社 .

黄高宝，柴强 . 2012. 作物生产实验、实习指导（北方本）[M]. 北京：化学工业出版社 .

荆宇，金燕，杨宝林等 . 2007. 作物生产概论 [M]. 北京：中国农业大学出版社 .

李振陆 . 2001. 农作物生产技术 [M]. 北京：中国农业出版社 .

李振陆 . 2008. 作物栽培（第二版）[M]. 北京：中国农业出版社 .

马凤鸣 . 1998. 作物栽培技术 [M]. 北京：中国农业科技出版社 .

马致民 . 2000. 作物栽培技术（北方本）[M]. 北京：高等教育出版社 .

农业大词典编辑委员会 . 1998. 农业大词典 [M]. 北京：中国农业出版社 .

彭卫东 . 2009. 水稻机插技术及其推广 [M]. 北京：中国农业科学技术出版社 .

沈晓昆 . 2002. 稻鸭共作无公害有机稻米生产新技术 [M]. 北京：中国农业科学技术出版社 .

宋连启 . 2000. 农业植物与栽培生理 [M]. 北京：中国农业出版社 .

苏祖芳 . 1998. 水稻看苗诊断技术 [M]. 南京：江苏科学技术出版社 .

孙其信 . 2000. 作物学 [M]. 北京：高等教育出版社 .

汤一卒 . 2000. 作物栽培学 [M]. 南京：南京大学出版社 .

王荣栋，曹连莆，张旺锋 . 2007. 作物高产理论与实践 [M]. 北京：中国农业出版社 .

王维全 . 1998. 作物栽培学 [M]. 北京：科学技术文献出版社 .

邬卓 . 1998. 粮食作物栽培 [M]. 成都：天地出版社 .

薛全义 . 2008. 作物生产综合训练 [M]. 北京：中国农业大学出版社 .

杨世杰 . 2000. 植物生物学 [M]. 北京：科技出版社 .

杨守仁，郑丕尧 . 1989. 作物栽培学概论 [M]. 北京：农业出版社 .

臧凤艳 . 2011. 作物学实验 [M]. 北京：中国农业出版社 .

张国平，周伟军 . 2001. 作物栽培学 [M]. 杭州：浙江大学出版社 .

张瑞岐 . 1997. 作物栽培学 [M]. 北京：中国农业出版社 .

赵益强 . 2004. 农艺工 [M]. 成都：电子科技大学出版社 .

郑丕尧 . 1992. 作物生理学导论 [M]. 北京：北京农业大学出版社 .

周孟常 . 1998. 经济作物栽培 [M]. 成都：天地出版社 .

图书在版编目（CIP）数据

作物栽培／李振陆主编 . —3 版 . —北京：中国
农业出版社，2015.2
"十二五"职业教育国家规划教材 . 高等职业教育农
业部"十二五"规划教材
ISBN 978-7-109-19969-9

Ⅰ. ①作… Ⅱ. ①李… Ⅲ. ①作物-栽培技术-高等
职业教育-教材 Ⅳ. ①S31

中国版本图书馆 CIP 数据核字（2014）第 308638 号

中国农业出版社出版
（北京市朝阳区麦子店街 18 号楼）
（邮政编码 100125）
策划编辑 王 斌
文字编辑 李 蕊

中国农业出版社印刷厂印刷 新华书店北京发行所发行
2002 年 2 月第 1 版 2015 年 2 月第 3 版
2015 年 2 月第 3 版北京第 1 次印刷

开本：787mm×1092mm 1/16 印张：18
字数：430 千字
定价：38.00 元
（凡本版图书出现印刷、装订错误，请向出版社发行部调换）